Principle of Environmental Policy and Law

환경정책법규 원론

| 박석순 지음 |

어문학사

저자 서문

　학과 원로라는 이유 때문에 '환경정책 및 법규'라는 과목을 우리 과에서 개설 처음부터 강의했다. 덕분에 별로 인연이 없었을 것도 같았던 법조문도 읽어보고 신문의 환경기사도 열심히 스크랩하게 되었다. 그리고 신문과 방송에 환경정책 제안도 하고 잘못된 정책은 비판도 했다. 이렇게 몇 십 년이 지나다 보니 나는 어느새 환경법을 논하고 환경정책을 제안·비판하는 환경정책법규 전문가로 변해가고 있었다. 신기한 것은 학생들이 나의 진짜 전공과목 강의보다 이 강의를 더 흥미로워하고 열심히 공부한다는 사실이었다. 학생들의 흥미 때문인지 나 역시 이 과목에 더욱 집착하게 되었다. 어쩔 수 없이 맡았던 과목이 나로 하여금 새로운 분야를 개척하게 만들었고 나의 학문 여정에 큰 보람을 가져다주었다.

　보람을 느끼면서도 '환경정책 및 법규' 과목의 강의 준비는 항상 힘들었다. 이유는 교과서로 쓸 책이 없었다는 것이었다. 개설 처음에도 그랬고 지금도 별반 차이가 없다. 외국 원서를 이것저것 구해서 읽어보았으나 이론만 일부 참고가 될 수 있었지 우리와는 사정이 많이 달랐다. 행정학이나 법학을 전공하는 교수님들이 저술한 환경정책과 환경법에 관한 몇몇 서적들이 나와 있지만 환경공학과 학부생을 대상으로 강의하는 교과서로는 적합하지 않았다. 마치 행정학이나 법학 이론에 일반적인 환경이야기를 끼워 넣은 것 같은 느낌이 들었다.

　그나마 환경공무원으로 재직하신 분들이 환경정책에 관해 저술한 책이 있어 많은 도움이 되었다. 환경정책에 대한 이론적 정립과 교육의 필요성을 체험하고 저술을 시도한 점을 매우 높이 평가하고 싶다. 특히 일선에서 환경정책을 직접 수립하고 시행한 경험을 바탕으로 쓴 책이라 더욱 가치가 있다고 생각된다. 하지만 너무 많은 내용이

산만하게 기술되어 있고 학술서라기보다는 환경정책 보고서 같아서 한 학기용 학부 교과서로 사용하기에는 무리였다. 결국 국내외 여러 관련 자료를 모아 정리한 강의노트가 유일한 해결책이었다.

환경전문가라면 적어도 환경정책과 법규에 대한 기초지식은 알아야 한다는 것은 공통된 의견이다. 그리고 환경공학과 졸업생에게 꼭 필요하다는 것도 모두가 공감하는 것 같다. 특히 환경공무원과 공기업 취업을 준비하는 학생들에게 더욱 절실한 분야다. 하지만 많은 학과에서 강의가 잘 개설되지 않고 적당한 교과서도 없는 이유는 다루어야 하는 분야가 너무 방대하기 때문이라 생각된다.

환경정책은 환경문제를 예방·개선·해결하기 위하여 정부가 취하는 방법이나 수단의 총합으로 정의된다. 효과적인 환경정책을 수립하고 시행하기 위해서는 환경과학과 기술을 충분히 이해해야 한다. 또한 법치국가에서 정부 정책은 항상 법의 뒷받침이 요구된다. 그래서 환경정책은 환경법의 기초이론에서부터 환경과학과 기술에 이르기까지 방대한 분야를 요구한다. 여기에 자연생태계, 물, 대기, 토양, 상하수도, 폐기물, 생활환경, 환경보건, 그리고 환경경제에 이르기까지 환경 전 분야를 포괄해야하기 때문에 강의도 교과서도 쉽지 않을 수밖에 없다.

이 책은 '환경정책과 법규'라는 주제가 갖는 방대한 영역을 체계적으로 정리하고 한 권의 책으로 융합해보려는 나의 도전에서 시작됐다. 다행히 우리나라 종합 환경연구의 중추적 역할을 하는 국립환경과학원 원장으로 재직하면서 넓은 분야를 접할 수 있는 기회를 가진 것이 큰 도움이 됐다. 또한 학과 설립 초기부터 지금까지 여러 가지 과목을 강의한 경험도 한몫을 했다. 여기에 대학원 석·박사 과정을 환경과학과에서 환경공학자를 지도교수로 모시고 공부하면서 다양한 분야의 환경 교과목을 수강한 것도 방대한 영역에 도전할 수 있는 용기를 더해 주었다.

나의 이러한 학문적 배경과 경력, 그리고 다양한 강의 경험이 저술의 밑거름이 되었다. 책의 제목이 말해주듯이 환경정책과 법규를 전체적으로 통찰할 수 있는 원론 수준의 책을 저술하려고 노력했다. 환경법을 환경정책에 적절히 융합시키고 학부 교과서로 적합한 내용과 깊이를 유지하려 한 점이 이 책의 특징이다.

책의 내용은 크게 환경정책과 법규에 관한 이론과 제도, 사례와 실무, 그리고 국제협력과 전망으로 나누어져 있다.

제1부 이론과 제도에서는 환경정책의 정의, 환경법과 환경행정과의 관계, 환경과학과 기술의 역할, 환경정책의 역사적 발전과정, 환경정책의 목표, 정책 방향을 결정하는 여러 가지 요인, 환경정책의 대상과 수단, 환경정책원칙 등이 소개되었다. 또한 환경법에 대한 기초지식과 우리나라 환경법, 그리고 환경정책기본법이 환경법 사례로 제시되었다. 그리고 우리나라 환경행정 조직과 주요 환경행정 내용, 그리고 환경분쟁조정 등을 추가했다.

제2부 사례와 실무에서는 자연환경, 물환경, 상하수도, 기후대기, 토양지하수, 폐기물, 생활환경, 환경보건, 환경경제 등 전 분야에 걸쳐 환경정책의 대상과 목표, 관련 법규, 정책 수단, 그리고 주요 정책을 기술했다.

제3부 국제협력과 전망에서는 유엔이 환경에 관여하게 된 배경과 유엔인간환경회의, 유엔환경기구의 역할 등을 소개하고, 지금까지 개최된 주요 국제환경회의와 국제환경협약, 그리고 환경의정서 등을 정리했다. 끝으로 유엔이 추구하는 지구와 인류의

지속가능한 발전에 대한 평가와 전망, 새로운 대안으로 제시되고 있는 녹색경제의 필요성을 설명했다.

책은 총 3부 21장과 부록으로 구성되어 있다. 각 장마다 마지막에 내용정리와 읽어보기를 넣었다. 내용정리에는 각 장에서 숙지해야 할 사항들을 간단하게 정리했다. 읽어보기에는 각 장이 다루는 내용에 필요한 보충자료와 내가 그동안 언론에 기고한 환경정책 관련 칼럼을 첨부했다. 읽어보면 우리의 환경정책 현실을 이해하고 비판과 토론 능력을 함양하는 데 도움이 될 것이다. 그리고 주요 내용을 간결하고 일목요연하게 볼 수 있도록 도식화하였으며, 자칫 지루하고 딱딱하게 느껴질 수 있는 정책과 법규 설명에 흥미와 호기심을 더하고 이해를 돕기 위해 책의 곳곳에 관련 그림을 넣었다. 부록에는 지난 2014년 유엔이 제시한 지속가능발전목표와 행정고시 환경기술직 시험에 지난 10년간 출제된 문제 중에서 환경정책법규에 관련된 문제를 정리해 두었다. 지속가능발전목표는 유엔이 2015년부터 2030년까지 추진하려고 하는 세계 환경정책 방향으로 국내 환경정책에도 중요한 영향을 미칠 것이다.

이 책이 '환경정책 및 법규'라는 과목의 한 학기 강의 교과서용으로 저술되었지만 여러 가지 용도로 사용될 수 있길 희망한다. 우선 환경공무원들이 짧은 시간에 환경정책과 법의 기초이론, 우리나라 환경정책, 국제환경협약 등을 쉽고 일목요연하게 파악하는 데 사용될 수 있을 것이다. 또한 환경공무원이나 공기업을 준비하는 수험생들도 이 책에서 다양한 분야의 환경정책과 환경법을 학습할 수 있을 것이다. 행정고시 환경기술직이나 기타 환경공무원 시험과목이 환경계획, 환경영향평가론, 수질오염관리, 대기오염관리, 폐기물 처리, 상하수도공학 등 여러 과목명으로 되어 있어도 많은 문제들이 공무원의 기본 업무인 정책에 초점을 두고 있기 때문에 이 책이 여러 과목에 걸쳐 좋은 준비서가 될 것으로 생각된다. 그 외 우리나라 환경정책, 환경법, 국제환경동향 등에 관심이 있는 분들에게도 기대에 부합할 수 있길 바란다.

그동안 여러 권의 저서와 역서를 출간했지만 이 책은 나의 환경 인생에서 매우 특별한 의미를 갖는다. 지난해 박사학위 30주년을 맞이하면서 학문 발전과 후학들을 위하여 꼭 필요하지만 지금까지 우리나라에 없었던 책을 저술해보고 싶었다. 학위 30주년 기념식 이전에 출간하려는 목표로 저술을 시작했으나 다른 일에 밀려서 늦어지게 되었다. 막상 책을 만들고 보니 아쉬운 점이 많다. 다소 부족하더라도 이 책이 밀알이 되어 앞으로 보다 체계적으로 학문이 정립되고 유능한 환경전문가들이 배출될 수 있길 바란다.

끝으로 그동안 자료를 정리해준 제자 우신영, 정단비, 윤상미, 그리고 항상 가까이에서 저술과 연구를 도와주는 이용석, 최정현, 이혜원, 차윤경 교수에게 고마움을 전한다. 또한 출판을 맡아주신 어문학사 윤석전 사장님, 멋진 편집과 디자인으로 책의 가치를 한층 높여준 박희경, 김영림 씨께도 깊은 감사를 드린다. 아울러 '환경정책 및 법규' 강의를 개설 초기부터 지금까지 수강하면서 이 책 내용과 출간의 밑거름이 되어준 이화여대 환경공학과 졸업생들에게도 고마움을 전한다.

2016년 7월

신촌 이화동산 신공학관 460호에서

박석순

차 례

Principle of Environmental Policy and Law

제 I 부

이론과 제도

제1장 환경정책 개관

> 환경정책법규를 공부하는데 필요한 기초지식을 공부한다. 인류문명사 관점에서 환경 정책을 되돌아보고, 환경정책과 환경법, 환경행정 간의 관계를 살펴본다. 아울러 환경정 책에서 환경과학과 기술의 중요성을 이해한다.

1.1. 인류문명과 환경정책

농업혁명
도시혁명
산업혁명

인류 4대 문명
메소포타미아 문명
나일 문명
인더스 문명
황화 문명

인류는 지구에 처음 모습을 드러낸 이후 크게 세 번에 걸친 큰 변화를 경험 하게 된다. 첫 번째는 BC 8,000년경 유목생활을 마감하고 정착생활을 시작하 게 된 신석기 시대의 농업혁명이다. 두 번째는 BC 3,500년경 정착 농경생활을 하던 촌락공동체로부터 국가 체제를 만들게 되는 도시혁명이다. 이때 인류 4 대 문명(메소포타미아, 나일, 인더스, 황화)이 나타나게 된다. 세 번째는 AD 1765년에 영국에서 증기기관 발명으로 시작된 산업혁명이다. 산업혁명 이후 인류는 화석연료에서 기계 에너지를 얻게됨으로써 문명의 대변화가 시작되 었다.

인류가 최초로 환경문제를 경험하게 된 것은 정착생활을 시작한 농업혁 명 이후로 추정한다. 이곳저곳을 옮겨 다니던 유목생활과는 달리 정착생활은 먹는 물, 배설물, 쓰레기 등 여러 가지 환경문제를 야기하게 되었다. 또한 인류는 불을 사용하고 농지를 조성하면서 자연을 훼손하고 움막이나 동굴에서 실내공기 오염으로 인한 피해도 겪게 되었다.

농업혁명
환경문제

환경정책은 인류의 두 번째 큰 변화인 도시혁명과 더불어 시작되었다. 도시를 만들고 국가 체제를 갖추면서 먹는 물을 공급하고 배설물과 생활쓰레기를 처리해야했기 때문에 기본적인 환경정책이 필요하게 되었다. 특히 환경문제는 개인의 문제가 아닌 공동체의 문제이기 때문에 구성원 모두가 참여해야 해결되고, 모든 구성원의 건강과 삶의 질을 결정하는 중요한 요소이기 때문에 환경정책은 국가 체제가 시작된 이후부터 지금까지 인류문명사와 맥을 함께하면서 계속되어 왔다. 초기 인류문명사의 환경정책 대상은 먹는 물, 배설물, 쓰레기 등과 같은 생활환경이 주를 이루었다.

도시혁명
생활환경정책

산업혁명 이후 환경정책은 보다 광범위한 영역을 차지하게 되었다. 공장에서 배출하는 폐수, 대기오염물질, 폐기물 등 과거에 경험하지 못한 유해물질이 인체와 자연생태계에 심각한 피해를 야기하고 환경재난으로 이어지기도 했다. 그뿐만 아니라 도시나 산업단지 개발 등으로 인한 환경파괴, 기차와 자동차의 등장으로 인한 소음과 대기오염과 같은 새로운 환경문제가 발생하고 이를 관리하기 위한 정책을 필요로 하게 되었다. 산업화는 인구증가와 도시화로 이어지면서 자연파괴가 가속화되었다.

산업혁명
유해물질
환경재난

이러한 시대적 현상과 함께 20세기 초 선진산업국에서 나타나게 된 것이 자연환경정책이다. 미국에서 연방정부 차원의 자연자원 보전계획을 수립하고 국립공원, 야생생물보호구역, 국유림 등을 지정하고 관리하기 시작한 것이 대표적인 사례다. 이후 자연환경정책은 생활환경정책과 더불어 거의 모든 선진산업국가의 환경정책 영역에 포함되게 되었다.

자연환경정책
국립공원
야생생물보호구역
국유림

20세기 후반에 와서 환경정책은 한 국가의 정부 차원을 넘어서게 되었다. 산성비와 해양오염 문제를 시작으로 국제적 협력을 요하는 정책이 필요하게 되었고, 사막화, 오존층 파괴, 생물멸종 등과 같이 전 지구적 대책이 요구되기 시작했다. 특히 지구온난화로 인한 기후변화는 지구와 인류의 운명을 좌우할

지구환경정책
기후변화
사막화
오존층 파괴
생물멸종

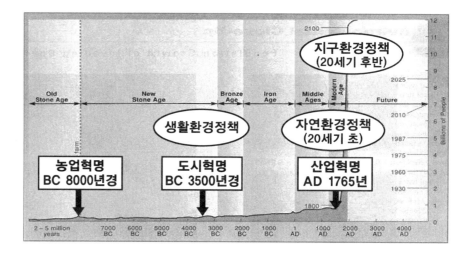

【그림 1-1】
인류문명사의 3대 혁명
과 3대 환경정책의 출
현 시기

만큼 엄청난 이슈로 등장하게 되었다. 유엔을 중심으로 한 기후변화 대책은
한 국가의 환경정책 차원을 넘어 전 세계 모든 국가의 경제, 사회, 문화 등 광
범위한 분야에 영향을 미치고 있다. 환경정책은 이제 생활환경과 자연환경을
넘어 지구환경에까지 대상이 확대되었으며 지구와 인류의 지속가능한 미래
를 결정하는 핵심 요소로 자리 잡게 되었다.

생활환경
자연환경
지구환경

1.2. 환경정책, 환경법, 그리고 환경행정

환경정책은 '환경문제를 예방하고 개선하거나 해결하기 위하여 정부나
정치단체가 취하는 행정 방향'으로 정의된다. 여기서 말하는 정책이란 영어
Policy에 해당하는 것으로, 넓은 범위의 포괄적 의미를 갖는다. 보다 구체적
으로 '환경문제를 예방하고 개선하거나 해결하기 위하여 중앙정부나 지방
자치단체가 취하는 방법이나 수단의 총합'으로 표현하기도 한다. 다시 말하

면 환경문제를 예방하고 개선하거나 해결하기 위한 계획(Plan)이나 일정표 (Program), 또는 구체적인 과제(Project)도 환경정책의 영역에 포함된다는 것을 의미한다.

　보다 구체적인 예를 들어 설명하면, 환경오염 및 훼손 방지 계획, 환경복원 프로그램, 환경기초시설 설치 프로젝트, 환경보전사업 등도 환경정책이라 할 수 있다. 그뿐만 아니라 친환경 제품 생산이나 소비활동 정책도 환경정책에 포함된다. 지금은 일반인들에게도 친숙한 환경영향평가, 수질오염총량제, 쓰레기 종량제, 그리고 녹색소비 등도 환경정책에 해당된다.

　환경정책은 한 나라의 정부나 공공영역에만 국한된 것이 아니다. 유엔과 같은 국제기구도 온실가스 감축, 사막화 방지, 생물다양성 보전 등과 같은 환경정책을 수립하고 있다. 최근에는 기업체에서도 제품의 생산과 유통 그리고 판매에 이르기까지 환경경영 전략을 세우고 환경정책을 내놓고 있다. 친환경 제품 생산, 온실가스 감축, 자원 재활용, 에너지 절약 등과 같은 환경정책을 수립하고 실천하는 기업이 증가하고 있다. 여기에 비영리 민간단체 등도 환경에 관련된 구체적 실천 계획을 수립하고 그 단체의 환경정책이라는 용어를 사용하기도 한다. 이제 환경정책은 국제기구, 중앙정부, 지방자치단체, 공기업, 사기업, 민간단체 등에도 수립하고 실천하는 단계에 이르렀다.

　법치국가에서 중앙정부나 지방자치단체가 하는 모든 정책은 법적 근거가 있어야 한다. 그래서 환경정책을 수립하고 시행하기 위해서는 입법기관에서 제정한 환경법이 요구된다. 환경법은 '환경에 관한 법' 또는 '환경의 이용·관리·보전에 관한 모든 법규법의 총체' 등으로 정의된다. 환경법을 환경정책과 연계하여 '환경정책을 문서화한 것'으로 표현하기도 한다.

　국가의 모든 법은 헌법에 기초를 두고 있다. 우리나라의 모든 환경법은 헌법 제2장 35조, 1항(모든 국민은 건강하고 쾌적한 환경에서 생활할 권리를 가지며, 국가와 국민은 환경보전을 위하여 노력하여야 한다)과 2항(환경권의 내용과 행사에 관하여는 법률로 정한다)에 근거를 두고 있다. 헌법에 명시된 사항을 구현하기 위하여 환경정책기본법을 제정하고 국가 환경정책의 기본이

환경정책=4P
Policy
Plan
Program
Project

환경영향평가
수질오염총량제
쓰레기 종량제
녹색소비

온실가스 감축
사막화 방지
생물다양성 보전

환경법
헌법 제2장 35조
환경권
환경정책기본법

넘과 방향을 제시하고 있다. 현재 우리나라에는 50여 개가 넘는 개별 환경법이 환경정책기본법의 하위 법으로 제정되었다.

인적·물적 자원을 동원·사용하여 환경정책을 구현하는 행위를 환경행정이라고 한다. 환경행정은 중앙정부와 지방자치단체의 조직과 예산을 통해서 이루어진다. 환경행정의 최상위 조직은 환경부이며 여러 산하 기관을 동원하여 환경정책을 수립하고 시행한다. 지방자치단체의 환경담당부처는 중앙정부에서 수립한 환경정책을 수행하기도 하고 독자적인 정책을 수립하여 시행하기도 한다. 환경정책은 환경법을 근거로 수립되며 환경행정을 통하여 시행된다. 만약 추진하려는 환경정책에 부합하는 환경법이 없을 경우 기존의 관련 환경법을 개정하거나 입법절차에 따라 새로운 환경법을 제정하여야 한다.

환경행정
환경정책
환경법

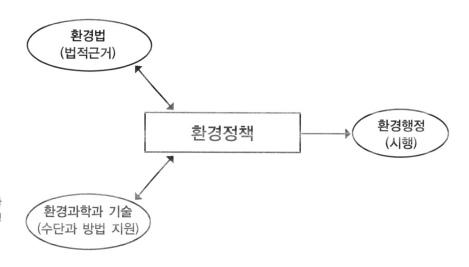

【그림 1-2】
환경정책에서 환경법과 환경행정, 그리고 환경 과학과 기술의 관계

1.3. 환경과학과 기술의 역할

환경법이나 환경행정처럼 환경정책과 밀접한 관계를 갖는 것이 환경과학과 기술이다. 환경과학과 기술은 환경문제를 바르게 예측·진단하고 공학적 해법을 제시하기 때문에 환경정책을 수립하고 시행하는데 중요한 역할을 한다. 환경정책은 환경문제를 예방·개선·해결하기 위한 정부가 취하는 방법이나 수단의 총합으로 정의되는데, 여기서 말하는 방법과 수단은 대부분 환경과학과 기술이 지원하게 된다.

환경정책은 정부 정책 중에서 과학기술이 중요한 역할을 하는 정책 중 하나다. 교육, 문화, 경제, 노동 등 대부분의 정부 정책은 국민을 대상으로 하고 있다. 국민의 생활, 의식주, 일자리 등을 다루기 때문에 과학기술보다 국민의 생각, 행동 양식 등을 변화시키는 정책이다. 하지만 환경정책은 국민이 살아가는 주변 환경, 즉 물, 공기, 토양, 생태계 등과 같은 자연환경과 생활환경이 정책 대상이다. 그래서 환경정책은 자연환경과 생활환경에 관련된 과학과 기술을 바르게 이해하고 이를 적절히 활용해야 하는 것이다.

역사적으로 보면 환경정책은 환경과학과 기술의 발전을 촉진시키는 중요한 원동력이었다. 환경문제를 극복하기 위하여 법과 제도를 만들어 정책을 시행하게 되면 이를 만족시키기 위해 환경과학과 기술의 발전이 이루어지게 되었다. 이러한 현상은 역사적 사례에서 잘 나타나고 있다. 대표적인 예로 1800년대 후반 영국 템스 강의 심각한 오염으로 시작된 수질개선 정책은 BOD(생물화학적 산소요구량), DO(용존산소) 등과 같은 수질측정기술과 하수처리기술의 발달을 가져왔다. 지금도 사용되는 하수처리 1차 침강 처리나 2차 살수여상 처리 등은 이러한 정책 시행 과정에서 개발된 것이다. 1960~70년대 선진산업국에서 공업단지와 자동차에서 배출되는 대기오염을 줄이려는 강력한 환경정책을 시행하면서 다양한 대기오염방지기술이 개발되었다. 또한 1970년대 미국에서 환경영향평가 제도가 시작되면서 자연환경을 조사 예측하는 새로운 방법이 나타나게 된 것도 환경정책이 가져온 환경과학과 기

환경과학과 기술
환경문제 예측진단
공학적 해법

환경정책
자연환경
생활환경

영국 템스 강
수질측정기술
하수처리기술

대기오염방지기술
환경영향평가

술의 발달 사례다. 최근에는 기후변화로 인한 온실가스 감축 정책이 저탄소 기술과 신·재생 에너지 기술 발달을 촉진시키고 있다.

환경정책이 환경과학과 기술의 발달을 촉진시켰고, 다시 환경과학과 기술의 발달이 새롭고 효율적인 환경정책을 만들어냈다. 대표적인 예로 1950년 대 미국 캘리포니아 주에서 광화학스모그의 발생 원리를 과학적으로 규명하게 되면서 대기 개선 정책이 이루어지게 된 것, 1990년대 자연하천에서 일어나는 수질변화를 정량적으로 예측하는 수질모델 기술이 일반화되면서 미국에서 수질오염총량제가 시작된 것 등을 들 수 있다.

환경정책은 환경과학과 기술을 바탕으로 이루어지고, 또 서로 상보적인 관계를 유지하면서 발달하고 있다. 과학과 기술의 발전이 정책의 발전을 가져오고 다시 역방향 진행이 이루어지는 분야가 환경정책이다. 그리고 환경정책을 오케스트라 지휘자에 비유하기도 한다. 여러 종류의 악기 소리를 조율하여 훌륭한 작품을 만들어 내듯이 다양한 환경과학과 기술을 적절히 선택하고 조화롭게 적용해야 효율적인 환경정책이 나올 수 있다는 의미다.

저탄소 기술
신·재생 에너지 기술
광화학스모그

수질모델
수질오염총량제

내용정리

1. 인류문명사에서 환경문제 발생과 환경정책이 시작된 시기를 설명해보자.
2. 인류문명사에서 자연환경정책, 생활환경정책, 그리고 지구환경정책이 등장하게 된 시기와 배경을 알아보자.
3. 자연환경정책, 생활환경정책, 그리고 지구환경정책은 각각 무엇을 대상으로 하는지 설명해보자.
4. 산업화에 따른 환경정책의 변화과정을 설명해보자.
5. 환경정책의 포괄적 정의와 4P 정의를 비교해보자.
6. 환경법과 환경행정을 한 문장으로 정의해보자.
7. 환경정책과 환경법의 관계를 설명해보자.
8. 환경정책과 환경행정의 관계를 설명해보자.
9. 환경정책에서 환경과학과 기술의 역할을 설명해보자.
10. 환경정책이 환경과학과 기술의 발달에 미치는 영향을 사례와 함께 설명해보자.
11. 환경과학과 기술이 환경정책 발달에 미치는 영향을 사례와 함께 설명해보자.

읽어보기

〈시장의 실패와 공유지의 비극〉

환경정책은 정부가 환경문제를 예방하고 개선하거나 해결하는 것이다. 그래서 정부가 산업체의 생산 활동, 개인의 생활 등을 감시하고 규제하며 처벌하기도 한다. 그뿐만 아니라 정부가 환경보전사업을 시행하기도 하며 각종 개발 사업을 규제하기도 한다. 그렇다면 왜 정부가 나서서 많은 예산을 들여 이런 정책을 시행해야 하나?

그 필요성을 흔히 '시장의 실패(Market Failure)'로 표현하고 있다. 인간의 경제활동은 자유 시장에서 이루어지고 있다. 정부의 간섭 없이 수요와 공급에 따라 가격이 결정되고 생산과 소비가 이루어지는 것이 시장의 원리다. 하지만 여기서 발생하는 환경문제는 시장 스스로 제어할 기능이 없다는 것이다. 그래서 환경문제에는 정부가 개입할 수밖에 없다는 논리다.

환경문제에 관하여 시장이 실패할 수밖에 없는 이유는 개럿 하딘(Garrett Hardin, 1968)의 '공유지의 비극(The Tragedy of The Commons)' 이론으로 설명된다. 물, 공기, 자연생태계 등과 같은 환경자원은 주인이 없는 공유지와 같다. 아래 그림과 같이 공유 목초지가 있다고 가정한다. 이 목초지에는 소 20마리만 살아야 지속가능한 목초지가 될 수 있다. 하지만 공유 목초지이기 때문에 누구나 더 많은 소를 키우길 원한다. 한 목동이 한 마리 소를 더 키울 때 얻는 이익은 목동 개인에게 돌아가지만, 그것으로 인한 비용은 공유지에 방목하는 목동 모두가 분담해야 한다. 하딘은 환경문제가 주인 없는 공유지에서 발생하는 비극과 같다고 설명한다. 환경오염과 파괴, 쓰레기 등 우리가 겪는 환경문제는 환경자원을 공유지 상태로 두면 필연적으로 발생한다는 것이다. 이것이 곧 '시장의 실패'로 이어지며 지속가능한 환경자원을 위해 환경정책이 필요하다는 것이다.

The Tragedy of the Commons

Imagine an open pasture shared by multiple cattle owners. Each owner increases their herd to maximize their benefit. With an unregulated resource this is "logical" since the benefit is enjoyed by the individual and the impacts are shared by all. This leads to the ultimate overgrazing of the pasture.

Shared Resource	Sustainable Use	Depleted Resource
The Commons		
40 acres [16 hectares] 1,320ft² [400m²]	20 Cows Carrying Capacity	20+ Cows Tipping Point

【그림 1-3】
공유지의 비극

제2장 환경정책 발전과정

고대문명에서 지금까지 환경역사와 환경정책의 발전과정을 공부한다. 산업화 이전과 이후, 1970, 1980, 1990, 2000년대로 구분하여 선진 산업사회의 환경문제와 정책의 변화, 그리고 우리 환경역사와 정책 변화를 살펴본다.

2.1. 고대문명부터 산업화 전까지

유목생활
정착생활
이집트 문명
인더스 문명

　　인류는 유목생활에서 정착생활로 발전해가는 과정에서 촌락공동체를 형성하였다. 이후 소도시를 만들고 국가 체제를 이루었다. 환경정책은 농업, 국방 등과 더불어 초기 국가 단계에서부터 반드시 필요한 정책이었다. 먹는 물과 농업용수를 공급하고 생활에서 나오는 배설물과 쓰레기를 관리해야 했기 때문이다. 그래서 고대문명 유적에서 자주 발견되는 것이 상하수도 시설이다. 물을 끌어오기 위해 수로를 건설했고 하수도관을 만들어 배설물을 외부로 배출했다. BC 3,200년경에 시작된 이집트 문명에 남아 있는 상하수도 시설이 이를 잘 보여주고 있다. 놀라운 것은 BC 3,000년경에 시작된 인더스 문명에서 수세식 화장실 유적도 발견된다는 사실이다. 인더스의 모헨조다로와 히랍파와 같은 국가는 계획된 도시에 도자기로 만든 하수관로가 있었고 이곳으로

【그림 2-1】
인더스 문명에 남아
있는 우물과 하수관로

수세식 화장실뿐만 아니라 가정에서 나오는 잡용수까지 흘러들게 하고, 도시의 하수관로는 마지막에 토양층을 거쳐 지하에 스며들게 한 것이다.

이후 그리스·로마 시대에도 먹는 물, 배설물, 쓰레기 등과 같은 생활환경은 여전히 중요한 관리 대상이었다. 특히 먹는 물과 규칙적인 목욕을 매우 중요하게 생각하고 국가 정책으로 시행된 흔적도 찾아 볼 수 있다. 1세기경 로마는 9개의 수로로 물이 공급되었으며, 수로에는 여과를 위한 모래와 자갈뿐만 아니라 부유물 침전지도 일정 간격으로 만들어져 있었다. 저수지와 분수대를 만들어 시민들에게 물을 공급하였다. 3세기 말에는 1,300여개의 분수대가 있었으며 대규모 우수 및 하수 관로도 있었다.

이 시대에는 산림이나 지하자원과 같은 자연환경은 관리 대상이 아니었다. 당시 서양문명의 지배적인 생각은 '인간은 자연을 마음대로 이용할 권리를 갖는다'라는 것이었다. 다시 말하면 생활환경에 대한 정책은 있었지만 자연환경정책은 찾아볼 수 없다. 그리스·로마 시대에는 많은 나무가 선박 제조와 난방용으로 사용됨으로 인해 산림파괴와 에너지 부족으로 이어진 기록만 남아 있다.

그리스·로마시대
모래여과
부유물 침전지
분수대

【그림 2-2】
로마시대의 수로와
분수대

환경 암흑기
질병만연
산림파괴
석탄사용
흑사병

　　중세 유럽과 르네상스로 이어지는 시대는 환경 암흑기라 불릴 만큼 상태가 좋지 않았다. 도시 거리는 쓰레기와 배설물들로 더럽혀지고 하수설비도 없었다. 주택들은 누추하였고 오물은 일상생활의 일부분이 되었다. 영국에서는 1371년 창문에서 오물을 버리면 벌금을 물리고, 1383년에는 런던 시내 화장실 소유주는 매년 템스 강 청소비로 2실링을 부과하는 법이 제정되기도 했다. 공중위생은 무시되었고 질병은 만연하였다. 당시 종교는 질병을 죄에 대한 벌로 그리고 다가올 세상에서 영적인 구원 수단으로 보았다. 그래서 목욕도 하지 않고 옷도 세탁하지 않았다.

오물 투척 금지
템스 강 청소비
석탄 사용 금지

　　이 시기 산림은 난방과 목재 생산으로 무자비하게 파괴되고 있었다. 영국에서는 더 이상 산림을 구할 수 없게 되자 대기오염이 심한 석탄을 난방으로 사용하였다. 그리고 1272년 런던 시내에서는 매연 때문에 석탄 사용을 금지하는 에드워드 1세의 칙령이 내려지기도 했다. 산림 파괴는 14세기 유럽 전역을 휩쓴 흑사병(페스트)으로 이어졌다. 유럽 대륙의 산림파괴는 쥐의 천적인 매의 서식처를 파괴하는 결과를 낳았고, 여기에 도시의 비위생적인 환경이 쥐를 창궐하게 하여 결국 인구의 30~50%가 감소하는 대재앙이 된 것이다. 이

【그림 2-3】
중세 유럽의 환경(창문
에서 오물을 버리고, 쥐
가 도시를 점령하였다)

시기 환경정책은 그리스·로마 시대와 비교도 할 수 없을 정도로 취약하였다.

2.2. 산업화 이후부터 제2차 세계대전까지

석탄을 이용한 스팀엔진 발명이 기폭제가 된 산업혁명은 인류에게 새로운 환경정책을 요구하게 되었다. 석탄이 인간과 가축의 힘을 대체하면서 생활의 편리함과 물질적 풍요는 얻을 수 있었지만 생활환경은 계속 악화되고 있었다. 많은 인구가 도시로 몰려들면서 생활하수와 산업폐수로 강에는 악취가 진동하고 생존에 필요한 먹는 물조차 구할 수 없는 상황이었다. 또한 가정과 공장에서 태우는 석탄으로 도시의 하늘은 매연으로 가득 찼다.

산업혁명이 처음 시작된 영국에서 당시의 환경과 산업화 이후의 환경정책을 엿볼 수 있다. 영국에서 환경정책이 절실하게 된 것은 수많은 생명이 희생된 환경재난을 여러 차례 경험한 이후였다. 처음에는 먹는 물로, 다음에는 대기오염으로 많은 시민들이 희생되었다. 기록을 보면 1831년에 2만 3,000여명의 런던 시민이 콜레라로 사망했으며, 1848년, 1849년, 1854년에도 계속되어

산업혁명
환경재난
런던콜레라 사건

총 5만 3,000여 명이 사망하였다.

이후 런던에서는 상수공급위원회가 구성되어 과학적인 먹는 물 공급정책이 시도되었다. 먹는 물 관리 기준이 만들어졌으며 상수원 주변에 더러운 웅덩이나 화장실을 없애고 사람과 동물의 배설물이나 도축장에서 나온 폐기물을 강에 버리는 일을 금시시켰다. 1865년에는 근대 도시로는 처음으로 런던의 전 지역에 하수관거를 설치하였으며, 1875년에는 공중보건법(Public Health Act), 1876년에는 하천오염 방지법(River Pollution Control Act)을 제정 공포했다. 1882년에는 대도시 하수처리 위원회가 구성되어 템스 강에서 발생하는 악취의 원인을 규명하고 하수처리 방법을 모색하였다.

환경문제로 국가정책이 만들어졌고, 법과 제도로 이어졌다. 이와 동시에 환경문제를 해결할 수 있는 과학과 기술이 필요했다. 당시 윌리엄 딥딘(William Dibdin)이라는 과학자가 처음으로 템스 강의 수질오염에 대한 체계적인 연구를 수행하여 암모니아와 용존산소를 측정하고 생물화학적산소요

상수공급위원회
런던 하수관거
공중보건법
하천오염방지법

윌리엄 딥딘
암모니아
용존산소
생물화학적 산소요구량

【그림 2-4】
영국 런던의 하수 관거 공사(1859년)와 당시 먹는 물의 위험성을 보여주는 그림(1866년)

구량(BOD) 개념을 도입하여 수질오염 정도를 계량화하였으며, 새로운 하수 관리체계의 필요성을 제기하였다. 1889년에는 세계에서 처음으로 생활하수에 포함된 유기물질을 침강 처리하는 방법(1차 처리)이 개발되었으며, 1893년에는 런던에서 세계 처음으로 미생물을 이용하여 유기물을 분해하는 생물학적 처리(2차 처리)방법 중 하나인 살수여상법을 개발하여 사용하였다. 오늘날 널리 사용되는 생물학적 처리법인 활성슬러지법도 1914년에 영국에서 처음 개발되었다.

산업화가 독일이나 프랑스와 같은 유럽 대륙과 미국으로 전파되면서 유사한 환경문제가 발생하였고, 이는 환경정책과 법, 그리고 환경과학과 기술의 발달을 촉진시켰다. 미국에서는 1887년에는 먹는 물 모래여과법, 1908년에는 염소소독법 등이 실용화되었다. 1899년 미연방의회에서는 하천과 항구에 쓰레기를 버리는 것을 금지하는 '강과 항만법(Rivers and Harbors Act)'을 제정했으며, 1907년에 세계에서 처음으로 수질기준치 개념을 도입하여 과학적인 수질관리를 위한 토대를 마련했다.

2.3. 제2차 세계대전 이후

제2차 세계대전이 끝나면서 선진산업국가에서는 유례없는 풍요의 시대가 도래했지만 환경은 계속 악화되고 있었다. 당시 도시는 거리에 쓰레기가 넘쳐나고, 강은 오물로 악취가 풍기고, 하늘은 매연과 스모그가 너무 자욱하여 앞을 볼 수 없는 지경이었다. 미국 도노라(1948년)와 영국 런던(1952년)에서 대기오염으로 인해 수많은 생명이 희생된 환경재난도 발생하였다. 사람들은 깨끗한 공기와 물, 그리고 건강한 생태계가 살아 있는 땅을 요구하기 시작했다. 물질적 풍요보다 쾌적하고 건강한 환경이 더욱 소중하다는 환경주의(Environmentalism)가 대중화되고 있었다.

여기에 지식인들의 저술 활동과 언론 매체의 발달은 환경오염의 공포를 더욱 증폭시키고 대중들에게 알렸다. 지난 20세기 환경주의의 대표적 아이콘

하수 1차 처리
살수여상법
활성슬러지법

모래여과법
염소소독법
강과 항만법
수질기준치

도노라 사건
런던 스모그 사건
환경주의

【그림 2-5】
레이첼 칼슨의 침묵의
봄(1962년)과 영국의
대기오염에 항의하는
비틀즈(1965년)

침묵의 봄
스웨덴 환경보호청
공유지의 비극
가이아 이론

으로 남아 있는 레이첼 칼슨(Rachel Carson)의 〈침묵의 봄, 1962년〉은 이러한 배경에서 나왔다. 1967년에는 스웨덴에서 환경보호청을 설립하여 보다 체계적인 환경정책을 시도하였다. 이것은 세계 최초로 독립된 환경행정기관으로 환경정책 역사에 이정표가 되었다. 1968년에는 미국에서 개릿 하딘이 환경정책의 필요성에 대한 이론적 배경인 '공유지의 비극'을, 1969년에는 영국에서 제임스 러브록이 '가이아 이론'을 발표하였다.

우리나라에서도 1960년대에 이르러 근대화된 환경정책이 시도되었다. 1962년 울산공업단지 건립으로 산업화가 추진되면서 1963년에 공해방지법이 제정되었고 동시에 자연보존협회(초기 명칭 한국자연 및 자연자원보전학술조사위원회)도 만들어졌다. 1966년에는 하수도법이 제정되었으며, 1967년에는 보건사회부에 환경위생과 공해계라는 우리나라 중앙정부에 최초의 환경행정조직이 만들어졌다. 같은 해 산림녹화사업을 위해 산림청이 만들어졌으며 공해방지법 시행을 위해 공해방지협회가 설립되었다. 당시 우리나라는 경제성장을 우선하고 환경정책은 미약한 상태였다. 지역적인 환경문제가 발생하였지만 경제성장을 위해 사회적으로 금기시하는 시대였다.

공해방지법
자연보존협회
하수도법
보사부 공해계
산림청
공해방지협회

【그림 2-6】
산업화와 동시에 시작된 산림녹화사업(왼쪽: 울산공업단지 기공식, 오른쪽: 산림녹화 수종 점검)

2.4. 1970년대(환경의 시대)

1970년대에 접어들면서 선진산업국에서는 환경이 더욱 중요한 이슈로 등장했다. 바야흐로 환경의 시대(Decade of Environment)이 시작되고 있었다. 독립된 환경행정기관을 설립하고 새로운 개념의 환경법이 만들어지는 등 환경정책은 큰 변화를 겪게 된다. 미국에서는 1970년 지구의 날(Earth Day, 4월 22일)이 제정되었고 기념행사에 약 1백만 명이 모여드는 대성황을 이루기도 하였다(그림 2-7). 또한 1969년에 제정된 국가환경정책법(NEPA: National Environmental Policy Act)이 1970년에 시행되면서 미국 최초의 독립된 환경행정기관인 연방환경보호청(EPA: Environmental Protection Agency)이 설립되었다. 영국에서도 환경청이라는 독립된 환경행정기관이 만들어졌고, 1971년에는 프랑스, 캐나다, 일본에서도 환경청이 설립되었다.

1972년 6월 5일에는 유엔인간환경회의가 스웨덴 스톡홀름에서 개최되고 여기서 인류 역사 최초의 인간환경선언문이 채택되었다. 같은 해 11월 유엔총회는 세계 환경의 날을 제정하고 유엔환경계획(UNEP: United Nations Environment Program) 설립을 결의하였다. 해양오염방지를 위한 런던협약(London Dumping Convention)도 1972년에 채택되었다. 1973년에는 영국에서

환경의 시대
지구의 날

미국 연방환경보호청
미국 국가환경정책법
영국 환경청
일본 환경청

유엔인간환경회의
인간환경선언문
세계 환경의 날
유엔환경계획
런던협약

【그림 2-7】
미국에서 개최된 제1회 지구의 날(1970년 4월 22일) 기념행사(뉴욕 맨하턴)에 백만 인파가 몰렸다는 뉴욕 타임즈 1면 기사와 날을 제정한 개이로드 넬슨과 행사를 주관한 데이스 헤이

녹색당
사막화방지회의

세계 최초로 환경을 정치 이념으로 하는 녹색당이라는 정당이 만들어졌다. 1976년에는 케냐 나이로비에서 사막화방지회의를 개최하는 등 유엔이 전 지구적 환경문제에 관심을 가지기 시작하였다. 유엔과 선진산업국의 이러한 변화는 전 세계적인 파장을 불러왔다.

새마을운동
산림녹화계획
환경보전법
국립환경과학원
한국환경보호협의회
중랑하수처리장

　우리나라에서도 환경정책에 큰 변화가 있었다. 1970년 새마을운동이 시작되면서 정부가 산림녹화, 하천정화, 주택개량 등과 같은 환경정책을 추진하였다. 같은 해 녹지를 보호하고 도시 확산을 방지하는 그린벨트 제도를 시행하였다. 1973년에는 산림녹화계획을 수립하였으며 1977년에는 보다 적극적인 환경관리를 위한 환경보전법이 제정되었다. 환경보전법에는 환경영향평가제도와 환경기준치 등과 같은 앞선 환경정책들이 포함되었다. 1978년에는 국립환경연구소(현 국립환경과학원)이 설립되어 조사연구 사업이 시작되었다. 또한 1975년 한국환경보호연구회(후에 한국환경보호협의회로 개칭)라는 민간 환경단체가 설립되어 대국민 홍보, 환경교육, 정책세미나 등과 같은 활

【그림 2-8】
1970년대 환경 세미나, 새마을운동, 그리고 환경단체 활동

동을 전개했다. 1978년에는 국내 최초로 하수처리장(서울 중랑하수처리장)이 도입되어 생활하수 관리에 새로운 전기를 마련하였다. 국내 환경정책에 큰 변화가 있었지만 경제성장 우선 정책은 여전히 계속되었다. 당시 산업체에 대한 환경규제는 다소 강화되는 추세였다.

2.5. 1980년대(지구환경문제 시대)

1980년대에 들어서면서 국가 간 환경문제와 지구환경문제가 새로운 이슈로 등장하게 되었고 유엔의 역할이 크게 강화되었다. 유엔환경계획은 스톡홀름 유엔인간환경회의 10주년을 기념으로 유엔인간환경선언과 행동계획을 재천명하는 나이로비 선언을 1982년 발표했다. 또한 산성비, 오존층 파괴, 유

지구환경문제
유엔환경계획
유엔인간환경선언
나이로비 선언

헬싱키 의정서
몬트리올 의정서
바젤 협약

해폐기물 국제 이동 등에 대한 국제환경협약이 체결되고 이를 수용하기 위한 관련 국가의 환경정책이 이루어졌다. 1985년에는 산성비 원인물질 감축을 위한 헬싱키 의정서, 1987년에는 오존층 파괴물질 감축을 위한 몬트리올 의정서, 1989년에는 유해폐기물 국가 간 이동을 규제하기 위한 바젤 협약 등이 체결되었다.

브룬트란트 보고서
유엔환경계획
세계기상기구
기후변화 정부 간 패널
보팔 사건
체르노빌 사건
엑슨발데즈 사건

유엔은 지구환경문제를 검토하기 위하여 1983년 환경과 개발에 관한 세계위원회를 구성하여 조사·연구를 시작하였다. 1987년에 제출된 '우리 공동의 미래(Our Common Future)'라는 보고서(일명 브룬트란트 보고서)는 환경적으로 건전한 지속가능발전(ESSD: Environmentally Sound and Sustainable Development)을 세계 모든 국가가 전략으로 채택할 것을 요구하였다. 이 보고서는 인류의 지속가능발전은 경제적 번영과 정의로운 사회 그리고 환경보호가 함께해야 가능함을 알리는 효시가 되었다. 1988년에는 유엔환경계획(UNEP)과 세계기상기구(WMO)는 기후변화 정부 간 패널(IPCC)를 구성하여 기후변화의 원인, 대책, 적응 등을 연구하기 시작하였다. 이 시기에는 인도 보팔사건(1984), 체르노빌 사건(1986), 엑슨발데즈 사건(1989) 등과 같은 대형 환경재난이 연이어 발생하여 세계를 놀라게 했다.

환경청
환경권
자원재생공사
자연공원법
환경관리공단
폐기물 관리법

우리나라에서도 큰 변화가 있었다. 1980년 처음으로 독립환경행정기관인 환경청과 6개의 지방측정사무소가 설립되었으며, 이때 이루어진 제5공화국 개헌으로 헌법에 환경권이 명시되었다. 또한 공원법(1967년 제정)이 1980년 자연공원법과 도시공원법으로 분리되었고, 1986년에는 오물청소법(1961년 제정)이 폐기물 관리법으로 확대 개정되었다. 자원재생공사(1980)와 환경관리공단(1983) 등이 설립되어 보다 적극적인 환경정책이 시도되었다. 경제성장 우선에서 벗어나 경제성장과 환경보전의 조화를 위한 정책이 이루어졌고 환경규제와 기술지원을 동시에 추진하였으며 교육과 홍보를 동원하여 환경의 소중함을 알리려는 노력이 시도되었다.

【그림 2-9】
환경과 개발에 관한 세계위원회가 제출한 보고서 '우리 공동 미래'와 위원장 브룬트란트

2.6. 1990년대(지속가능발전 시대)

브룬트란트 보고서가 제안한 지속가능발전에 세계가 주목하기 시작하였다. 1992년 브라질 리우데자네이루에서 역사상 최초로 세계 정상(대통령과 수상)들이 환경을 주제로 함께 모여 지속가능발전을 세계 전략으로 채택하였다. 또한 지난 1980년대 세계적인 이슈로 등장한 지구환경문제에 대한 대책이 여기서 논의되었다. 기후변화, 생물다양성, 사막화, 물 부족 등이 회의의 주요 이슈였고, 세계 물의 날이 제정되었다. 유엔의 3대 국제환경협약이라는 생물다양성 협약(1992), 기후변화 협약(1992), 사막화방지 협약(1994) 등이 이 시기에 체결되었다. 이러한 국제 협약은 세계 각국의 환경정책에 큰 변화를 가져왔다.

이 시기 우리나라 환경정책은 국제적 수준으로 진일보하였다. 1990년 환경청이 환경처로 승격되었고, 환경보전법이 6개의 법으로 나누어지면서 단일법 시대에서 복수법 시대로 가게 되었다. 1991년에 발생한 낙동강 페놀 사

리우 유엔환경정상회의
생물다양성 협약
기후변화 협약
사막화방지 협약

【그림 2-10】
1990년 리우환경정상
회의가 세계 전략으로
채택한 지속가능발전
(미래 세대를 위해 경
제, 사회와 더불어 환
경적으로 건전한 발전)

환경처
환경법 복수법화
환경부
해양수산부
국제환경협약

건과 1992년 리우 환경정상회의 여파로 1994년 환경처에서 다시 환경부로 승
격하였다. 당시 건설부 소관이었던 상하수도 관리 기능과 보건사회부 소관이
었던 음용수 관리 기능이 환경부로 이관되었다. 이후 환경정책은 강과 호수
의 물 관리와 맑은 물 공급, 자원 재활용, 환경기술진흥 등을 중요한 과제로 다
루었다. 1996년에는 해양환경보전업무가 환경부에서 새로 발족된 해양수산
부로 이관되었다. 내무부 소관 국립공원관리 업무와 산림청 소관 야생조수
보호 및 수렵 관련 업무가 각각 1998년과 1999년에 환경부로 이관되었다. 또
한 유엔을 중심으로 체결된 다양한 국제환경협약을 국내 환경정책으로 수용
하기 시작했다.

2.7. 2000년대(저탄소 시대)

2000년대에 접어들면서 기후변화로 인한 저탄소 시대가 열리기 시작했다. 교토의정서로 시작된 온실가스 감축 논의가 유엔의 중심으로 본격적으로 추진되고 있었다. 2002년에는 남아공 요하네스버그에서 두 번째 유엔환경정상회의(리우+10)가 개최되었다. 주요 의제로 빈곤 퇴치, 세계화, 화학물질 사용 억제, 자연자원보전 등이 논의되었다. 또한 지구와 인류의 지속가능발전을 위해 선진국이 후진국에 재원과 기술이전이 필요하다는 점에 대해 세계적인 합의가 이루어졌다. 요하네스버그 환경정상회의에서 빈곤 퇴치와 선진국과 후진국의 상생 관계 등이 주요 의제로 다루어졌던 것은 2001년에 미국에서 발생한 9.11 테러 여파로 볼 수 있다.

유전자 변형 생물체 국제 이동 관리를 위한 카르타헤나 의정서(2000), 잔류성 유기오염물질 관리를 위한 스톡홀름 협약(2001), 생물유전자원 국제공동 이용을 위한 나고야 의정서(2010) 등도 체결되었다. 2012년에 세 번째 유엔환경정상회의가 브라질 리우데자네이루에서 개최되었다. 기후변화와 에너지, 소득 양극화, 지속가능발전 등이 의제로 등장하였으며 녹색경제가 새로운 대안으로 제시되었다.

국내 환경정책은 세계 환경 이슈와 동조화하는 현상을 보였다. 기후변화, 생물다양성, 유해화학물질 등이 우리나라 환경정책의 주요 이슈가 되었다. 이 시기 다양한 환경법들이 제정되었으며, 국립생물자원관(2007), 온실가스 종합정보센터(2010), 국립생태원(2013), 화학물질안전원(2014) 등과 같은 새로운 국가 기관들이 설립되었다. 2008년 저탄소 녹색성장을 국가 비전으로 선포하였으며, 파급 효과로 글로벌 녹색성장연구소(GGGI), 녹색기후기금(GCF) 등과 같은 유엔산하 국제기구가 국내에 설립되었다.

리우+10 유엔환경정상회의
빈곤퇴치
세계화 환경영향
화학물질 사용억제
자연자원 보전

카르타헤나 의정서
스톡홀름 협약
나고야 의정서
리우+20 유엔환경정상회의
녹색경제

국립생물자원관
저탄소 녹색성장
온실가스정보센터
국립생태원
화학물질안전원
글로벌녹색성장연구소
녹색기후기금

【그림 2-11】
2012년 글로벌 녹색성
장연구소 협정식(브라
질 리우)

내용정리

1. 고대문명에서 있었던 환경정책 사례를 알아보자.
2. 로마시대의 생활환경정책과 자연환경정책을 비교해보자.
3. 중세유럽의 생활환경 상태와 흑사병 창궐 이유를 설명해보자.
4. 산업혁명 이후 영국에서 발생한 주요 환경문제를 설명하고 당시 환경정책의 일환으로 만들어
   진 법을 알아보자.
5. 19세기 말과 20세기 초, 영국과 미국에서 있었던 환경정책과 당시 연구·개발된 주요 환경과학과
   기술을 알아보자.
6. 1960~70년대에 선진산업국에서 있었던 환경이념, 환경정책, 환경행정조직 등을 설명해보자.
7. 1960~90년대에 우리나라에서 있었던 환경정책, 환경법, 환경운동 등을 알아보자.
8. 1970~90년대에 있었던 국제환경회의, 국제환경협약 등을 알아보자.
9. 2000년 이후 지금까지 있었던 국제환경협약과 우리나라의 환경정책 변화를 설명해보자.

〈환경 '역사'를 바로잡아야 한다〉

지난 6월 5일은 세계 환경의 날이었다. 올해는 특별히 대구수목원에서 박근혜 대통령이 참석한 가운데 제18회 환경의 날 기념식이 거행됐다. 대통령이 환경의 날 기념식에 참석한 것은 8년 만의 일로 많은 환경인들이 찬사를 보냈다.

아쉬운 점은 올해도 잘못된 환경역사를 바로잡지 못하고 있다는 것이다. 환경의 날은 1972년 6월 5일 스웨덴 스톡홀름에서 개최된 세계 최초의 유엔환경회의를 기념하기 위해, 같은 해 11월 제27차 유엔총회에서 제정됐다. 그래서 올해로 41회다. 하지만 우리 정부는 1996년에 법정기념일로 채택했다는 이유로 18회를 고집하고 있다. 그런데 세계 환경의 날 기념식은 1973년 1회부터 우리나라에서 대한적십자사 주최로 거행하고 있었다. 유엔이 제정한 기념일이 우리나라에서는 다른 시간여행을 하고 있는 것이다.

잘못된 것은 이것만이 아니다. 우리의 환경운동 역사 또한 시급히 바로잡아야 한다. 일부 환경단체들은 환경운동 시작을 1982년이라 주장한다. 그래서 지난해 환경의 날을 기념하여 환경운동 30년 행사를 대대적으로 했다. 하지만 우리나라 환경원로들은 이를 터무니없는 역사왜곡이라 격분하고 있다. 실제로 기록을 보면 우리의 환경운동은 이보다 훨씬 오래전에 시작된 것을 확인할 수 있다.

우리나라는 세계적으로 매우 독특한 환경역사를 가지고 있다. 유럽, 미국, 일본 등과 같은 선진 산업국들은 산업화가 시작되고, 이후 심각한 환경문제를 겪은 다음 환경대책이 이루어졌다. 이 기간이 짧게는 몇 십 년, 길게는 백오십년도 넘게 걸렸다. 하지만 우리나라는 산업화가 시작되면서 기본적인 환경대책을 고려했고 환경보호 노력도 비교적 일찍 시작됐다.

1962년에 산림법을, 1963년에 공해방지법을 제정한 것은 산업화 시작과 거의 동시였다. 1967년에 산림청을 설립하여 강력한 산림녹화 사업을 추진한 것도 세계 환경사에서 보기 드문 사례다. 1963년 자연보존협회, 1968년 공해방지협회 등이 설립된 것도 우리의 환경역사에서 중요한 의미를 갖는다.

1970년에 시작된 새마을운동에도 하천정화, 주택개량, 상하수도 보급 등과 같은 환경개선 노력이 상당부분 차지하고 있다. 같은 해 그린벨트 제도가 시행되어 1977년까지 전국 14개 도시의 확산을 막고 자연을 보호하는 정책이 이루어졌다. 세계 환경사의 가장 중요한 전환점이 되는 1972년 유엔환경회의에도 우리 정부 고위관료가 참석했으며, 여기서 합의된 유엔인간환경선언은 우리 정책에 상당한 영향을 미쳤다. 1973년에는 산림녹화기본계획이 수립됐고 1977년에는 환경영향평가, 환경기준치 등과 같은 당시로는 매우 앞선 제도를 담은 환경보전법이 제정됐으며, 1978년에는 국립환경과학원을 설립하여 조사연구도 시작했다. 이러한 노력들은 1980년 환경청 설립과 헌법에 환경권 조항 삽입으로 이어졌다. 특히 국가가 모든 국민에게 건강하고 쾌적한 환경에서 생활할 권리를 부여하는 환경권이 1980년 헌법에 들어간 것은 세계적으로도 매우 드문 사례다.

환경운동도 1970년대 이미 시작되고 있었다. 1975년에 우리나라 최초의 민간 환경단체인 환경보호연구회(현 환경보호협의회), 1976년에는 환경전문가들이 중심이 되어 한국환경문제협의회(현 일사회), 1977년에는 자연보호협의회(현 자연보호중앙연맹) 등이 창립됐다. 이러한 단체들은 매연차량추방 캠페인, 물보호 가두시위, 자연정화운동(쓰레기 줍기), 자연보호 범국민운동 등 다양한 활동을 전국적인 규모로 전개했고 기록이 생생한 사진으로 남아 있다.

현대 인류사에서 환경은 중요한 부분을 차지하고 있다. 그리고 우리나라는 세계적으로 드문 환경역사를 가지고 있다. 하지만 우리의 환경역사는 제대로 정리조차 되어있지 않다. 더 이상 논란이 되지 않도록 책임 있는 기관에서 우리의 환경역사를 객관적으로 정리해 주길 바란다.

(조선일보 2013년 6월 12일)

【그림 2-12】
2013년 6월 5일 환경의 날 기념식

제3장 환경정책 목표와 방향

환경정책이 추구하는 목표와 방향을 공부한다. 지속가능발전을 위한 환경보전, 경제성장, 사회정의 그리고 국제협력 목표를 이해한다. 또한 환경철학, 정부 개입정도, 경제성장 의지 등이 환경정책에 주는 영향을 살펴본다.

3.1. 환경정책 목표

수많은 환경정책들이 제각기 목표를 달리하면서 추진되고 있다. 물, 대기, 토양, 폐기물 등 대상에 따라 정책이 수립되고, 범위도 일정 지역의 좁은 공간에서부터 지구 전체에 이르기까지 매우 다양하다. 중앙정부와 지방자치단체는 국가 또는 지역의 환경문제를 대상으로 환경정책을 수립한다. 환경문제는 국경이 없기 때문에 유럽, 북미, 동북아 등 광역권 국제 환경정책이 시행되기도 하고, 기후변화 대책과 같은 전 지구적 환경정책도 유엔을 중심으로 추진되기도 한다.

국가환경정책
국제환경정책
지구환경정책

모든 환경정책이 추구하는 일차적 목표는 대상으로 하는 환경문제를 예방하고 개선 또는 해결하는 것이다. 따라서 정부가 추진하는 환경정책의 일차적 목표는 모두 다를 수밖에 없다. 만약 정부가 일차적 목표가 동일한 환경정책을 동시에 실시한다면 예산과 인력을 낭비하는 결과를 초래한다. 하지만 이렇게 시행하는 모든 환경정책은 궁극적으로 '지구와 인류의 지속가능발전'이라는 동일한 목표를 향해 추진된다.

지속가능발전(Sustainable Development)이라는 용어는 1972년에 나온 로마클럽의 '성장의 한계(The Limits to Growth)'에 처음 등장한다. 지속가능발전이 이루어지지 않은 것은 성장의 한계에 도달한다는 것을 의미한다. 지속가능발전이 세계적인 주목을 받게 된 것은 '환경과 개발에 관한 세계위원회(WCED: The World Commission on Environment and Development)'가 1987년 유엔에 제출한 보고서 '우리 공동의 미래(Our Common Future, 일명 브룬트란트 Bruntland 보고서)'에서 핵심 주제로 등장한 이후부터다. 이 보고서는 기존의 지속가능발전 개념에 환경적 측면을 강조하여 '환경적으로 건전한 지속가능발전(ESSD: Environmentally Sound and Sustainable Development)'을 인류가 추구해야 할 궁극적인 목표로 제시하고 있다. 이것은 미래 세대가 이용할 환경과 자연을 손상시키지 않고 현재 세대의 필요를 충족시켜야 한다는 '세대 간의 형평성'과, 자연환경과 자원을 이용할 때는 자연의 정화 능력 안에서 오염 물질을 배출하여야 한다는 '환경 용량 내에서의 자연 이용과 배출'을 의미한다.

지속가능발전
성장의 한계
브룬트란트 보고서

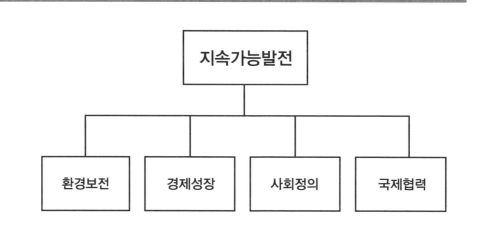

【그림 3-1】
환경정책의 궁극적
목표와 세부 목표

브룬트란트 보고서가 제안한 지속가능발전이 1992년 브라질 리우데자네
이루에서 개최된 유환경정상회의에서 세계 전략으로 채택되면서 지구의 모
든 환경관리와 정책의 궁극적 목표로 삼게 되었다. 이는 경제 번영(Economic
Prosperity), 사회 정의(Social Justice), 그리고 환경 보전(Environmental
Protection)이라는 세 개의 축으로 구성되며 세 축 모두가 만족될 때 인류의 지
속가능발전이 이루어질 수 있음을 의미한다.

경제번영
사회정의
환경보전

　　환경정책은 지속가능발전을 궁극적 목표로 하고 이를 충족시키기 위해
환경보전과 경제성장, 그리고 사회정의라는 세 축을 세부 목표로 추구하게
된다. 아울러 지속가능발전은 세계 모든 인류가 지구 전체를 위한 것이기 때
문에 국제협력이 또 다른 세부 목표로 추가된다.

궁극적 목표
세부 목표

(1) 환경보전

　　환경정책은 환경오염과 훼손으로부터 환경을 보호하고 오염되거나 훼손
된 환경을 개선함과 동시에 쾌적한 환경을 유지하고 조성하는 것을 첫 번째
목표로 한다. 환경정책은 환경을 보전하기 위한 것으로, 여기서 보전(保全:
Conservation)이란 온전하게 다듬어 관리하는 것을 의미하며 있는 그대로 간
직한다는 의미의 보존(保存: Preservation)과는 차이가 있다. 역사와 문화재는
보존하는 것이고 환경은 보전하는 것이다. 예를 들어, 치욕의 식민지 역사도
미화하거나 다듬지 말아야 하고, 보잘것없어 보이고 깨어지고 조각난 문화재
도 그대로 보존해야 한다. 반면에 산에 불이 나서 나무가 사라지면 다시 심어
야 하고, 강물이 오염되고 바닥에 토사가 퇴적되면 정화와 준설로 강을 되살
려야 한다. 만약 강물을 농업용수나 생활용수로 끌어가 강에 물이 마른다면,
유역에 댐이나 저수지를 만들어 우기에 물을 모아 천천히 흘려보내야 한다.
다시 말하면 인류의 지속가능발전을 위한 환경보전은 환경을 이용하고 관리
하며 복원하는 것을 포함하고 있다,

환경보전
역사보존

(2) 경제성장

환경정책의 또 다른 목표는 경제성장이다. 지속적인 경제성장은 인류 생존의 문제이고 이를 위해 환경정책에서 주요하게 다루어야 할 부분은 자연자원의 효율적 배분이다. 자연자원은 크게 돈을 지불해야 하는 경제재와 그렇지 않는 자유재(환경재)로 나누어진다. 경제재는 다시 재생성 자원과 비재생성 자원을 구분할 수 있다. 재생성 자원은 자연에서 계속 새롭게 생산되는 생물자원이며, 비재생성 자원은 석탄이나 석유와 같은 화석연료와 광물을 말한다. 자유재는 다시 공기와 물과 같은 공공재와 야생동식물과 같은 정부가 허가를 할 때만 사용가능한 개방접근자원으로 나누어지며 두 경우 모두 재생성이다.

지속가능한 경제성장을 위한 환경적인 자원 배분을 위해서 재생성 자원은 재생성을 유지할 수 있는 용량 내에서 사용하는 것이다. 다시 말하면 자연은 이자만으로 살아야지 원금에는 손대지 말아야 한다는 것이다. 비재생성 자원은 가능한 한 사용을 억제하고 재생성 대체 자원을 찾아 사용해야 한다는 것이다. 예를 들어 석탄과 석유와 같은 화석연료는 대양광이나 풍력과 같은 재생가능에너지로 대체해야 한다는 것이다. 마지막으로 모든 자원은 재활용을 통해 순환해야 한다는 것이다.

(3) 사회정의

사회정의는 지속가능발전의 세 축의 하나이자 환경정책에서도 반드시 추구해야 할 목표다. 모든 환경정책은 시행에 따른 비용이나 위험 부담, 그리고 혜택 등이 개인이나 지역, 그리고 사회계층 간 공평하게 돌아가도록 해야 한다는 것이다. 그뿐만 아니라 모든 국민이 환경법령, 환경규정, 환경정책 등을 수립하고 추진하는 과정에 동등한 대우를 받으며 의사 결정에 참여할 수 있어야 한다. 특정 지역이나 계층에만 혜택이 돌아가거나 비용을 지불해야 하는 환경정책은 잘못된 것임을 의미한다.

자연자원
경제재
자유재
재생성자원
비재생성자원
공공재
개방접근자원

환경평등
환경법령
환경규정
환경정책

(4) 국제협력

환경보전과 경제성장, 그리고 사회정의를 통해 추구하는 지속가능발전은 세계 모든 인류가 지구 전체를 위한 것이기 때문에 국제협력 없이는 불가능하다. 국가 간 이루어지는 국제협력에서부터 유엔을 중심으로 이루어지는 전 지구적 차원의 협력까지 모든 인류가 함께 참여해야 한다. 환경문제 해결을 위한 국제협력은 1972년 스톡홀름 유엔인간환경회의를 기점으로 체계적인 시도가 이루어졌다. 유엔환경계획(UNEP)이 설립되면서 다양한 국제환경협약이 이루어졌고, 1980년대 이후 오존층 파괴, 기후변화 등과 같은 지구환경문제가 심화되면서 국제협력은 더욱 중요한 환경정책 목표가 되었다.

1992년에 개최된 리우 유엔환경정상회의는 국제협력 없이는 지구와 인류의 지속가능한 발전을 보장할 수 없음을 전 세계 모든 국가에 알리는 계기가 되었다. 하지만 국제협력은 강제성이 없기 때문에 국가 간 이해관계가 충돌할 때 무시되는 경우가 자주 발생한다. 무역 규제 등과 같은 강제 수단을 동원할 수도 있지만, 많은 경우 관련 국가의 자발적 참여에 의존할 수밖에 없다.

스톡홀름
유엔인간환경회의
지구환경문제
리우 유엔환경정상회의
무역규제

3.2. 환경정책 방향

환경정책은 여러 가지 요인에 따라 정책 방향이 달라진다. 정부의 환경철학, 개입 정도, 경제성장 의지 등에 따라 강력한 환경정책이 나올 수도 있고 미온적인 수준에서 그칠 수도 있다. 다시 말하면 환경정책이 추구하는 환경문제의 예방, 개선, 해결 중에서 정책 방향에 따라 예방이 무시될 수도 있고 해결 대신 개선으로 끝날 수도 있다.

환경정책 방향에는 다음과 같은 요인이 중요한 영향을 미치는 것으로 알려져 있다.

환경정책 방향
환경철학
정부 개입 정도
경제성장의지

(1) 환경철학

환경정책은 입안자나 집권 정당의 환경철학에 따라 크게 달라진다. 그리고 환경철학은 개인이나 정당의 정치적 신념에 따라 극과 극을 보일만큼 큰 차이가 있다. 대표적인 극과 극이 '인간의 경제적 욕구보다 생태계를 더 중요시' 하는 생태지향주의와 그 반대에 해당하는 기술지향주의다. 기술지향주의는 '생태계 보다 인간의 경제적 욕구를 더 중요시'하며 환경문제를 과학과 기술로 해결이 가능하다는 이념이다.

생태지향주의는 자연생태계를 중요시 하는 정도에 따라 다시 두 부류로 나눌 수 있다. 그 중 하나는 인간과 자연생태계의 모든 생물종을 동일시 하고 자연은 인간을 위한 자원이 될 수 없다고 주장하는 생태근본주의(Deep Ecology)다. 급진적 또는 진보적 생태지향주의로 부르기도 한다. 이는 인간의 경제적 욕구를 지구와 환경의 적으로 간주하기 때문에 이러한 환경철학에서 나오는 환경정책은 결국 인간의 경제적 욕구를 줄이는 방향으로 가게 된다. 다른 하나는 생태계를 중요시 하면서도 인간의 경제적 욕구를 어느 정도 인정하는 보수적 또는 온건 생태지향주의다.

기술지향주의 또한 그 정도에 따라 크게 두 부류로 나누어진다. 하나는 진보적 기술지향주의라 부르는 것으로 이는 환경문제의 일부는 기술로 해결이 가능하지만 기술이 능사는 아니라는 입장이다. 그래서 진보적 기술지향주의는 인간과 환경의 조화를 중요시한다. 다른 하나는 인류의 미래를 매우 낙관적으로 보는 보수적 기술지향주의로 이를 주장하는 자들을 낙관적 미래파(Cornucopians)로 부른다. 보수적 기술지향주의는 과학과 기술로 모든 환경문제를 해결할 수 있다는 입장으로 인류의 무한성장이 가능하다고 믿으며 소수의 엘리트가 이를 주도할 수 있을 것이라고 생각한다.

환경정책의 배경이 되는 환경철학은 시대적으로 급변하고 있다. 선진산업국에서 심각한 환경문제를 경험하게 되었던 1960~70년대에는 생태지향주의에서 기술지향주의에 이르기까지 다양한 스펙트럼의 환경철학이 지지를

환경철학
생태지향주의
기술지향주의

생태지향주의
자연생태계
생태근본주의
진보적 생태주의
보수적 생태주의

기술지향주의
진보적 기술지향주의
보수적 기술지향주의
낙관적 미래파

얻고 있었다. 이후 환경과학과 기술이 발달함에 따라 선진산업국에서 급속한 환경개선이 이루어지게 되자 기술지향주의가 더욱 힘을 얻게 되었다.

(2) 정치 체제와 정부의 통제

정치 체제에 따라 환경정책을 포함한 국가의 모든 정책 방향이 달라진다. 특히 환경정책은 정부의 강력한 통제로 이루어지는 사회주의 계획경제냐, 아니면 통제 정도가 미약한 자유민주주의 시장경제냐에 따라 접근 방법 자체가 크게 달라진다. 환경정책은 자유민주주의 시장경제 하에서도 시장의 실패로 인해 필요하다는 것을 전제로 하기 때문에 정부의 통제는 불가피하다. 그리고 그 정부의 통제 정도는 환경정책 방향을 결정하는 중요한 요소가 된다.

사회주의 계획경제
자유민주주의 시장경제
환경통제주의
시장지향주의

정부가 강력한 수단을 동원하는 경우를 환경통제주의라 하며, 정도가 미약한 경우를 시장지향주의라 한다. 선진산업국의 환경역사를 보면 환경문제가 점점 심각해지고 환경정책의 필요성이 강조되면서 시장지향주의에서 환경통제주의로 전환되어왔다. 과거에 비해 더 많은 분야에서 환경규제가 만들어지고 또 규제 정도가 강화되고 있다. 일반적으로 환경을 중요시하는 정부일수록 환경통제주의에 가까운 경향을 보인다.

같은 정부에서도 환경 사안에 따라서 통제 정도가 다르다. 예를 들어, 유해폐기물, 유독성 화학물질, 방사능 물질 등과 같이 위해성 매우 큰 것은 강력한 환경통제주의 입장에서 환경정책을 입안한다. 하지만 온실가스 감축, 또는 일반적인 수질오염이나 대기오염 같은 것은 배출권 거래제도와 같은 시장에 맡겨두는 시장지향주의에 따르기도 한다.

유해 폐기물
유독성 화학물질
방사능 물질
온실가스 감축
배출권 거래제

(3) 시민 참여

환경정책은 과학과 기술을 바탕으로 이루어지기 때문에 전문가의 지식이 중요한 역할을 한다. 하지만 환경정책은 많은 경우 시민의 적극적인 참여를 필요로 하고, 또 정책의 결과는 시민에게 즉시 돌아가기 때문에 전문가에게만 의지할 수는 없다. 또한 모든 지역과 계층의 공평한 참여와 혜택을 강조

종합적 합리주의
분권적 점진주의

하는 환경정의 차원에서도 시민의 참여는 환경정책에서 중요하다. 이처럼 환경정책은 전문가의 지식을 바탕으로 하지만 시민 참여를 반드시 고려해야 한다.

환경정책에서 전문가의 지식에 주로 의존하는 경우를 종합적 합리주의라 하고 시민 참여를 더욱 중요시 하는 경우를 분권적 점진주의라 한다. 정책 입안자의 판단에 따라 종합적 합리주의에 머무를 수 있고 분권적 점진주의로 갈 수도 있다. 중요한 점은 환경정책은 사안에 따라 이를 달리할 필요가 있다는 사실이다. 예를 들어, 안전한 수돗물 공급, 강과 호수의 수환경 관리 등과 전문성을 요하는 정책은 종합적 합리주의를 따르는 것이 좋다. 하지만 에너지와 자원 절약, 녹색소비, 쓰레기 감량화 등과 같은 경우는 분권적 점진주의를 따르는 것이 정책 효율을 높이는 방법이다.

(4) 경제성장 의지

정부의 경제성장 의지에 따라 환경정책은 크게 달라진다. 이를 크게 경제성장 우선주의, 환경보전 우선주의, 조화론적 환경주의로 나눌 수 있다. 산업화 초기에는 대부분의 국가에서 환경문제가 가속화되고 있음에도 불구하고 환경정책에 경제성장 우선주의를 취하는 경향이 있었다. 이후 경제가 성장하면서 환경보전 우선주의나 조화론적 환경주의 입장에 서게 되었다. 정책 입안 당시의 경제 상태나 국부의 여력 또는 국민 여론에 따라 취하는 입장이 달라진다.

지난 1990년대 이후 선진산업국에서 환경과학과 기술이 발달하면서 환경과 경제가 상생하는 현상이 나타나고 있다. 그래서 환경과 경제 중에서 어느 하나를 우선한다는 것이 큰 의미를 갖지 못하는 시대로 접어들고 있다. 또한 최근에 주목받고 있는 녹색성장주의는 저탄소 친환경기술을 경제성장 원동력으로 삼으려는 것으로 환경과 경제에서 어느 하나를 우선하는 차원을 넘어 서로 시너지를 얻으려는 시도다. 다시 말하면 환경 개선과 더불어 경제 성장을 추구하려는 것이다.

종합적 합리주의
수돗물 공급
수환경 관리

분권적 점진주의
녹색소비
쓰레기 감량화

경제성장 우선주의
환경보전 우선주의
조화론적 환경주의
녹색성장주의

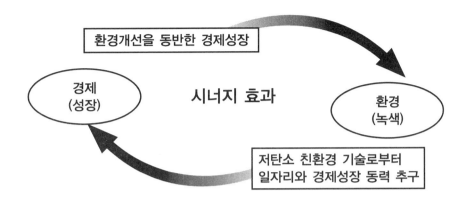

【그림 3-2】
환경과 경제의 시너지
효과를 이념으로 하는
녹색성장주의

(5) 적용 시점

환경정책은 적용 시점, 즉 환경문제 발생 전과 후에 따라 차이를 보인다. 대부분의 환경정책은 환경문제가 발생한 이후에 개선과 해결을 위해 수립되고 적용된다. 하지만 환경문제는 사전에 예방하는 것이 환경적으로나 경제적으로 가장 효과적인 방법이기 때문에 최근에는 사전 정책이 많이 시행되고 있다. 대표적인 예방 정책이 환경영향평가 제도다. 개발 사업으로 인해 발생할 수 있는 환경문제를 사전에 예측·평가하고 대책을 마련하는 것이다. 그 외에도 생태계 위해성 평가나 전과정 평가 등 다양한 사전예방제도가 국내외에서 시행되고 있다.

예방 정책을 제외한 대부분의 환경정책은 사후 정책이다. 오염하천 복원, 쓰레기 재활용, 환경기초시설 설치 등이 여기에 해당된다. 사후 정책 중 또 다른 형태가 적응 정책이다. 환경정책은 환경문제를 예방하고 개선하거나 해결하기 위한 정책으로 정의된다. 하지만 예방·개선·해결이 불가능할 경우는 적응을 해야 한다는 것이다. 대표적인 예가 기후변화다. 기상수문재난 방지를 위한 사회 간접시설을 확충하여 피해를 줄이는 것이다. 또한 토양이나 소음 등에서 적응 대책의 사례를 찾아볼 수 있다. 쓰레기 매립지를 활용하는 방안, 공항 소음 지역에 적합한 토지활용 대책 등이 그 사례다.

사전 정책
사후 정책

환경영향평가
생태계 위해성 평가
전과정 평가

적응 정책
기후변화

(6) 적용 범위

환경정책은 적용 범위에 따라 크게 세 가지로 구분할 수 있다. 첫째는 전통적인 환경정책의 범위에 해당하는 기술정책적 환경정책이다. 환경문제 저감기술을 적용하는 정책으로, 하수처리기술, 대기오염 저감기술, 소음방지기술 등과 같은 것으로 환경문제를 사전에 예방하거나 발생 후 기술로 해결하려는 정책이다. 둘째는 구조정책적 환경정책으로 환경문제가 적게 발생하는 친환경 산업으로 구조 조정하는 것이다. 다시 말하면 산업전반에 걸쳐 공정이나 원료, 에너지 등을 변화시키고 공해산업을 줄여나가는 정책이다. 셋째는 현재의 경제나 사회 체제를 새롭게 변화시키는 체제초월적 환경정책이다. 저탄소 자원순환 사회로 가기 위해 녹색문명이나 녹색경제를 도입하는 것이다.

환경문제가 보다 광역화되어 감에 따라 환경정책의 적용범위가 점점 확대되고 있다. 최근 기후변화가 주요 환경문제로 등장함에 따라 산업구조나 사회전반을 변화시키는 구조정책적 또는 체제초월적 환경정책이 주목을 받고 있다. 이러한 환경정책은 여러 행정부처가 함께 참여하고 협력해야 추구하는 목적을 달성할 수 있다.

기술정책적 환경정책
구조정책적 환경정책
체제초월적 환경정책

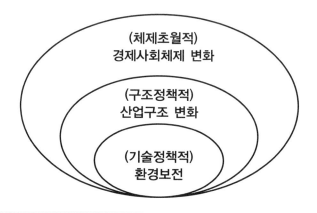

【그림 3-3】
환경정책의 적용범위

내용정리

1. 환경정책의 궁극적 목표인 지속가능발전의 의미를 알아보자.
2. 보존과 보전의 의미 차이를 비교하고 환경은 보전해야하는 이유를 설명해보자.
3. 지속가능한 경제성장을 위해 자연자원의 효율적 배분 방법을 설명해보자.
4. 환경정책 목표에서 사회정의가 갖는 의미를 생각하고 사례를 들어 설명해보자.
5. 환경정책 목표에서 국제협력의 중요성을 이해하고 주요 국제환경문제 사례를 들어 설명해보자.
6. 생태지향주의, 기술지향주의, 생태근본주의, 낙관적 미래파 등을 비교 설명해보자.
7. 환경통제주의와 시장지향주의를 사례와 함께 비교 설명해보자.
8. 종합적 합리주의와 분권적 점진주의를 사례와 함께 비교 설명해보자.
9. 경제성장 의지에 따른 환경정책 방향을 설명하고 조화론적 환경주의와 녹색성장주의를 비교해보자.
10. 사전 및 사후 환경정책의 사례를 들어 설명해보자.
11. 기술정책적 환경정책, 구조정책적 환경정책, 그리고 체제초월적 환경정책을 사례와 함께 설명해보자.

읽어보기

〈생태근본주의와 사회생태주의〉

　　환경정책에 중요한 영향을 미치는 것이 환경철학이다. 서구 사회에서 가장 극단적인 환경철학으로 알려진 것이 생태근본주의(Deep Ecology, 심층생태주의로도 번역되기도 함)다. 이것은 1970년대 초 노르웨이 오슬로 대학교 교수 아른 네스(Arne Næss)가 처음 주장하기 시작한 이념으로, 생태중심주의(Eco-centrism)로 불리기도 한다. 그 이념은 크게 다음 네 가지로 요약될 수 있다.

　　첫째, 인간을 포함한 모든 생물은 본질적인 가치를 가지며, 자연은 인간을 위한 자원이 아니다. 둘째, 모든 생명체는 동등한 권리를 가지며, 자연계에 있는 생명체는 고등한(higher) 것과 하등한(lower) 것으로 구분하지 말아야 한다. 셋째, 자연계는 모든 것이 역동적인 연결망으로 이루어져 있고 그 망 속에서 절대적으로 홀로 존재하는 실체는 없으며 생물과 무생물, 인간과 인간 외적인 존재를 구분하는 경계도 없다. 넷째, 지구는 수용능력(Carrying Capacity)에 한계가 있고, 인간의 삶과 문화가 번영하고 인간 이외의 생물이 번성하기 위해서 인구가 감소해야 한다.

생태근본주의 지금까지 인류 문명을 지배해온 이념과 정면 배치된다. 생태근본주의자들은 기아에 허덕이는 에티오피아인들에게 대해 '우리가 그들에게 해줄 수 있는 최악의 것은 원조를 제공하는 것이고, 최선책은 그곳 사람들을 굶도록 내버려 두어 자연이 스스로 균형을 잡도록 하는 것이다'라고 주장한다. 또한 그들은 '인간은 결코 다른 생물종보다 더 중요하지 않으며, 자연에 대해 암적인 존재일 뿐'이라고 하며, 에이즈는 인구를 감소시켜 지구 생태계가 균형 잡을 수 있게 하는 기회를 제공한다는 주장도 하고 있다. 생태근본주의와 같은 극단적인 환경철학은 '야생동식물을 신봉하고 인간을 희생시키는 새로운 종교'로 변질되어가고 있다. 이러한 지적은 많은 환경전문가들로부터 제기되고 있으며, 그 위험의 정도는 사이비 종교 수준으로 가고 있다는 것이 일반적인 견해다.

정치체제 또한 환경정책에 중요한 영향을 미친다. 정치체제에 관련된 대표적인 환경이론이 사회생태주의(Social Ecology)다. 이것은 미국 라마포 대학 교수 머래이 북친(Murray Bookchin)을 중심으로 시작된 환경 이론으로 사회주의 계획경제의 환경적 우위를 주장한다. 생태위기의 직접적인 원천은 자본주의이며, 자본주의야말로 생물계의 암적인 존재라며, 무계급 관계, 분산된 민주적 공동체, 태양열이나 유기농법과 같은 자연생태 기술 등에 근거한 생태적 사회로 변화시키기를 원한다. 또한 급진적인 평등주의를 내세우는 사회생태주의 환경보호운동이야말로 기업자본주의를 공격할 수 있는 최고의 무기라고 생각한다. 사회생태주의는 자본주의가 내부적 계급 모순으로 인해 종국에는 사라질 것이라는 마르크스 공산주의 이론에 동조하면서, 지구 환경위기가 자본주의 종말을 예고하는 새로운 역사적 요소라고 주장한다.

생태근본주의와 사회생태주의 선진산업국에서 심각한 환경문제를 경험하고 있었던 1960~80년대 상당한 영향력을 가졌다. 하지만 지금은 선진산업국에서 환경과학과 기술의 발달과 적극적인 환경정책으로 괄목할만한 환경개선이 이루어지면서 반문명적이고 비과학적이며 시대착오적인 환경철학으로 취급되고 있다.

【그림 3-4】
생태근본주의자 아른 네스(좌)와 사회생태주의자 머래이 북친(우)

제4장 환경정책 대상과 수단

환경정책 대상과 수단을 공부한다. 정책대상에 따른 미시적 환경정책과 거시적 환경정책, 그리고 규제적 수단, 경제적 수단, 개입적 수단, 호소적 수단 등과 같은 수단을 살펴보고, 주어진 환경정책에 적합한 수단을 선택할 때 고려해야하는 기준을 알아본다.

4.1. 환경정책 대상

환경문제에 관련된 모든 것들이 환경정책 대상이다. 자연생태계에서부터 먹는 물, 실내공기, 소음, 쓰레기, 온실가스, 기후변화 등 환경정책이 다루어야 하는 대상은 매우 광범위하다. 환경정책은 다루는 대상에 따라 크게 미시적 환경정책(Micro-Environmental Policy)과 거시적 환경정책(Macro-Environmental Policy)으로 나누어지며 접근방법도 달라진다.

미시적 환경정책
거시적 환경정책

(1) 미시적 환경정책

미시적 환경정책은 특정 환경문제의 예방이나 개선 또는 해결을 위한 정책으로 수질오염 방지, 대기오염 방지 등과 같은 매체별 환경정책이 대부분을 차지한다. 화학물질, 소음, 방사능 등과 같은 단일 오염물질도 여기에 해당한다. 지구 온난화, 오존층 파괴 등과 같은 지구환경문제도 공간적 범위는 거시적이지만 정책 대상은 온실가스 감축과 프레온 가스 사용 금지로 한정하게 되면 미시적 환경정책에 해당한다. 미시적 환경정책 대상은 앞장에서 설명한 정책 적용범위에서 많은 경우 기술정책적 접근으로 해결한다. 인간의 경제활동에는 변화를 주지 않으면서 기술로 해결하려는 정책이다. 환경기술개발이나 환경산업 정책도 미시적 환경정책 중 하나로 볼 수 있다.

(2) 거시적 환경정책

거시적 환경정책은 인간의 경제활동(생산과 소비)을 생태계의 환경용량(자정과 자연자원 생산)에 부합되게 하는 정책으로 에너지와 자원 절약, 친환경생산과 소비 등에 관련된 정책이 여기에 속한다. 또한 지속가능발전정책, 녹색성장정책 등도 거시적 환경정책에 포함된다. 거시적 환경정책 대상은 앞장에서 설명한 정책 적용범위에서 구조 정책적 또는 체제 초월적 접근으로 해결하려는 경우가 많다. 다시 말하면 산업구조를 친환경산업으로 전환하거나 경제나 사회체제를 새롭게 변화시키는 시도다. 미시적 환경정책은 대부분 환경부가 주도해서 추진하지만 거시적 환경정책은 타 부처의 동참과 협력이 필요한 정책이다.

4.2. 환경정책 수단

환경정책 수단은 환경정책 목표를 달성하기 위하여 정부가 사용하는 방법과 도구를 말하는 것으로 크게 규제적 수단, 경제적 수단, 개입적 수단, 호소적 수단, 그리고 그 외 기타 수단으로 나눈다. 역사적으로는 규제적 수단이 가장 먼저 사용되었으며, 이후 개입적 수단, 경제적 수단, 호소적 수단, 기타 수단 등이 도입되기 시작하였다.

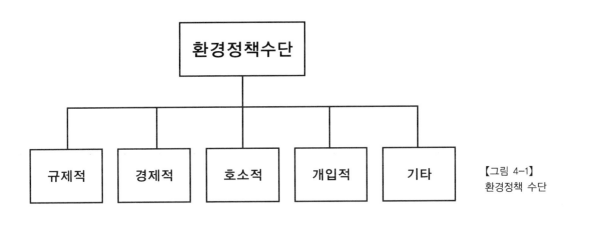

【그림 4-1】
환경정책 수단

(1) 규제적 수단

규제적 수단은 가장 오래되고 고전적인 수단으로 정부가 강제적으로 명령, 금지, 허가, 승인 등의 방법을 동원하는 것이다. 이것은 직접적이고 필수적인 수단으로 흔히 CAC(Command and Control)로 표현한다. 지금도 환경정책에서 가장 중요한 수단으로 사용된다.

규제적 수단은 크게 사전 수단과 사후 수단으로 나누어지는데, 사전 수단은 환경문제가 발생하기 전 예방차원에서 이루어지는 규제를 말한다. 대표적인 사례가 환경영향평가와 토지이용규제다. 환경영향평가는 개발 사업이 자연환경, 생활환경, 사회경제문화 등에 미치는 영향을 사전에 예측·평가하여 대책을 세우거나 개발 규모를 축소 또는 금지하는 것이다. 1970년 미국 국가환경정책법(NEPA)에서 시작되었으며, 우리나라는 1977년 환경보전법에서 처음 도입되었다. 그 외 상수원 보호구역, 특별대책지역 등과 같이 특정 지역 안에서 오염원 입지나 특정 행위를 금지하는 토지이용규제 또한 사전 규제에 해당한다.

사전 규제
사후 규제

환경영향평가
토지이용규제

투입 규제
공정 규제
산출 규제

규제적 수단의 대부분은 사후 규제에 해당한다. 사후 규제는 환경문제 원인자의 입지를 허용한 후에 적용하는 것이다. 예를 들어 공장 설립을 허가한 후에 배출하는 대기오염물질, 폐수, 폐기물 등을 규제하는 것이다. 적용이 쉽고 매우 효과적이라는 장점이 있다. 사후 규제는 다시 투입 규제, 공정 규제, 산출 규제 등으로 나누어진다. 투입 규제는 생산 과정에서 환경오염이 심한 원료나 에너지 종류와 량을 규제하는 것으로, 저유황유 사용 의무화, 고체 연료 사용금지, 특정 물질 사용금지 등이 여기에 해당된다.

최고실용기술
최고활용가능기술
최고첨단기술

공정 규제는 특정기술 사용을 의무화하거나(사용규제) 금지(금지규제) 하기도 한다. 동일 제품을 생산하는데 환경오염물질 배출이 적은 공정(친환경 공정)을 적용하는 것을 말한다. 환경과 경제를 동시에 고려하여 산업체별로 공정기준을 차별 적용하기도 한다. 예를 들어 중소기업에는 최고실용기술(BPT: Best Practicable Technology), 대기업에는 최고활용가능기술(BAT: Best Available Technology), 그리고 원자력발전소나 석유화학공장 등과 같이 환경재난 위험성이 높은 산업체에 대해서는 최고첨단기술(MACT: Maximum Advanced Control Technology)을 적용하기도 한다.

조업규제
처리시설규제
제품기준규제
삼원촉매장치

산출규제는 오염물질이 발생한 후에 이루어지는 것으로 조업규제, 처리시설규제, 오염물질 배출량 규제 등이 여기에 해당한다. 조업규제는 과거 환경기술이 발달하기 전에 주로 사용하던 수단으로 생산량을 줄이거나 조업 시간을 단축하는 것이다. 지금도 소음규제를 위해 야간을 공장 가동을 금지하거나 공항에서 항공기 이착륙을 특정시간에 금지하는 것이 여기에 해당한다. 처리시설규제는 오염물질 배출을 줄이기 위해 특정 처리장비 사용을 강제하는 경우를 말한다. 예를 들어 모든 자동차에 삼원촉매장치(Catalytic Convertor) 장착을 의무화하거나 특정 지역에 하수고도처리를 시행하는 것이 여기에 해당한다. 경우에 따라서는 사용 장비의 내구 연한을 규제하여 오염물질 배출량을 줄이기도 한다. 처리시설 제품기준 정해두고 규제한다고 하여 처리시설규제를 제품기준규제라고도 한다.

산출규제의 대부분은 조업규제나 처리시설규제 보다 오염물질 배출량규

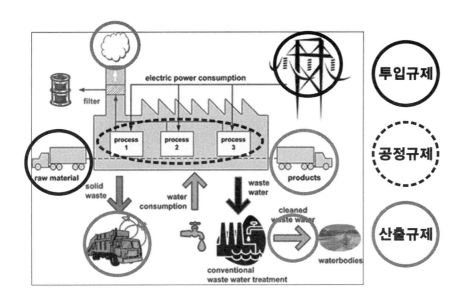

【그림 4-2】
공장에서 제품이 생산
되는 과정과 사후환경
규제(투입, 공정, 산출)

제를 택하고 있다. 오염물질 배출허용 농도를 정해두고 이를 넘지 않도록 하는 제도다. 농도규제는 배기가스나 폐수 등은 희석을 통하여 농도를 줄일 수 있기 때문에 배출허용 총량을 규제하기도 한다. 농도와 동시에 전체 배출 총량을 규제하는 것이다.

오염물질배출량규제
농도규제
배출총량규제

(2) 경제적 수단

규제적 수단의 문제점을 보완하기 위하여 1980년대부터 선진국에서 도입하기 시작한 제도가 경제적 수단이다. 이것은 시장 원리를 활용하는 경제적 유인책으로 환경문제 유발자에게 환경보전 동기를 유발하고 스스로 실천하게 하는 것이다. 규제적 수단을 직접 규제, 이 제도를 간접 규제라는 용어를 사용하기도 한다. 경제적 수단은 재정적 지원, 재정적 부담부과, 배출권 거래제도, 그리고 환경재 사유화 등으로 나누어진다.

간접규제
재정적 지원
재정적 부담부과
배출권 거래제
환경재 사유화

① 재정적 지원

재정적 지원은 환경문제 유발자가 방지 노력을 하는 것에 대하여 국가가 금전적 혜택을 주는 것이다. 예를 들어 산업체가 환경오염방지 행위를 하거나 환경기술을 개발하는 것에 대하여 국가가 세제 혜택이나 저리 융자 등 여러 형태의 재정적 지원을 하는 것이다. 매우 효과적이라는 장점이 있으나 환경정책의 기본 원칙 중 하나인 오염자부담원칙(3P의 원칙: Polluter Pays Principle)에 위반된다는 단점이 있다. 하지만 지금까지 우리나라를 비롯한 선진산업국에서 재정적 지원은 널리 행해져왔으며 환경개선에 크게 기여했다.

국민 세금으로 특정 기업의 오염방지시설을 설치해주는 재정적 지원의 경우 오염자부담원칙에는 위반되지만 수혜자부담원칙이 아닌 공동부담원칙에는 따른다고 볼 수 있다. 왜냐하면 시설 설치과정이나 유지관리 비용 등의 일부는 오염자가 지불할 수밖에 없고 여기서 생산되는 제품의 소비자는 국민이기 때문이다. 오염을 유발하는 기업체에 과도한 초기 환경 비용을 부담시키는 것 보다 정부의 개입으로 공동 부담하는 것이 생산자와 소비자가 상생하는 효과를 누릴 수 있다는 이념이 깔려있다.

재정적 지원 방법은 사업자의 오염방지노력에 대해 세금을 줄여주는 조세감면, 장기 저리 융자를 해주는 금융 지원, 국가 예산을 직접 지원해주는 보조금 지원, 친환경 제품의 생산·사용·폐기에 경제적 혜택을 주는 특혜 제공 등 매우 다양하다.

② 재정적 부담부과

재정적 부담부과는 재정적 지원과는 반대되는 개념이다. 환경문제 유발자에 대해 재정적인 부담을 부과하여 그러한 활동을 억제하려는 것이다. 정부가 정해둔 기준을 위반할 경우 벌금의 형태로 물리는 것을 부과금이라 하고 오염방지 경비의 일부 또는 전부를 관련자가 지불하게 하는 것을 부담금이라 한다. 현재 시행되는 부과금으로는 대기배출부과금, 총량초과부과금 등이 있고 부담금으로는 물이용 부담금, 수질개선부담금, 폐기물 부담금 등이 있다.

재정적 지원
오염자부담원칙
수혜자부담원칙
공동부담원칙

조세 감면
금융 지원
보조금 지원
특혜 제공

재정적 부담부과
대기배출부과금
총량초과부과금
물이용부담금
수질개선부담금
폐기물 부담금

이렇게 확보한 재원은 특별 회계로 관리하면서 환경오염 원인을 제거하거나 환경보전사업에 활용한다. 재정적 부담 부과 정책은 문화관광, 농림축산, 보건복지 등 정부의 여러 정책에서 적용되고 있다. 각 부과금과 부담금에 한정적으로 명시된 목적에만 사용되는 점에서 조세와는 차이가 있다. 하지만 정부가 마치 세금처럼 거두어들인다고 해서 이를 준조세라 부르기도 한다. 재정적 부담 부과는 규제적 수단의 한계를 극복하면서 오염자부담원칙에 부합한다는 장점이 있다. 하지만 물이용 부담금과 같이 오염자부담원칙에 위반되는 경우도 있다.

부과금
부담금
준조세

환경재난이나 오염피해 사고 등이 발생하였을 경우 유발자가 책임지고 경제적인 보상을 하는 환경피해보상 책임제도 또한 재정적 부담 부과에 해당한다. 이것은 오염자부담원칙에 매우 충실한 제도로 환경 사고 위험이 있는 시설은 보험가입을 의무화하는 환경보험 제도와 산업단지 같이 여러 기업이 기금을 모아 피해를 보상하거나 방지 사업에 사용하는 환경기금이 있다. 재정적 부담으로 환경문제를 해결하려는 또 다른 형태는 강제 저당금 제도(Deposit-Refund System)가 있다. 일정 금액을 강제로 예치하고 반환하는 것으로 유리병이나 여러 가지 용기를 사용 후에 값을 다시 받는 폐기물 예치금 제도가 대표적인 예다.

환경피해보상 책임제도
환경보험
환경기금
강제저당금
폐기물 예치금

③ 배출권 거래제도

정부가 환경오염 유발자에게 오염물질 배출권을 유상 또는 무상으로 부여하고 인위적으로 조성된 시장에서 배출권을 사고파는 거래를 할 수 있게 하여 환경목표를 달성하려는 정책 수단이 배출권 거래제도다. 오염물질 배출권이란 재산권이 부여된 환경재 사용권에 해당하는 것으로 제도를 시행하기 위해서는 먼저 배출허용총량을 결정(Cap)하고 거래에 용이하게 배출 단위를 정하며 이를 오염자에게 분배한다. 분배받은 오염자들은 인위적으로 형성된 시장에서 배출권을 거래(Trade)한다. 배출권 거래제도(Emission Trade)를 방법 측면에서 허용총량 결정 후 거래제도(Cap and Trade)로 표현하기도 한다. 이

배출권 거래제
환경재 사용권
배출허용총량
미국 청정대기법

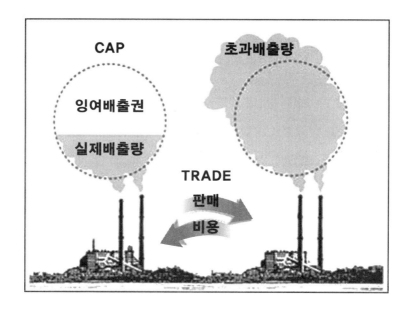

【그림 4-3】
배출권 거래제도의 허용
배출총량 결정(CAP)과
거래(TRADE)

제도는 1970년 미국 청정대기법(Clean Air Act)에서 대기오염물질 배출권에 대하여 처음 시작되었고, 이후 수질오염물질로 확대되었으며, 최근에는 온실가스 감축을 위해 우리나라를 비롯하여 세계 각국에서 널리 활용되고 있다.

④ 환경재 사유화

환경재 사유화
공유지의 비극
어업권
수렵권
관광자원 활용권

환경문제의 원인 중 하나는 환경재는 주인이 없기 때문이다. 개럿 하딘은 1968년 이를 공유지의 비극(The Tragedy of The Commons)으로 표현했고, 이것은 지금까지 중요한 환경 이론으로 인정받고 있다. 환경재에 대해 개인 소유권을 인정하여 환경문제를 해결하려는 시도가 환경재 사유화다. 어업권, 수렵권, 관광자원 활용권 등을 개인 소유로 인정하는 것이 대표적인 환경재 사유화 제도이며, 현재 많은 국가에서 채택하고 있다. 이 제도는 소유자에게 환경보호 동기를 유발하고 또한 환경을 관리하도록 함으로써 국가는 환경관리에 드는 비용을 줄일 수 있다는 장점이 있다. 하지만 누구에게 소유권을 인정하느냐를 결정하는 방법에 어려움이 있다. 지금까지 사용하는 방법은 선점자를 우선하거나 다른 합리적인 근거를 찾아서 소유권을 인정하며, 경우에 따라서 사법부의 판단에 맡기기도 한다. 그뿐만 아니라 공공재를 사유화함으로써 발생하는 비용을 사용자가 지불해야하기 때문에 여전히 논란이 되고 있다.

(3) 개입적 수단

정부가 직접 환경오염방지사업이나 환경개선사업을 추진하는 것을 개입적 수단이라 한다. 하수처리시설, 쓰레기 소각장이나 매립시설 등과 같은 환경기초시설을 설치하고 오염된 하천이나 토양을 복원하는 것이다. 또한 식목사업이나 생태터널 설치 등을 통하여 자연생태계를 복원하는 것도 개입적 수단에 해당한다. 개입적 수단은 효과가 매우 뛰어나다는 장점이 있지만 정부가 많은 재원을 투자해야 하고 오염자부담원칙에 부합하지 않는 단점이 있다. 지금까지 우리나라를 비롯한 대부분의 선진국에서는 개입적 수단을 통해 급속한 환경개선 효과를 얻고 있다.

개입적 수단
환경오염방지사업
환경개선사업
식목사업
생태터널

(4) 호소적 수단

교육이나 홍보, 도덕적 권고, 사회적 압력, 환경운동 등으로 일반인들의 가치관이나 의식 그리고 행동 변화를 유발하게 하는 것이 호소적 수단이다. 호소적 수단은 직접 또는 간접 규제가 아니라는 장점이 있으나 타 수단에 비해 효과가 저조하다는 단점이 있다. 또 다른 문제점은 호소적 수단으로 생각과 행동이 친환경적으로 변화된다고 하더라도 생활이 불편하고 이윤이 감소하는 현상이 발생할 수 있다. 정부가 이에 대한 보상을 적절히 할 수 없을 경우 오래 지속되기 어렵다. 그래서 정부는 호소적 수단과 함께 보상책도 제공하기도 한다. 예를 들어 음식물 쓰레기를 적게 배출하는 친환경 음식점이나 경

호소적 수단
재정적 특혜
그린카드

차나 전기차 등에 재정적 특혜를 주기도 한다. 이는 호소적 수단에 경제적 수단을 첨가한 경우다. 대중교통을 이용하거나 친환경 제품을 구입할 경우 현금처럼 사용할 수 있는 포인트를 적립하는 그린카드도 같은 사례다.

　　보다 적극적인 호소적 수단으로 시작된 것이 환경마크 제도다. 생산, 유통, 사용, 폐기 과정에서 환경영향이 적은 제품에 대하여 정부가 환경마크를 인증하고 친환경 소비를 촉진하는 제도다. 특히 환경마크 인증 제품은 인체 및 환경 위해성이나 온실가스 감축 효과, 재활용 가능성 등 소비자에게 여러 가지 환경정보를 제공하게 된다. 이 제도는 생산자와 소비자가 환경을 위해 서로 협력하는 의식 제고에 효과가 크며, 나아가 지속가능한 생산과 소비를 유도하고 환경문제를 사전에 예방할 수 있다는 장점이 있다. 환경마크 제도는 1979년 독일에서 처음 시작하였으며 우리나라는 1992년에 이 제도를 처음 시작하였다. 현재 40여 개국에서 이 제도가 시행되는 것으로 알려져 있다.

환경마크
환경 위해성
온실가스 감축
재활용 가능성

환경마크인증	'06년 2월	'10년 9월	'12년 6월	'12년 6월
	뉴질랜드	북유럽	미국	캐나다
	Env. Choice	Nordic Swan	Green Seal	Ecologo
'02년 9월	'02년 9월	'03년 12월	'04년 6월	'05년 3월
대만	태국	일본	호주	중국
Green Mark	Green Label	Eco Mark	Env. Choice	環境標志

【그림 4-4】
환경마크제(우리나라와
세계 주요 국가)

(5) 기타 수단

그 외에도 다양한 수단을 동원하여 보다 효과적으로 환경을 관리하는 정책을 만들어내고 있다. 현재 국내 및 국외에서 사용되고 있는 기타 수단으로는 자율환경관리, 환경구매, 환경계획 등이 있다.

자율환경관리는 환경오염이나 훼손 유발자가 스스로 규제하고 개선해나가는 제도다. 기업이 정부와 환경개선 약속을 체결하여 특정 오염을 줄이거나 중단하도록 유도하는 정책수단으로 환경협정으로 불리기도 한다. 현재 미국, 유럽, 일본 등에서도 중요한 환경정책수단으로 활용되고 있으며, 최근에는 온실가스 감축과 에너지 효율적 사용을 위한 대표적인 자발적 프로그램이 되고 있다. 우리나라는 1995년에 도입한 환경친화기업 지정제도가 여기에 해당한다. 기업 스스로 친환경적 행위를 하도록 유도하고, 이를 이행할 경우 정부는 규제를 완화하고 혜택을 주는 제도다. 또한 기업체는 환경친화기업으로 지정되면 사회적 이미지가 개선되고 소비자들에게 홍보 효과를 얻을 수 있다.

자율환경관리
환경협정
환경친화기업

환경구매는 환경마크인증 제품이나 재활용 제품에 대해 정부가 보상 또는 특혜를 주는 제도다. 정부나 공공단체가 이러한 친환경 제품을 우선 구매함으로써 개발·생산·소비를 촉진하자는 의도다. 특히 재활용 제품의 경우 대부분 품질과 가격 경쟁력이 떨어지기 때문에 환경구매를 통한 정책적 지원이 요구된다.

환경구매
환경마크인증 제품
재활용 제품

환경계획은 국가 정책을 계획 단계에서 친환경적으로 유도하는 수단이다. 경제정책, 문화정책, 국토관리, 토지이용, 교통, 도시, 산업 등 정부의 모든 정책이 직간접으로 환경에 영향을 미치기 때문에 계획 단계에서 검토하게 된다. 환경계획은 환경오염이나 훼손, 그로 인한 피해를 사전에 예방하여 국가 예산 낭비를 줄이고 환경 선진국으로 가는데 크게 기여하는 것으로 인정받고 있으며 현재 대부분의 선진국에서 이를 채택하고 있다.

환경계획
국가정책 친환경 유도

4.3. 환경정책 수단의 선택

환경정책은 주어진 환경문제를 해결하기 위하여 앞에서 제시한 여러 가지 수단 중에서 하나를 선택하기도 하고 몇 가지를 적절히 조합하여 사용할 수도 있다. 성공적인 환경정책을 수립하고 시행하기 위해서는 최적의 수단을 선택하고 적절히 조합하여 적용하는 것이 요구된다. 이러한 선택과 조합에는 일반적으로 다음과 같은 기준을 고려한다.

(1) 환경적 효과

환경정책 수단을 선택할 때 가장 먼저 고려되어야 하는 것이 환경적 효과다. 오염물질 배출량을 얼마나 줄일 수 있나?, 생태계 건강성을 회복할 수 있나? 등과 같이 목표로 하고 있는 환경적 효과를 보다 정확하고 신속하게 달성하는 것이 수단의 첫 번째 선택 기준이다. 이를 위하여 목표를 계량화 할 수 있어야 하며 목표 달성에 걸리는 시간을 사전에 예측할 수 있어야 한다. 그래서 정책을 수립하는 단계에서 환경적 효과를 측정하는 방법을 함께 개발해야 하는 경우도 발생한다. 일반적으로 규제적 수단이나 개입적 수단이 환경적 효과에 가장 우수하다. 확실한 목표를 신속하게 달성할 수 있다는 의미다.

(2) 경제적 효율성

두 번째 선택 기준은 목표 달성에 소요되는 비용을 따지는 경제적 효율성이다. 경제적 효율성은 크게 두 가지 측면에서 검토된다. 먼저 최소의 비용으로 최대의 목표를 달성하는 정적 효율성(Static Efficiency)이다. 가능하면 국가 예산을 적게 들이고 많은 효과를 달성하는 것을 모든 국가 정책에서 우선적으로 고려해야 하는 점이다. 또 다른 것은 동적 효율성(Dynamic Efficiency)으로 특히 환경정책이 중요하게 고려해야 하는 점이다. 시행하는 정책으로 인하여 기술혁신이 일어날 수 있나?, 산업구조가 어떻게 변화하나?, 그리고 경제 주체에는 어떤 영향을 미치나? 등을 검토하는 것이 동적 효율성이다. 정책으

환경적 효과
오염물질 배출량 감축
생태계 건강성 회복
규제적 수단
개입적 수단

경제적 효율성
정적 효율성
동적 효율성

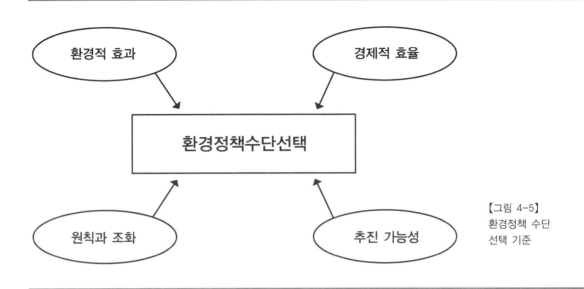

【그림 4-5】
환경정책 수단
선택 기준

로 인하여 기술혁신이 일어나고 산업구조가 친환경적으로 변화하며 경제주
체에는 긍정적 영향을 미치는 것이 모든 환경정책이 추구하는 방향이다.

　환경부과금이나 부담금과 같은 경제적 수단이 정적 효율이 가장 우수하
다. 국가 예산도 필요 없이 환경적 효과를 달성할 수 있고 동시에 관련 환경개
선 비용까지 마련할 수 있는 제도다. 동적 효율성이 뛰어난 수단이 배출총량
규제와 배출권 거래제도다. 일정 지역에 배출총량을 정해두고 배출권 거래제
도를 실시하면 고오염저소득 산업은 시장원리를 통하여 저오염고소득 산업
으로 점점 대체되어 간다. 또한 오염물질 배출을 줄이는 기술 혁신이 일어날
가능성도 높고 환경과 경제가 상생하는 녹색성장으로 이어져 경제 주체에도
긍정적 영향을 줄 수 있다.

환경부과금
환경부담금
배출총량규제
배출권 거래제

(3) 원칙과 조화

사전예방원칙
현상유지원칙
협력원칙
오염자부담원칙
수혜자부담원칙
공동부담원칙

환경정책 수단을 선택할 때 환경정책 기본원칙에 대한 부합성이 고려되어야 한다. 다음 장에서 설명되는 사전예방원칙, 현상유지원칙, 오염자부담원칙, 협력원칙 등 환경정책수립에 필요한 여러 가지 기본원칙에 선택하고자 하는 수단이 적절히 부합되는가를 따져보아야 한다. 환경정책 수단에서 주로 문제가 되는 것은 오염자부담원칙으로 경우에 따라서는 부합되지 않을 수도 있다. 앞에서 설명한 경제적 수단 중 재정적 지원이나 개입적 수단은 국민 세금으로 오염방지나 복원 대책을 시행하게 됨으로 오염자부담원칙이 아닌 수혜자부담원칙 또는 공동부담원칙을 따르는 모양이 될 수도 있다. 환경정책 원칙과 조화를 이루는 것이 바람직하지만 불가피할 경우 따르지 않을 수도 있다.

(4) 추진 가능성

행정인력 및 예산
기술적 가능성
입법 필요성
정치적 이념 부합성
사회갈등 유무

마지막으로 추진 가능성을 검토해야 한다. 먼저 행정적인 인력과 예산, 그리고 조직은 얼마나 필요하며, 현행 행정력으로 가능한지 아니면 추가 조달이 필요한지 따져보아야 한다. 추가 조달이 필요하다면 어떤 방법이 있는지 가능성을 확인해야 한다. 아울러 환경정책은 대부분 적용하는 환경기술이 승패를 좌우할 수 있기 때문에 기술적인 측면이 고려되어야 한다. 추진하려는 정책을 만족시킬 수 있는 기술이 있는지 충분한 검토가 이루어져야 한다.

법적 검토 또한 중요하게 고려되어야 할 점이다. 현재 시행되고 있는 법으로 가능한지? 법 개정이나 추가 입법이 필요한지? 또한 관련 타법과 조화를 이룰 수 있는지? 여러 가지 법적인 검토가 필요하다. 여기에 정치적인 고려도 필요한 것이 환경정책이다. 수권 정당의 정치 이념과의 부합성, 사회단체와의 협력, 그리고 지역사회와 갈등 유발 가능성 등도 환경정책 수단을 선택하는데 중요한 요소로 작용한다.

내용정리

1. 미시적 환경정책과 거시적 환경정책의 차이를 사례와 함께 비교해보자.
2. 환경정책 수단 종류를 나열하고 역사적 변천과정을 설명해보자.
3. 사전 규제적 수단과 사후 규제적 수단을 비교하고 주요 사례를 열거해보자.
4. 산업체를 대상으로 하는 투입규제, 공정규제, 산출규제를 비교해보자.
5. 공정규제에서 최고실용기술(BPT), 최고활용가능기술(BAT), 최고첨단기술(MACT)를 비교해 보자.
6. 산출규제에서 조업규제, 처리시설규제, 오염물질배출량 규제를 사례와 함께 비교해보자.
7. 경제적 수단이 규제적 수단에 비해 가지는 장점과 단점을 알아보자.
8. 현재 우리나라 환경정책에서 사용하는 경제적 수단의 종류를 사례와 함께 열거해보자.
9. 경제적 수단 중 하나인 재정적 지원의 장점과 단점을 설명하고 사례를 열거해보자.
10. 경제적 수단 중 하나인 재정적 부담 부과와 조세와 차이를 설명하고 사례를 열거해보자.
11. 배출권 거래 제도를 시행절차를 설명해보자.
12. 환경재 사유화의 장점과 단점을 비교해보자.
13. 개입적 수단과 호소적 수단을 장점과 단점을 열거하며 비교해보자.
14. 자율환경 관리 제도를 현재 우리나라에서 적용하고 있는 대표적 사례와 함께 설명해보자.
15. 환경마크 제도와 환경구매 제도를 비교해보자.
16. 환경협정과 환경계획을 사례와 함께 설명해보자.
17. 주어진 환경문제를 해결하기 위해 환경정책을 수립할 때 수단을 선택하는 기준을 열거해 보자.
18. 정적 경제적 효율성과 동적 경제적 효율성을 비교해보고 각각 우수한 수단이 어떤 것이 있는 지 알아보자.

읽어보기

〈온실가스 감축과 배출권 거래제도〉

배출권 거래 제도는 1970년 미국 청정대기법(Clean Air Act)에서 처음 시작되었다. 이후 수질오염총량제를 통해 강과 호수, 하구, 항만 등에도 적용되고 있으며, 지금은 온실가스 감축을 위해 가장 널리 사용되고 있다. 아래 그림 (4 – 6)은 2013년 1월 1일부터 시작된 미국 캘리포니아 주 온실가스 배출권 거래제도다. 캘리포니아 주정부는 다음 4단계로 이루어진 온실가스 배출량 할당과 거래를 통하여 기업체의 온실가스를 감축할 계획을 수립하였다.

(1) 2013년부터 주 전체를 대상으로 온실가스 배출량을 할당하고, 매년 2~3% 줄여나갈 것이다.

(2) 기업체들은 자신들이 배출하는 이산화탄소와 다른 온실가스에 대해 톤당 할당량을 허가 받아야 한다.

(3) 허가 받은 할당량을 매년 줄여나가야 하기 때문에 기업체들은 화석연료 사용을 줄이든가 또는 좀 더 효율적으로 공장을 운영해서 자신들의 배출량을 줄이든 할당량 이하로 줄여야 한다. 또 다른 방법은 다른 기업체로부터 할당량을 구매해야 한다.

(4) 캘리포니아 주정부는 1년에 4번 할당량을 판매하는 전자 경매를 열어 자금을 모은다. 처음에는 90% 할당량을 기업체에게 공짜로 주고 10%는 경매로 판매할 것이다. 2020년까지 50%가 경매될 예정이다. 주정부는 할당량 요구도에 따라 매년 20~140억 달러를 벌어들이게 될 것이다.

【그림 4–6】
미국 캘리포니아 주 배출권 거래 시스템

제5장 환경정책원칙

> 환경정책이 지켜야하는 기본 원칙을 공부한다. 지속가능발전원칙, 사전예방원칙, 오염자부담원칙, 무과실책임 원칙 등과 같은 국내 환경정책원칙과 더불어 영토관리책임원칙과 동등이용원칙 등과 같이 국제환경정책원칙도 살펴본다.

환경정책원칙은 환경정책이 지켜야 할 규칙에 해당하는 것으로 정책수단을 선택하고 평가하는 기준이 된다. 크게 국내 환경정책원칙과 국제 환경정책원칙으로 구분된다.

국내 환경정책원칙
국제 환경정책원칙

5.1. 국내 환경정책원칙

국내 환경정책에 적용되는 주요 원칙으로는 지속가능발전원칙, 사전예방원칙, 오염자부담원칙, 현상유지원칙, 방지원칙, 근원원칙, 무과실책임원칙, 협동원칙, 중점원칙, 통합원칙 등이 있다. 환경정책원칙은 필요에 따라 우리나라 환경법이나 국제환경협약에도 명시되어있다.

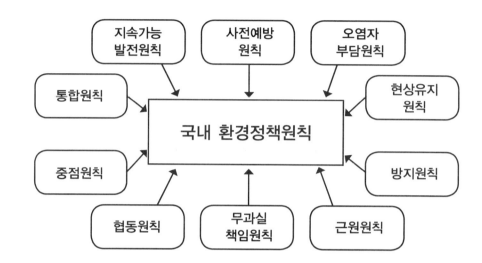

【그림 5-1】
국내 환경정책원칙

(1) 지속가능발전원칙

지속가능발전원칙
세대 간 평등의 원칙
순환원칙
지속성원칙
에너지와 자원이용
폐기물관리

환경정책의 궁극적 목표가 지속가능발전이며 환경정책의 최상위 원칙 또한 지속가능발전원칙(Sustainable Development Principle)이다. 이것은 우리 세대와 다음 세대 간 평등의 원칙(Inter-Generational Equity)을 의미하는 것으로 환경정책뿐만 아니라 사회, 경제, 문화 등 모든 분야에 적용되는 원칙이다. 환경오염이나 자원사용, 개발사업 등 여러 환경 관련 정책에 다음 세대를 고려해야 한다는 것이다. 지속가능발전이 이루어지려면 순환원칙과 지속성원칙이 동시에 만족되어야 한다. 물질순환을 포함한 지구의 모든 현상이 반복 순환되어야 하고 시간 측면에서도 지속적으로 이루어져야 한다는 의미다. 특히 지속가능발전원칙이 중요하게 다루어지는 환경정책은 에너지와 자원이용, 그리고 폐기물관리 정책이다. 재생가능 자원은 재생능력범위 내에서 이루어져야 하며 재생 불가능 에너지와 자원 사용을 극도로 억제하고, 가능하면 재생가능 에너지와 자원으로 대체하는 것이 기본 원칙이다.

지속가능발전원칙은 환경정책기본법, 환경영향평가법, 자연환경보전법 등 우리나라 환경법 곳곳에 명시되어 있다. 또한 지속가능발전원칙은 1992년에 발표된 리우환경선언에 명시된 이후 지금까지 국제 환경협약에는 모두 적용되고 있다. 이것은 환경정책의 최상위 원칙이지만 개념이 추상적이고 구속력이 부족하여 실천에 문제가 있다는 단점이 있다.

> 환경정책기본법
> 환경영향평가법
> 자연환경보전법
> 리우환경선언
> 국제환경협약

최근에는 지속가능발전의 개념에 세대 간 평등뿐만 아니라 세대 내 평등(Intra-Generational Equity)까지 포함할 것을 요구하고 있다. 지난 2012년 리우+20 유엔환경정상회의는 세계 곳곳에 산재하고 있는 중요한 환경문제 중 하나로 세대 내 불평등이라고 지적하고 있다. 전 세계 20%의 인구를 차지하는 선진국이 지구 자원의 86%를 사용하고 있는 자원의 불평등, 그리고 선진국이 산업화 이후 지금까지 온실가스를 76%를 배출하고 그 피해는 후진국이 당하고 있는 기후변화 불평등을 지속가능발전을 저해하는 중요한 요인으로 지적하고 있다.

> 리우+20 유엔환경
> 정상회의
> 세대 내 평등
> 지구 자원의 불평등
> 기후변화 불평등

● 환경정책기본법 ●

제25조 (사전환경성 검토)

관계 행정기관의 장은 환경기준의 적정성 유지 및 자연환경의 보전을 위하여 <u>환경에 영향을 미치는 행정계획 및 개발 사업이 환경적으로 지속가능하게 수립·시행될 수 있도록</u> 사전환경성 검토를 실시하여야 한다.

---

(2) 사전예방원칙

사전예방원칙(Precautionary Principle)은 조금이라도 문제가 될 가능성이 있으면 사전에 막아야 한다는 논리로 매우 보수적인 접근을 요하는 원칙이다. 다시 말하면 환경오염이나 훼손이 일어나지 않도록 사전에 예방해야 한다는 것이다. 이것은 예방원칙, 사전배려원칙, 사전주의원칙, 회피원칙, 비후회원칙 등으로도 불린다. 사전예방원칙은 환경정책에만 적용되는 것이 아니고 여러 국가 정책에서부터 우리의 일상생활에도 적용된다. 특히 사고의 위험이 있는 경우는 사전예방원칙을 적용하는 것이 상례다.

하지만 사전예방원칙은 너무 보수적이기 때문에 반론도 많이 제기되고 있다. 이를 지킬 경우 인류문명 발전은 있을 수 없고 새로운 도전은 기회비용(Opportunity Cost)을 지불할 수밖에 없는데 사전예방원칙 고집하는 것은 무리라는 것이 반론의 요지다. 환경정책은 이러한 반론에도 불국하고 사전예방원칙을 특별히 중요시 하는 이유는 환경문제는 한 번 발생하면 불특정 다수에게 피해가 돌아가는 공해(Public Nuisance)에 해당하기 때문이다. 또한 비가역성으로 한 번 발생하면 원상회복이 불가능하거나 가능할 경우도 많은 비용과 시간이 걸리며, 환경피해는 대부분이 오랜 시간에 걸쳐 축적되어 나타나고 원인과 결과 관계를 과학적으로 규명할 증거가 불확실하다는 것도 이유에 해당된다. 따라서 조금이라도 문제가 발생할 여지가 있을 경우 이를 사전에 막아야 한다는 것이다.

사전예방원칙은 국내 환경법이나 국제 환경협약에도 명시하고 있다. 우리나라 환경정책의 헌법과 같은 기능을 하는 환경정책기본법 8조에 사전예방적 오염관리를 명문화하고 있으며 기타 환경법 곳곳에 이를 명시하고 있다. 사전예방원칙을 명시한 대표적인 국제환경협약은 해양오염방지를 위한 런던 협약(1972)으로 과학적 인과 관계가 명확하지 않더라도 사전에 예방해야 한다는 기본원칙을 명시하고 있다. 그 외에도 몬트리올 의정서(1987), 리우환경선언(1992), 스톡홀름 의정서(1997) 등에도 사전예방원칙을 명시하고 있다.

사전예방원칙
예방원칙
사전배려원칙
사전주의원칙
회피원칙
비후회원칙

기회비용
불특정 다수 피해
비가역성
축적성
불확실성

환경정책기본법
런던협약
몬트리올 의정서
리우환경선언
스톡홀름 의정서

● 환경정책기본법 ●

제8조 (환경오염 등의 사전예방)

① 국가 및 지방자치단체는 환경오염물질 및 환경오염원의 원천적인 감소를 통한 사전예방적 오염
관리에 우선적인 노력을 기울여야 하며, 사업자로 하여금 환경오염을 예방하기 위하여 스스로 노력
하도록 촉진하기 위한 시책을 마련하여야 한다.

● 런던 협약 ●

London Dumping Convention(1972)

"In order to protect the North Sea from possibly damaging effects of the most dangerous substances, a
precautionary approach is necessary which may require action to control inputs of such substances even
before a causal link has been established by absolute clear scientific evidence"

(3) 오염자 부담원칙

오염자부담원칙은 환경보전을 위한 비용 부담에 관한 것으로 환경오염
또는 훼손한 자가 원상회복 비용과 손실보상 비용을 책임지는 것을 원칙으로
한다는 것이다. 원인자 책임원칙 또는 3P((Polluter Pays Principle)의 원칙으로
불리기도 한다. 사전예방원칙은 중앙정부나 지방자치단체 등과 같은 환경행
정주체에 주로 적용된다면 오염자 부담원칙은 개인이나 사업자 등 오염원인
자에게 적용되는 원칙이다. 적용 절차는 먼저 오염원인자를 확정하고 부담의
내용과 범위를 결정한 후 부담을 실현하는 단계로 이루어진다.

우리나라는 오염자부담원칙을 환경정책기본법에 명시해 두고 있다. 하지
만 오염원인자가 누구인지 난해할 경우가 많고 부담의 내용과 범위도 결정하
기 어려운 경우가 허다하다. 만약 불가피하게 오염자부담원칙을 따르지 못하
게 될 경우에는 집단원인자 책임원칙, 공동부담원칙, 수혜자부담원칙, 능력

오염자부담원칙
원인자책임원칙
3P의 원칙
사전예방원칙

환경정책기본법
집단원인자책임원칙
공동부담원칙
수혜자부담원칙
능력자부담원칙

자부담원칙 등이 적용된다.

집단원인자책임원칙
다수 오염자부담원칙
집단부담원칙

집단원인자 책임원칙은 환경오염이나 환경훼손 원인자가 여러 사업자나 개인으로 구성된 집단이고 누가 얼마나 기여한지 원인자별 부담범위가 명확하지 않은 경우 오염을 야기한 집단에 부담을 지운다는 것이다. 다수 오염자부담원칙(Polluters Pay Principle) 또는 집단부담원칙(Group Responsibility Principle)로 불리기도 한다.

공동부담원칙

공동부담원칙은 원인자가 명확하지 않고 구분해내기가 애매할 경우 적용하게 된다. 중앙정부, 지방자치단체, 생산자, 소비자 등이 환경오염 방지, 저감, 제거 등의 비용을 공동으로 부담하게 되는 경우다. 정부가 세금으로 환경보전 사업을 하는 경우도 여기에 해당한다.

수혜자부담원칙
사용자부담원칙
피해자부담원칙

수혜자부담원칙은 오염자부담원칙과 완전히 반대되는 개념으로 오염방지 비용을 그로 인해 혜택을 보는 수혜자가 부담한다는 것이다. 달리 표현하면 오염으로 인해 피해를 볼 수밖에 없는 피해자가 비용을 지불하게 되는 경우다. 그래서 수혜자부담원칙(Beneficiary Pays Principle), 사용자부담원칙(User Pays Principle), 또는 피해자부담원칙(Victim Pays Principle) 등으로도 불린다. 오염자부담원칙을 환경정책기본법에 명시한 우리나라에서도 불가피하게 적용되고 있다. 대표적인 예로 현재 시행되고 있는 물이용 부담금이 여기에 해당된다. 물을 사용하는 측에서 물이용을 부담금을 내서 그 예산으로 수질오염 방지 사업하는 것을 수혜자부담원칙에 따른다고 할 수 있다.

능력자부담원칙
물이용부담금

환경비용을 능력이 있는 자가 부담하는 능력자 부담원칙이 간혹 적용된다. 이 원칙은 당위성이나 논리적 근거가 희박하지만 실제로 일어나고 있다. 물이용 부담금은 수혜자 부담원칙에 따르면서 동시에 능력자 부담원칙에 따른다고 할 수 있다. 오염자 부담원칙을 적용해야 하지만 상류 지역은 재정적으로 열악하기 때문에 하류 지역에서 물을 사용하는 재정능력이 있는 자가 부담하고 있으며, 물이용 부담금도 지자체의 재정자립도에 따라 차등 지원하는 경우도 발생하고 있다. 따라서 물이용 부담금은 능력자 부담원칙이 적용되는 대표적인 사례에 해당한다.

> **● 환경정책기본법: 제7조(오염원인자 책임원칙) ●**
>
> "자기의 행위 또는 사업 활동으로 인하여 환경오염 또는 환경훼손의 원인을 야기한 자는 그 오염·훼손의 방지와 오염·훼손된 환경을 회복·복원할 책임을 지며, 환경오염 또는 환경훼손으로 인한 피해의 구제에 소요되는 비용을 부담함을 원칙으로 한다."

(4) 현상유지원칙

현상유지원칙(Status Quo Principle) 또는 악화금지원칙(Anti-Degradation Principle)으로 불리는 이 원칙은 어떤 환경정책도 최소한 지금보다 환경의 질을 악화시키지 말아야 한다는 논리다. 모든 환경정책은 환경문제를 사전에 예방하거나 개선 또는 해결하는 것으로 비교적 잘 지켜지는 원칙이다. 이 원칙은 환경정책보다 오히려 개발 사업이나 국토 관리에 더욱 유용하게 적용되는 원칙이다. 자연환경보전법 등과 같이 개발 사업에 밀접하게 관련된 환경법에도 명시되어 있다.

현상유지원칙
악화금지원칙

> **● 자연환경보전법 ●**
>
> "제3조 (자연환경보전의 기본원칙) 자연환경은 다음의 기본원칙에 따라 보전되어야 한다.
>
> 자연환경을 이용하거나 개발하는 때에는 생태적 균형이 파괴되거나 그 가치가 저하되지 아니하도록 하여야 한다. 다만, 자연 생태와 자연 경관이 파괴·훼손되거나 침해되는 때에는 최대한 복원·복구되도록 노력하여야 한다."

(5) 방지원칙

방지원칙
유럽연합(EU) 환경법
환경영향평가

방지원칙(Prevention Principle)은 '환경문제는 방지가 치료보다 낫다'라는 의미로 유럽연합(EU) 환경법에서 강조하고 있는 환경정책원칙이다. 사전예방원칙과 다소 중복되는 의미를 가지고 있으나 사전예방원칙은 과학적으로 불확실한 사항이 있더라도 조금이라도 문제가 될 가능성이 있으면 사전에 막아야 한다는 점을 강조한 반면, 방지원칙은 환경문제는 초기단계에서 검토되고 필요한 조치가 취해져야 한다는 원칙이다. 방지원칙에 따라 추진되는 핵심정책이 환경영향평가 제도다. 유럽연합은 회원국들에게 방지원칙이 적용될 수 있는 정책결정 절차를 마련하고 관련 지식과 정보를 대중에게 공개하며, 반드시 바르고 정확한 방지조치 이행을 요구하고 있다.

● **유럽연합 환경영향평가 지침** ●

"최고의 환경정책은 차후에 대응하려는 노력보다는 환경오염과 훼손 행위를 '그 발생 원인을 방조하지 못하게 하는 것'으로부터 이루어진다."

(6) 근원원칙

근원원칙
유럽연합(EU) 환경법
환경기준
배출기준

근원원칙(Source Principle)은 '환경문제는 그 발생원부터 우선적으로 바로잡는 것'을 의미하며 방지원칙과 함께 유럽연합(EU) 환경법에서 강조하고 있는 환경정책원칙이다. EU 회원국들은 이 원칙에 따라 물과 대기환경 관리에 환경기준보다 배출기준을 더욱 중요하게 규제하는 환경정책을 시행하고 있다. 인체와 생태계에 직접적인 영향을 주는 것은 환경기준이지만 발생원을 우선적으로 바로잡는 근원원칙이 적용되고 있다.

폐기물도 가능한 한 발생지로부터 가까운 곳에서 처분하는 것을 원칙으로 하고 있다. 근원원칙에 따라 EU 회원국들은 폐기물을 발생지 지방자치단체가 우선적으로 처리 및 처분하도록 하고 있다. 이는 폐기물의 국가 간 이동을 제한하는 원칙에도 해당하지만 환경에 위해한 폐기물이 아닐 경우는 근원원칙에 따른 국가 간 이동 제한을 적용받지 않는다. 우리나라도 폐기물 관리의 일차적 책임은 발생지 지방자치단체가 지도록 하는 것은 근원원칙에 해당한다.

(7) 무과실 책임원칙

오염자부담원칙이 환경오염과 훼손에 대한 비용 책임을 결정하는 원칙이라면 무과실 책임원칙은 행위에 대한 책임을 따지는 원칙이다. 일반적으로 위법한 행위에 대해 책임을 묻는 것을 과실책임원칙(Responsibility Principle)이라 한다. 일상생활에서 많은 경우 위법한 행위에 대해 책임을 묻는 과실책임원칙이 적용된다. 하지만 환경오염과 훼손은 잘못한 행위뿐만 아니라 적법한 행위도 환경문제가 발생하면 무한 책임을 진다는 무과실책임원칙(Liability Principle)이 적용된다. 예를 들어 공장의 폐수처리 시설에서 천재지변이나 정전사태 등으로 오염물질이 배출되어 강을 오염시키는 행위도 책임을 져야 한다는 원칙이다. 우리나라 환경정책기본법 제 44조에 환경오염 피해에 대해 무과실책임원칙을 명시하고 있다.

과실책임원칙
무과실책임원칙

● 환경정책기본법 ●

제44조(환경오염의 피해에 대한 무과실책임)

①환경오염 또는 환경훼손으로 피해가 발생한 경우에는 해당 환경오염 또는 환경훼손의 원인자가 그 피해를 배상하여야 한다.

②환경오염 또는 환경훼손의 원인자가 둘 이상인 경우에 어느 원인자에 의하여 제1항에 따른 피해가 발생한 것인지를 알 수 없을 때에는 각 원인자가 연대하여 배상하여야 한다.

(8) 협력원칙

협력원칙(Cooperation Principle) 또는 협동원칙이라 불리는 이것은 환경보전을 위한 노력해야하는 주체를 결정하는 원칙이다. 정부, 기업, 개인 등 관련 주체가 함께 협력해야함을 명시하고 있다. 협동원칙은 현재 우리나라 헌법에도 명시된 원칙이다. 각 주체는 문제 인식과 해결에 자발적으로 참여하고 협상과 분업으로 협력함을 원칙으로 한다. 협동원칙에서 책임의 우선순위를 결정하는데 적용하는 것이 보충원칙(Principle of Subsidiary)이다. 먼저 기업이나 개인 같은 민간 부문에 스스로 문제 해결을 위해 노력해야 하고, 미흡 시 지방자치단체 그리고 중앙정부 순서로 보충해준다는 원칙이다.

● 헌법 제2장, 35조, 1항(환경권과 환경보전 의무) ●

"모든 국민은 건강하고 쾌적한 환경에서 생활할 권리를 가지며, 국가와 국민은 환경보전을 위하여 노력하여야 한다."

---

(9) 중점원칙

중점원칙(Priority Principle)은 환경정책을 수립하는 대상의 우선순위를 결정하는 원칙이다. 환경문제의 피해가 급박하고 크며, 정책을 시행하였을 때 가장 큰 효과를 기대할 수 있는 분야에 우선적으로 정책을 수립한다는 원칙이다. 자원배분원칙(Resource Allocation Principle)로도 불리기도 하며 환경정책뿐만 아니라 모든 국가 정책에 적용되는 원칙이다.

(10) 통합원칙

통합원칙(Integration Principle)은 효과적인 환경정책을 수립하기 위해서는 관련 분야와 통합적 접근을 해야 한다는 것이다. 예를 들어 기후정책의 온실가스 감축은 에너지 정책, 산업정책, 교통정책, 주택정책 등 여러 분야 정책이 통합적으로 고려되어야 한다. 그 외에도 물환경정책, 자원순환정책 등 대부분의 환경정책은 산업정책, 농수산정책, 산림정책, 보건정책 등 거의 모든 국가정책과 관련이 있으며 이 모두를 통합하는 정책이 이루어져야 한다.

통합원칙
기후정책
물환경정책
자원순환정책

5.2. 국제 환경정책원칙

국제 환경정책도 앞서 설명한 국내 환경정책원칙이 그대로 적용된다. 그리고 국제 환경정책에 추가로 적용되는 원칙이 영토관리책임원칙과 동등이용원칙이다. 국가 간 발생하는 환경문제는 타국에 심각한 피해를 야기할 수 있기 때문에 원칙이 지켜지지 않을 경우 분쟁으로 이어질 수도 있다. 지금까지 유엔을 중심으로 체결된 국제환경협약은 이러한 원칙에 바탕을 두고 있다.

영토관리책임원칙
동등이용원칙

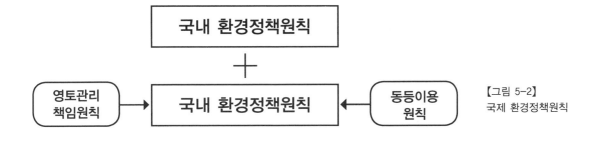

【그림 5-2】
국제 환경정책원칙

(1) 영토관리책임원칙

영토관리책임원칙(Territorial Jurisdiction Principle)은 '자국의 영토를 타국의 영토 또는 타국의 권리에 해를 끼치는 방법으로 사용되거나 사용되도록 허가하여서는 안 된다'는 것이다. 과거에는 영토관리책임원칙에 과실책임원칙이 적용되는 경향이 있었으나 최근에는 무과실책임원칙이 적용되고 있다. 다시 말하면 이웃나라에 환경피해를 야기했을 경우 과실이 없더라도 책임을 지고 피해를 보상해야 한다는 의미다. 예를 들어 무과실책임원칙에 따르면 사막화로 인해 황사 피해를 입고 있는 우리나라는 중국과 몽골에 대해 영토관리책임을 물을 수 있다는 것이다. 영토관리책임 원칙은 스톡홀름 인간환경선언(1972), 런던협약(1972), 리우환경선언(1992) 등에서도 명시되어 있다.

영토관리책임원칙에 완전히 반대되는 개념에 해당하는 절대주권론 또는 하몬주의(Harmon Doctrine)가 국제 사회에 제기된 적이 있었다. 이것은 자국의 영토 내에서 국제적 환경오염을 유발하는 행위를 할 경우에도 책임을 부인할 수 있다는 이론으로 과거 강대국이 약소국을 상대로 주장했으나 지금은 파렴치한 행위로 용납되지 않고 있다.

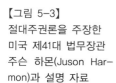

【그림 5-3】
절대주권론을 주장한 미국 제41대 법무장관 주슨 하몬(Juson Harmon)과 설명 자료

The "Harmon Doctrine" is perhaps the most notorious theory in all of international natural resources law. Based upon an opinion of Attorney General Judson Harmon issued a hundred years ago, the doctrine holds that a country is absolutely sovereign over the portion of an international watercourse within its borders. Thus that country would be free to divert all of the water from an international watercourse, leaving none for downstream states. This article looks closely at the Harmon Doctrine in a historical context. An examination of the conduct of the United States during the dispute with Mexico over the Rio Grande that produced the Doctrine, as well as other contemporaneous and subsequent practice, demonstrates that the United States never actually followed the Doctrine in its practice. It is therefore highly questionable whether this doctrine is, or ever was, a part of international law.

(2) 동등이용원칙

동등이용원칙(Principle of Equal Use)은 다국적 강과 같이 자연자원을 공유하는 두 개 이상의 국가는 이를 동등하게 이용한다는 원칙이다. 그리고 상류의 강 이용이 하류의 강 이용에 실질적 피해를 주지 않도록 하는 원칙이기도 하다. 이 원칙은 1966년 다국적 강 이용에 관한 헬싱키 규칙 (The Helsinki Rules on Uses of Water of International River)에 명시된 이후 지금까지 국제협약에 적용되는 원칙으로 남아 있다.

동등이용원칙
헬싱키 규칙

내용정리

1. 국내 환경정책원칙을 열거해보자.
2. 지속가능발전원칙을 설명하고 이를 명시한 환경법을 알아보자.
3. 사전예방원칙과 필요 사유를 설명하고 이를 명시한 국내 환경법과 국제환경협약 사례를 알아보자.
4. 오염자부담원칙을 집단 오염자부담원칙, 공동부담원칙, 수혜자부담원칙, 능력자부담원칙 등과 비교하여 설명해보자.
5. 무과실책임원칙과 과실책임원칙을 비교해보자.
6. 현상유지원칙을 설명하고 주요하게 적용되는 사례를 알아보자.
7. 방지원칙과 사전예방원칙을 비교해보자.
8. 근원원칙에서 왜 배출기준이 환경기준 보다 중요하게 관리되는지 설명해보자.
9. 협동원칙, 보충원칙, 그리고 중점원칙을 비교해보자.
10. 환경정책에서 왜 통합원칙이 필요한지 이유를 설명해보자.
11. 국제 환경정책원칙을 국내 환경정책원칙과 비교해보자.
12. 영토관리책임원칙과 하몬주의를 비교해보자
13. 동등이용의 원칙을 다국적 강 이용 사례로 설명해보자.

〈사전예방원칙과 기후변화〉

세계적인 언론인이자 베스트셀러 작가인 토머스 프리드먼(Thomas L. Friedman)이 2009년 12월 8일 뉴욕 타임즈에 기고한 칼럼으로 지구에 도래하고 있는 기후변화에 대해 사전예방원칙을 적용해야함을 말하고 있다. 토머스 프리드먼은 저서 '코드 그린: 뜨겁고 평평하고 붐비는 세계'를 통해 지구는 더 이상 미룰 수 없는 위기상황에 직면해 있고 지금 당장 전 지구적인 환경 문제와 에너지 부족 사태에 대한 본질적이고 실행가능한 해결책을 이끌어내는 노력을 해야 함을 경고하고 있다.

〈The precautionary principle and climate change〉
Dec. 8, 2009, the New York Times, Thomas L. Friedman

In 2006, Ron Suskind published "The One Percent Doctrine," a book about the U.S. war on terrorists after 9/11. The title was drawn from an assessment by then-Vice President Dick Cheney, who, in the face of concerns that a Pakistani scientist was offering nuclear-weapons expertise to Al Qaeda, reportedly declared: "If there's a 1% chance that Pakistani scientists are helping Al Qaeda build or develop a nuclear weapon, we have to treat it as a certainty in terms of our response." Cheney contended that the U.S. had to confront a very new type of threat: a "low-probability, high-impact event."

Soon after Suskind's book came out, the legal scholar Cass Sunstein, who then was at the University of Chicago, pointed out that Mr. Cheney seemed to be endorsing the same "precautionary principle" that also animated environmentalists. Sunstein wrote in his blog: "According to the Precautionary Principle, it is appropriate to respond aggressively to low-probability, high-impact events — such as climate change. Indeed, another vice president — Al Gore — can be understood to be arguing for a precautionary principle for climate change (though he believes that the chance of disaster is well over 1 percent)."

Of course, Mr. Cheney would never accept that analogy. Indeed, many of the same people who defend Mr. Cheney's One Percent Doctrine on nukes tell us not to worry at all about catastrophic global warming, where the odds are, in fact, a lot higher than 1 percent, if we stick to business as usual. That is unfortunate, because Cheney's instinct is precisely the right framework with which to think about the climate issue — and this whole "climategate" controversy as well.

"Climategate" was triggered on Nov. 17 when an unidentified person hacked into the e-mails and data files of the University of East Anglia's Climatic Research Unit, one of the leading climate science centers in the world — and then posted them on the Internet. In a few instances, they revealed some leading climatologists seemingly massaging data to show more global warming and excluding contradictory research.

Frankly, I found it very disappointing to read a leading climate scientist writing that he used a "trick" to "hide" a putative decline in temperatures or was keeping contradictory research from getting a proper hearing. Yes, the climate-denier community, funded by big oil, has published all sorts of bogus science for years — and the world never made a fuss. That, though, is no excuse for serious climatologists not adhering to the highest scientific standards at all times.

That said, be serious: The evidence that our planet, since the Industrial Revolution, has been on a broad warming trend outside the normal variation patterns — with periodic micro-cooling phases — has been documented by a variety of independent research centers.

As this paper just reported: "Despite recent fluctuations in global temperature year to year, which fueled claims of global cooling, a sustained global warming trend shows no signs of ending, according to new analysis by the World Meteorological Organization made public on Tuesday. The decade of the 2000s is very likely the warmest decade in the modern record."

This is not complicated. We know that our planet is enveloped in a blanket of greenhouse gases that keep the Earth at a comfortable temperature. As we pump more carbon-dioxide and other greenhouse gases into that blanket from cars, buildings, agriculture, forests and industry, more heat gets trapped.

What we don't know, because the climate system is so complex, is what other factors might over time compensate for that man-driven warming, or how rapidly temperatures might rise, melt more ice and raise sea levels. It's all a game of odds. We've never been here before. We just know two things: one, the CO2 we put into the atmosphere stays there for many years, so it is "irreversible" in real-time (barring some feat of geo-engineering); and two, that CO2 buildup has the potential to unleash "catastrophic" warming.

When I see a problem that has even a 1 percent probability of occurring and is "irreversible" and potentially "catastrophic," I buy insurance. That is what taking climate change seriously is all about.

If we prepare for climate change by building a clean-power economy, but climate change turns out to be a hoax, what would be the result? Well, during a transition period, we would have higher energy prices. But gradually we would be driving battery-powered electric cars and powering more and more of our homes and factories with wind, solar, nuclear and second-generation biofuels. We would be much less dependent on oil dictators who have drawn a bull's-eye on our backs; our trade deficit would improve; the dollar would strengthen; and the air we breathe would be cleaner. In short, as a country, we would be stronger, more innovative and more energy independent.

But if we don't prepare, and climate change turns out to be real, life on this planet could become a living hell. And that's why I'm for doing the Cheney-thing on climate — preparing for 1 percent.

제6장 환경법 개관

환경법의 정의와 목적, 역사적 변천 과정, 공해법과 환경법의 차이 등을 이해한다. 환경법의 기본 이념인 환경권과 환경법의 법적 원리 및 대상, 입법 방식, 법적 특성, 법률적 역할, 세계적 추세 등을 살펴본다.

6.1. 환경법의 정의와 목적

환경법
환경에 관한 법
환경의 이용 및 관리
보전에 관한 법
환경권 사상의
지배를 받는 법

법치국가에서 모든 국가 정책 추진에는 필수적인 요소가 법이다. 환경정책 또한 관련 환경법이 반드시 동반되어야 한다. 만약 추진하고자 하는 환경정책에 부합하는 환경법이 없을 경우 먼저 법부터 만들어야 한다. 정책뿐만 아니라 환경문제 유발자를 처벌하고 환경 분쟁을 조정하고 피해자를 보상하기 위해서도 법적 근거가 필요하다.

환경법은 환경의 이용, 관리, 보전과 환경문제 해결에 관한 법규범의 총체로 정의된다. 이는 크게 세 가지 측면에서 조명될 수 있다. 첫째는 환경에 관한 법이다. 기상, 지형지질, 동식물상 등과 같은 자연환경과 인간 생활과 직접적인 관련이 있는 물, 대기, 폐기물, 소음 등과 같은 생활환경에 관한 모든 법을 말한다. 생활환경에는 건축구조물이나 실내공기, 상하수도 등과 같은 인공 환경도 포함된다. 둘째는 환경의 이용 및 관리 보전에 관한 법이다. 자원개발, 자연 및 생활환경 이용과 관리에 관한 법을 말한다. 셋째는 환경권 사상의 지배를 받는 법으로 표현된다. 건강하고 쾌적한 환경에서 생활할 권리를 의미하는 환경권은 인간 존엄성을 지키고 행복을 추구하는 인간 기본권(생존권)의 일부에 해당하는 것으로 환경법은 이것을 지키는 법을 의미한다.

환경법의 목적은 국민의 환경권을 보장하고 자연환경과 생활환경을 오염과 훼손으로부터 보호하며 환경오염과 훼손으로 인한 국민의 피해와 불이익을 해소하기 위함이다. 다시 말하면 환경법의 목적은 크게 세 가지, 즉 환경권 보장, 자연환경 및 생활환경 보호, 그리고 환경피해구제로 요약될 수 있다.

환경권 보장
자연환경 및
생활환경 보호
환경피해구제

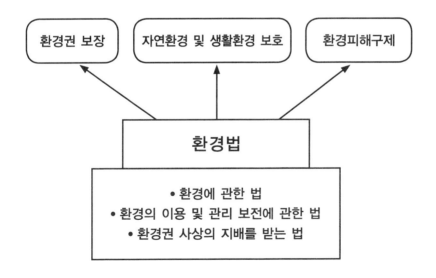

【그림 6-1】
환경법의 정의와 목적

6.2. 환경법의 역사

(1) 산업혁명 이전

환경법은 환경정책만큼 오랜 역사를 가지고 있다. 인류문명사를 보면 오랜 기간 인간이 만든 대부분의 법은 국가를 통치하기 위한 법, 그리고 도덕에 기반을 둔 민·형사 관련 법이었다. 하지만 당시에도 먹는 물, 배설물, 쓰레기 등은 인류 생존을 위해 관리해야 했고 이를 법과 제도로 만들어 사회 질서를 유지했다. 산업혁명 이전에 있었던 환경법의 사례로 자주 거론되는 것이 1272년 영국의 에드워드 1세 때 제정된 '석탄 사용에 관한 칙령'이다. 이것은 인류 역사 기록으로 최초의 대기오염 방지법에 해당한다. 우리 역사에서도 이와 유사한 것으로 1007년 고려 목종 10년에 제정된 '산림 소각 방지령'이 있다.

산업혁명 이전에 있었던 환경법은 인간의 건강을 보호하고 생존을 위한 것이지 자연자원이나 자연환경 그 자체를 보호하기 위한 것은 아니었다. 영국의 '석탄 사용에 관한 칙령'도 석탄 매연으로부터 건강을 보호하기 위한 것이지 석탄 채굴로 인한 자연훼손을 방지하기 위한 것은 아니었다. 마찬가지로 고려의 '산림 소각 방지령'도 연기가 백성들의 건강에 주는 피해를 막기 위한 것이지 산림 보호를 위해 만들어진 법이 아니다. 자연훼손을 방지하기 위한 환경법은 산업혁명 이후 근래에 들어와 만들어지게 되었다.

산업혁명 이전에는 인간이 자연에 가할 수 있는 힘은 아주 미약했고 인간에게 자연은 두려움의 대상이었다. 당시 서구 사회에서는 '인간은 자연을 마음대로 이용할 권리를 갖는다'라는 사상이 지배적이었다. 마음대로 이용할 권리는 있었지만 자연의 거대한 위력을 인간의 미약한 힘으로는 어떻게 할 수 없었던 것이 당시의 인간과 자연의 관계였다. 그래서 오랜 기간 자연은 인간의 규제영역 외에 머물러 있었고 환경법으로 분류할 수 있었던 것은 대부분 사람의 건강 보호를 위한 생활환경관리법이었다.

환경법
환경정책
석탄 사용에 관한 칙령
산림 소각 방지령

환경법
생활환경관리법

(2) 산업혁명 이후

산업혁명 이후 환경오염이 가속화되면서 산업도시에 거주하는 시민들은 건강과 생활에 심각한 피해를 입게 되었다. 오염이 심할 경우 일시에 수만 명이 사망하는 환경재난으로 이어지기도 했다. 당시 환경오염은 불특정 다수의 사람들에게 피해를 준다고 해서 공해(公害, Public Nuisance)라 부르게 되었다. 공해라는 말은 원래 법률적 용어로 시작되었지만 일반인들까지 널리 사용하기에 이르렀다.

문제의 심각성이 더해가면서 영국에서는 1875년 환경오염으로부터 건강을 지키기 위한 공중보건법(Public Health Act)이라는 최초의 공해법이 만들어졌다. 공해법의 목적은 공해로부터 시민들의 건강과 재산권을 보호하고 오염 발생 규제하기 위한 것이었다. 당시 공해법은 피해자를 보호하고 오염 원인을 감시하고 억제하기 위한 경찰법적 성격을 띠고 있었으며 개인의 절대적인 자유를 보장하는 시민법 사상에 근거를 두고 있었다.

공해법이 제정될 당시 유럽 사회는 산업화가 진행되면서 부강한 나라를 향한 무한 경쟁이 이루어지고 있었다. 1776년 아담 스미스의 국부론(The Wealth of Nations)은 시대적 상황을 잘 보여주고 있다. 기업과 개인의 경제활동 무한성을 보장하기 위해 국가의 간섭을 최소화하는 자유방임주의 사상이 지배적이었다. 공해법은 시민의 건강 보호와 산업활동 자유 보장이라는 두 가지 상반된 목적으로 인해 매우 제한적인 역할만 할 수 있었다.

(3) 제2차 세계대전 이후

제2차 세계대전이 끝나자, 선진산업국가에서는 유례없는 풍요의 시대가 도래했다. 하지만 환경은 경제가 성장하는 만큼 더욱 악화되고 있었다. 그 정도가 가속화되면서 환경문제가 인류의 생존을 위협할 수 있다는 심각한 위기의식을 느끼게 되었다. 그리고 환경오염으로 인한 건강피해 방지를 위한 공해법 차원이 아니라 보다 적극적으로 환경을 관리하고 환경문제를 사전에 예

산업혁명
공해
공중보건법
공해법
시민법 사상

아담 스미스
국부론
자유방임주의

제2차 세계대전
환경관리
사전예방

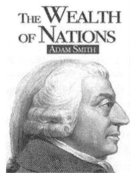

【그림 6-2】
당시 경제 사상을 보여
주는 아담 스미스의 국
부론과 산업 지역 대기
오염 상태

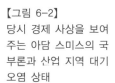

환경법
공해법
국토관리법
환경권 사상

방할 수 있는 법규범의 필요성을 인식하게 되었다. 또한 과거 자유재로 인식
되어온 환경재에 대한 사고의 전환이 이루어지면서 자연 자원을 관리하고 이
용할 수 있길 원했다.

이렇게 해서 나오게 된 것이 환경법(Environmental Law)이다. 환경법은 이
전의 공해법(Public Nuisance Law)과는 다른 새로운 모습을 갖게 되었다. 공해
법이 목적으로 했던 피해자의 건강 및 재산권 보호와 오염규제뿐만 아니라
환경을 보다 적극적으로 관리하는 국토관리법적 성격을 띠게 된 것이다. 환
경법은 인간의 존엄성과 생존권을 보장하려는 환경권 사상에 근거를 두고 있
다. 환경법과 공해법의 차이는 표 6-1에 제시되어 있다.

〈표 6-1〉 환경법과 공해법 차이

	공해법	환경법
시기	산업혁명 후	제2차 대전 후
법철학	시민법 사상	환경권 사상
대상	공해규제, 피해구제	공해규제, 피해구제, 환경관리
접근 방법	소극적(피해 대처)	적극적(예방, 관리)
규제 범위	피해자 보호, 오염방지	피해자 보호, 오염방지, 이용, 관리, 보전
규제 방법	진압적, 대증요법적	예방, 적정관리
법구조	사법, 공법	사법, 공법, 사회법

대표적인 환경법 사례가 1969년에 제정되어 1970년에 시행된 미국의 국가환경정책법(NEPA: The National Environmental Policy Act)이다. 이 법의 시행으로 독립환경행정기구인 연방환경보호청(EPA: Environmental Protection Agency)이 설립되었으며 보다 적극적인 환경정책을 추진하는 계기를 마련해주었다. 오염규제와 피해구제 목적의 공해법에서 보다 포괄적인 환경관리를 포함하는 환경법으로의 전환을 보여주었으며 환경영향평가(EIA: Environmental Impact Assessment) 제도를 세계 최초로 도입하였다. 이 법은 1972년에 개최된 스톡홀름 인간환경회의와 함께 우리나라를 비롯하여 세계 각국의 환경정책과 법에 중요한 영향을 주었다.

미국 국가환경정책법
환경영향평가
연방환경보호청
스톡홀름 인간환경회의

제1부　이론과 제도

【그림 6-3】
미국 국가환경정책법
(NEPA)에 사인하는
리차드 닉슨(Richard Nixon)
대통령과 법안 사인을
촉구한 엘비스 프레슬
리(Elvis Presley)

6.3. 환경권

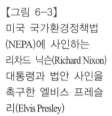

환경권
생존권
행복추구권
존엄권
공공신탁의 원리
청원권

　현재 선진산업국가에서 시행하고 있는 환경법은 대부분 '모든 국민이 건강하고 쾌적한 환경에서 생활할 권리를 갖는다'는 환경권 사상에 바탕을 두고 있다. 환경권은 인간의 존엄성에 기초하고 있으며 세부적으로는 생존권, 행복추구권, 존엄권 등을 내포하고 있다. 이는 곧 환경권이 인간의 기본권이자 국가가 당연히 보장해야 할 책무라는 의미다. 이론적 배경은 '공공신탁의 원리(Principle of Public Trust)'에 두고 있다. 국민은 환경을 국가에 맡겨두고 납세, 국방 등 국가에 대한 의무를 다하는 대신, 국가는 환경을 건강하고 쾌적하게 관리해야 하며 모든 국민에게 동등한 환경권을 보장해야 한다는 것이다. 만약 국가가 환경을 제대로 관리하지 못하고 국민에게 환경권을 보장해주지 못하면, 국민은 국가를 상대로 행정소송을 할 수 있는 청원권도 가진다.

　환경권은 1960년대 미국의 일부 주법, 그리스 헌법, 스위스 헌법 등을 명시되기 시작하였으며, 1970년대 중국, 유고, 구소련 등의 헌법에도 포함되었다. 지난 1972년 스웨덴 스톡홀름에서 개최된 유엔인간환경회의에서 그 중요성이 강조되면서 세계 각국의 법체계에 들어가 지금까지 약 72개국의 헌법에 포함되었으며, 현재 미국의 주 3분의 1 이상에서 명문화된 것으로 알려져 있다.

우리나라는 1980년 제5공화국 헌법 개정에서 처음 명문화했다. 당시 헌법 제33조에 '모든 국민은 깨끗한 환경에서 생활할 권리를 가지며 국가와 국민은 환경보전을 위하여 노력하여야 한다'로 명시되었다. 1987년 개헌에서는 헌법 제35조 1항에 '모든 국민은 건강하고 쾌적한 환경에서 생활할 권리를 가지며 국가와 국민은 환경보전을 위하여 노력하여야 한다'라고 보다 구체화되었다. 우리 헌법에서 의미하는 환경권의 주체는 자연인에서 법인까지 확대 해석이 가능하며 대상이 되는 객체는 자연환경과 생활환경이 해당된다.

환경권 보장을 위한 노력은 지금까지 꾸준히 이루어져 왔다. 하지만 모든 국민에게 평등하게 보장되어야 한다는 점은 여전히 미흡하다. 미국은 지난

【그림 6-4】
헌법에 명시된 환경권 보장을 위한 국립환경과학원과 전국 16개 시도보건환경연구원이 시행하는 에코벨 제도

1980년대부터 지역 간, 소득계층 간, 인종 간 환경 불평등을 주목하고, 실태 파악과 문제 해결을 위해 노력하기 시작했다. 1992년 환경 불평등 해소를 위한 환경정의법(Environmental Justice Act)을 제정하고, 연방환경보호청(USEPA)에 환경평등국(Office of Environmental Equity)을 설치하여 이를 총괄하게 했다. 특히 클린턴 정부 때부터 대통령령으로 국가의 모든 정책을 집행할 때 환경 불평등 해소를 최우선하는 제도를 추진해오고 있다.

6.4. 법적 원리

환경법은 크게 세 가지 법적 원리에 기초하고 있다. 첫째는 환경공유의 원리다. 이것은 환경은 함께 공유하는 것이지 어느 누구도 독점할 수 없음을 의미한다. 환경은 소유권을 인정할 수 없으며 분할도 불가능하다. 둘째는 공공신탁의 원리다. 환경은 국민이 국가에 맡겨둔 것이다. 국민은 의무를 다하는 대신 국가는 성실히 관리해야 한다. 셋째는 사회법적 원리다. 환경은 개인보다 사회가 우선임을 인정하는 원리다. 사유재산을 인정하고 개인의 자유를 최대한 보장하는 자유민주주의 시장경제 체제에서도 모두가 공유할 수밖에 없는 환경은 공동체를 우선해야 한다는 것을 의미한다.

6.5. 법적 대상

환경법의 법적 대상은 크게 네 가지로 이루어져 있다. 첫째는 환경오염을 규제하는 것이다. 이것은 공해법 시대에도 있었던 것으로 공권력을 이용하여 오염물질 배출을 규제하는 것이다. 둘째는 환경문제로 인해 발생한 피해를 구제하는 것이다. 이것 역시 공해법의 목적 중 하나였던 것으로 피해자는 환경문제 유발자로부터 손해보상을 받도록 하는 것이다. 셋째는 환경법 시대에 새롭게 도입된 것으로 환경의 이용, 관리, 보전에 관한 것이다. 환경기준을 준수하여 환경문제를 사전에 예방하고 적극적인 환경관리를 하는 내용을 포함

환경정의법
연방환경보호청
환경평등국

환경공유의 원리
공공신탁의 원리
사회법적 원리

오염규제
피해구제
이용관리보전
국제협력

하고 있다. 넷째는 국제 환경협력이다. 국가 간 또는 전 지구적 환경문제의 조정과 해결이 법적 대상이다. 이것은 지난 1972년 유엔이 환경문제에 관여하면서 대부분의 선진산업국이 법적 대상에 포함하기 시작했으며, 최근 다양한 국제환경협약이 체결되면서 그 중요성을 더해가고 있다.

6.6. 입법 방식

환경법의 입법 방식은 다른 법과 유사하다. 먼저 하나의 법으로 모든 환경문제를 다루는 단일법주의다. 우리나라에서 지난 1963년에 제정한 공해방지법이 여기에 해당한다. 수질오염, 대기오염 등 모든 환경문제를 하나의 법에 넣었다. 하나의 법으로 모든 환경문제를 다루기에는 내용이 너무 복잡하기 때문에 현재 우리나라를 포함한 대부분의 선진산업국에서는 단일법주의를 채택하지 않는다. 하지만 후진국에서는 하나의 법으로 모든 환경문제를 다루고 있다. 이 경우 대부분이 제 역할을 하지 못하고 전시효과에 그친다. 북한은 지금도 단일법주의를 채택하고 있다. 지난 1986년 4월 환경보호법을 제정하였으나 환경을 보호하자는 선언적 규정만 있고 위반 시 벌칙도 없다. 법은 형식에 그치고 전시효과만 목적으로 하고 있다.

대부분의 선진산업국이 채택하고 있는 입법 방식이 복수법주의다. 하나의 법으로는 모든 매체에 대한 오염원, 피해방식, 방지시설 등 여러 가지 내용을 모두 다룰 수 없기 때문에 여러 개의 법으로 나누게 되었다. 우리나라는 1990년에 와서 환경정책기본법, 수질환경보전법, 대기환경보전법 등으로 나누면서 복수법주의를 채택하게 되었다. 여러 개의 법으로 나누게 되면 법 개정이 용의하며 효율적인 법 집행이 가능하다. 또한 새로운 환경정책이 필요할 때 그 정책에 적합한 환경법을 제정할 수 있는 등 여러 가지 장점이 있다.

단일법주의와 복수법주의 중간 단계에 해당하는 입법 방식이 절충주의다. 이것은 형식은 단일법과 같으면서 내용은 복수법처럼 광범위하게 다루고 있다. 단일법에서 복수법으로 넘어가는 과도기적인 단계에서 나타나고 있다.

단일법주의
공해방지법
북한 환경보호법

복수법주의
환경정책기본법
수질환경보전법
대기환경보전법

절충주의
환경보전법

우리나라에서 1977년 제정된 환경보전법이 여기에 해당된다. 하나의 법이지만 대기편, 수질편, 폐기물편 등으로 나누어 광범위한 내용을 다루고 있다.

6.7. 법적 특성

환경법의 첫 번째 법적 특성은 과학기술성이다. 우리가 접하는 대부분의 법은 인간의 도덕성에 기반을 두고 있다. 이에 반해 환경법은 도덕성이 아닌 자연현상에서 일어나는 과학기술에 근거를 두고 제정된다. 예를 들어, 환경기준치, 배출기준치 등과 같은 법적 기준치는 환경독성학의 실험적 자료에 기반을 두고 있으며, 수질오염총량제, 배출권 거래제 등과 같은 것도 환경과학과 기술의 도움으로 만들어진 법적 제도다. 그래서 환경법을 제정하고 환경정책을 수행하기 위해서는 과학기술이 뒷받침되어야 한다.

또 다른 환경법의 특성은 복합다양성이다. 환경에서 일어나는 복합·다양한 요인이 고려되어야 한다는 것이다. 예를 들어, 강이나 호수에서 일어나는 수질이나 생태계 변화는 유역에 토지이용도, 오염원, 강우현상, 기온 등 여러 요인에 의해 결정되며, 도시의 대기오염현상도 자동차 배출가스만 문제가 되는 것이 아니라 태양광, 풍속, 지면 상태 등 여러 가지 요인이 복합적으로 작용하게 된다. 이처럼 환경현상 자체도 복합 다양할 뿐만 아니라 환경문제는 여러 분야와 연계되어 있다. 에너지, 자원, 산림, 해양 등 그리고 국민의 생활에서부터 산업에 이르기까지 국가의 모든 정책이 관련되어 있다.

환경법이 가진 또 다른 특성은 합목적성이다. 환경법은 대상으로 하는 환경문제 해결이라는 분명한 목적을 가지고 있다. 물, 대기, 토양, 폐기물 등 각 환경법이 입법취지로 명시하고 있는 환경문제를 해결하기 위해 제정된다. 경우에 따라서는 대상으로 하는 환경문제가 해결되면 더 이상 지속되지 않는 한시적 환경법도 있다. 법의 명칭이 특별법으로 된 환경법은 한시적인 경우가 대부분이다.

과학기술성
환경기준치
배출기준치
환경독성학
수질오염총량제
배출권 거래제

복잡다양성
오염원
자연현상
국민생활
산업활동

합목적성
입법취지
한시적인 환경법
특별법

끝으로 환경문제는 국경이 없기 때문에 환경법이 가지는 또 다른 특성이 국제성이다. 국제성이 특히 강조되는 환경법이 대기오염, 해양오염, 다국적 강의 환경문제, 철새이동 등과 같은 분야에 관련되는 법이다. 지구온난화, 사막화, 황사, 산성비, 오존층 파괴, 생물다양성, 유해폐기물 국가 간 이동, 난분해성 유기물 등과 같이 전 지구적 환경문제가 점점 심화되면서 환경법의 국제성은 더욱 강조되고 있다.

국제성
대기오염
해양오염
다국적 강
철새이동

6.8. 법률적 역할

환경법의 역할은 매우 다양하다. 우리나라 환경정책기본법이나 미국의 국가환경정책법(NEPA: National Environmental Policy Act)과 같은 법은 환경 헌법적 역할을 한다. 국가 환경관리와 정책에 관한 기본 원칙을 확립하고 하위 환경법을 총괄하는 역할이 여기에 해당된다. 대부분의 선진국에서는 헌법적 역할을 하는 환경법을 제정해 두고 있으며, 농업정책기본법, 산업정책기본법 등과 같이 타 분야에서도 헌법적 역할을 하는 법이 있는 경우가 많다.

환경헌법
환경정책기본법
미국 국가환경정책법
농업정책기본법
산업정책기본법

대부분의 환경법은 공권력을 이용하여 환경의 이용, 관리, 보전에 관여하는 환경행정법(Environmental Administration Law) 역할을 한다. 이는 환경 헌법의 명령을 구체화하고 환경정책을 실행하는 것이 주목적이다. 환경행정법은 환경법의 핵심 영역으로 공법적인 성격이 띠며 국가 정책이나 명령을 실행하고 위반 시 제재를 가하는 수단을 가지고 있다.

환경행정법
환경정책 실현
공법

환경법 중 일부는 환경에 관한 사업상의 권리와 의무 관계를 규율하는 환경사법(Environmental Civil Law) 역할을 하기도 한다. 개인의 권리와 의무를 명시하고 민사상의 손해보상과 책임에 관련된 사항을 명문화해 둔다. 이 역할에 근거하여 환경오염 피해자는 손해배상을 청구한다. 국가가 법으로 제정해둔 환경피해구제 제도다.

환경사법
손해배상
환경피해구제

환경법을 위반하는 것은 민사상의 문제가 되기도 하지만 동시에 형사적

범죄 행위에도 해당된다. 따라서 환경법은 환경법규를 위반하는 행위(환경범죄)에 대한 형사적인 처벌을 가하는 환경형법(Environmental Criminal Law) 역할도 한다. 많은 경우 환경행정법의 실효성을 보장하기 위하여 개별법에 명시되어 있으나 '환경범죄단속에 관한 특별조치법'과 같이 환경형법만으로 이루어진 것도 있다.

환경형법
환경행정 실효성 보장
환경범죄단속

환경법의 또 다른 역할 중 하나는 소송법(Environmental Procedure Law)이다. 정부를 상대로 하는 행정소송, 환경범죄에 대한 형사소송, 민사상 손해배상에 관한 민사소송 등 환경관련 소송 절차를 규정하는 법적 역할이다. 이를 규정하고 있는 대표적인 법이 환경분쟁조정법이다.

환경소송법
행정소송
형사소송
민사소송
환경분쟁조정법

환경문제가 전 지구적 이슈로 등장하면서 유엔을 중심으로 기후변화협약, 생물다양성협약, 사막화방지 협약 등과 같은 국제환경협약이 계속 늘어나고 있다. 이러한 국제환경협약으로 인해 환경법은 국제환경법(International Environmental Law) 역할도 하고 있다. 유엔을 중심으로 한 전 지구적 협약 외에도 두 국가 간에 이루어진 양자협약, 또는 여러 국가 간에 이루어지는 다자협약 등 여러 형태의 국제협약이 체결되고 있다. 지금까지 이루어진 대부분의 국제환경협약은 1972년 스톡홀름 유엔인간환경회의에서 채택된 '인간환경선언(Declaration on the Human Environment)'에 기초하고 있다.

국제환경법
국제환경협약
기후변화 협약
생물다양성 협약
사막화방지 협약
유엔인간환경선언

6.9. 세계적인 추세

환경법은 지난 몇 십 년간 세계 곳곳에서 크게 변화하고 있다. 과거 공해법적 성격을 띠는 법에서 환경문제를 사전에 예방하고 적극적으로 관리하는 환경법으로 변화하고 있다. 1970년에 제정된 미국 국가환경정책법을 시작으로 대부분의 선진국에서 이러한 변화를 보이고 있다. 우리나라는 1977년 제정된 환경보전법이 전환점이 되었다. 환경법으로 전환되면서 많은 나라에서 헌법에 환경권을 명시하게 되었다. 우리나라는 1980년 헌법 개정 시 환경

공해법
환경법
미국 국가환경정책법
환경보전법
환경권

권을 포함하였으며 현재 72개 국가가 헌법에 환경권을 명시하고 있으며 점점 숫자가 증가하는 추세다.

단일법주의에서 복수법으로 전환되는 것이 또 하나의 세계적인 추세다. 우리나라는 1990년을 기점으로 복수법 시대에 접어들었다. 이것은 점점 많은 나라에서 환경문제의 중요성을 인식하고 입법 내용을 확대하고 있음을 의미한다. 최근에는 화학물질이나 지속가능사회 등과 같은 내용도 환경법에서 다루기 시작했다. 또 다른 추세는 행정기구의 일원화다. 여러 부처에 분산된 업무를 환경부라는 하나의 기구로 통합하는 것이다. 1967년 스웨덴, 1970년 미국과 영국, 1971년 프랑스와 캐나다, 일본 등에서 일원화하였으며, 우리나라는 1980년 환경청에서 1991년 환경처, 1994년 환경부로 확대 승격되었다. 이것은 효율적인 행정과 대상과 범위가 확대되고 있음을 의미한다.

가장 마지막으로 나타나기 시작한 추세가 국제환경협약을 국내법으로 수용하는 현상이다. 지난 1990년대 이후 유엔을 중심으로 다양한 국제환경협약이 체결되면서 많은 국가들이 여기에 참여하기 시작했다. 이것은 기후변화, 유해성 폐기물, 난분해성 화학물질, 생물다양성, 사막화 등 전 지구적 환경문제의 증가하고 있고 경제, 사회, 문화 등 전 분야에서 급속한 세계화가 일어나고 있기 때문이다.

단일법
복수법
행정기구 일원화

국제환경협약
지구환경문제
세계화

내용정리

1. 환경법의 정의와 목적을 설명해보자.
2. 선진산업국의 환경법 변천과정을 산업혁명 이전과 이후, 그리고 2차 대전 이후로 나누어 사례와 함께 비교해보자.
3. 공해법과 환경법을 비교해보자.
4. 환경법의 사상적 배경이 되는 환경권이 갖는 의미를 설명해보자.
5. 환경권이 우리나라를 포함한 세계 주요 국가의 헌법에 명시되어 온 과정을 설명해보자.
6. 환경법의 세 가지 법적 원리를 설명해보자.
7. 환경법의 네 가지 법적 대상을 설명해보자.
8. 우리나라 환경법의 입법 방식을 역사적 변천과정과 함께 설명해보자.
9. 환경법의 네 가지 법적 특성을 설명해보자.
10. 환경법의 다섯 가지 법률적 역할을 설명해보자.
11. 환경법의 세계적 추세를 설명해보자.

읽어보기

〈경제민주화 못지않게 중요한 환경민주화〉

경제민주화가 이번 대선 정국에 뜨거운 이슈로 등장했다. 전문가들 사이에 다소 논란은 있지만 유력 후보가 모두 동의하고 많은 국민들이 지지하기 때문에 누가 당선돼도 추진될 것이 분명하다. 이처럼 많은 지지를 받는 이유는 국민들이 우리 사회의 소득 불평등을 바로잡고 양극화를 줄여 모두가 함께 잘 사는 나라를 원하기 때문이다.

사실 경제민주화는 1987년 개정된 헌법에 명문화(헌법 제119조)돼 지금까지 우리 경제에 알게 모르게 작용해온 이념 가운데 하나다. 하지만 지금까지 제 기능을 다하지 못해 우리 사회의 소득 불평등과 양극화가 심화되고 있다. 그래서 앞으로는 우리 생활에서 체감할 수 있도록 제도를 보다 강화하자는 것이다.

경제민주화처럼 헌법에는 명시되어 있지만 제 기능을 못해 지금 우리 사회의 불평등과 양극화를 심화시키는 또 다른 하나가 환경민주화다. 우리나라는 지난 1980년 헌법을 개정할 때 '모든 국민은 건강하고 쾌적한 환경에서 생활할 권리가 있다'라는 환경권 조항(헌법 제35조)을 명문화했다. 하지만 모든 국민이 동등한 환경권을 누릴 수 있는 환경민주화는 실현되지 않고 있다. 그래서 지금 지역간·소득계층간 심각한 환경 불평등 현상이 나타나고 있다.

환경권은 지난 1972년 스웨덴 스톡홀름에서 개최된 유엔인간환경회의에서 그 중요성이 강조되면서 세계 각국의 법체계에 들어갔다. 환경권이 인간의 가장 기본적인 생존권이자, 국가가 당연히 보장해야할 책무라는 이유다. 이론적 근거는 '공공 신탁의 원리(Principle of Public Trust)'에 두고 있다. 국민은 환경을 국가에 맡겨두고 납세, 국방 등 국가에 대한 의무를 다하는 대신, 국가는 환경을 건강하고 쾌적하게 관리해야하며 모든 국민에게 동등한 환경권을 보장해야 한다는 것이다. 만약 국가가 환경을 제대로 관리하지 못하고 국민에게 환경권을 보장해주지 못하면, 국민은 국가를 상대로 행정소송을 할 수 있는 청원권도 가진다.

대부분 국가에서 환경권을 하위 개별법에 넣었지만, 우리나라는 1980년에 개헌이 이루어지면서 특별히 헌법에 명문화했다. 하지만 실질적인 환경권 보장 정책은 지금까지 거의 이루어지지 못했다. 여기에 지난 1990년대에 지방자치제도가 실시되면서 지자체 중심으로 수돗물 공급, 하수처리장, 쓰레기 관리, 하천정화사업 등과 같은 환경사업이 이루어지면서 환경 불평등은 심화되었다. 일례로, 현재 우리나라 상수도 보급률이 대부분의 도시는 100%에 가깝지만 읍·면 지역은 60%를 밑돌고 있다. 그뿐만 아니라 하수처리, 실내공기, 악취, 소음 등 지역간·소득계층간 뚜렷한 차이를 보인다. 그 결과 농어촌 저소득계층을 중심으로 아직도 많은 국민들이 열악한 생활환경과 환경성 질환으로 고통 받고 있다.

주요 선진국들은 1980년대부터 지역 간, 소득계층 간, 인종 간 환경 불평등을 주목하고, 실태 파악과 문제 해결을 위해 노력하기 시작했다. 미국은 1992년에 환경 불평등 해소를 위한 환경정의법(Environmental Justice Act)을 제정하고, 연방환경보호청(USEPA)에 환경평등국(Office of Environmental Equity)을 설치하여 이를 총괄하게 했다. 특히 클린턴 정부 때부터 대통령령으로 국가의 모든 정책을 집행할 때 환경 불평등 해소를 최우선하는 제도를 추진해오고 있다.

지금 우리 사회를 보면 더 큰 차원의 환경민주화 정책이 필요한 것을 알 수 있다. 열악한 생활환경이나 환경성 질환 차원을 넘어, 비만 오면 침수되는 곳, 화재 발생이 잦은 곳, 교통이 불편한 곳, 사고 발생이 빈번한 곳 등이 모두 저소득 계층이 사는 지역과 밀접한 관계가 있다. 하물며 공원 면적까지도 잘 사는 계층에서 더 많은 혜택을 누리는 것으로 조사됐다. 함께 잘 사는 사회를 만들어가기 위해서는 우리도 선진국처럼 모든 국가 정책에 환경민주화를 최우선해야 한다.

(조선일보 2012년 10월 15일)

제7장 우리나라 환경법

우리나라 환경법의 변천사를 정리하고 헌법과 환경정책기본법, 그리고 각 개별법에 이르는 법체계를 공부한다. 자연환경, 수환경, 상하수도, 기후대기, 토양지하수, 폐기물, 생활환경, 환경보건, 환경경제 등 분야별 환경법의 입법 취지를 살펴본다.

7.1. 환경법 변천사

산림 소각 방지령
조선 오물 소제령
오물청소법

우리 역사 기록에서 환경에 관련된 법령들은 오래전부터 나타나고 있다. 예를 들어 고려 목종 1007년 '산림 소각 방지령', 일제 강점기인 1936년 '조선 오물 소제령', 1961년 '오물 청소법' 등이다. 이러한 법령들은 대부분 일시적 이고 단편적이며 위생법적 성격을 띠고 있었으며 지금의 환경법과는 큰 차이 를 나타낸다. 특히 '조선 오물 소제령' 같은 것은 조선총독부 경찰의 관장 아 래서 우리 민족을 강압적으로 통제하기 위한 수단으로 사용되기도 했다.

공해방지법
환경보전법
환경정책기본법

우리나라 환경법의 큰 줄기는 산업화를 시작하면서 제정된 '공해방지법 (1963년)', '환경보전법(1977년)', '환경정책기본법(1990년)', 그리고 이후 제정 된 다양한 환경법들이다. 2016년 현재 50여 개의 환경법이 시행되고 있으며 지금도 계속해서 새로운 법이 제정되고 또 일부는 사라지고 있다. 우리나라 환경법의 변천사는 다음과 같이 시대적으로 분류되고 있다.

(1) 공해법 시대

우리나라는 산업화를 시작하면서 환경문제를 염두에 두고 있었다. 우리나라 산업화의 첫 시작이라 할 수 있는 울산 공업센터를 설립하던 해(1962년)에 당시 국가재건최고회의는 공해방지법을 만들 것을 보건사회부에 지시했다. 우리나라가 가난에서 벗어나려면 농업국에서 공업국으로 가야하고, 공업국가로 성장하려면 공해가 발생할 것이니 이에 대비해야 한다는 것이었다. 이렇게 해서 나온 것이 1963년에 제정된 '공해방지법'이었다. 우리나라 최초의 환경오염방지를 위한 법이었다. 우리보다 먼저 산업화를 시작한 일본은 1967년에 '공해대책기본법'을 제정했다. 일본보다 우리가 4년이나 앞서 산업화로 인한 공해를 방지하기 위한 법을 만들었다.

공해로부터 국민 건강을 지키는 것이 주목적이었던 이 법은 제정 후 몇 년 동안 실효성이 없었다. 이 법의 시행규칙이 1967년에 와서 제정되어 첫 몇 년 동안은 이름만 존재하는 법이었다. 시행규칙이 만들어지고 1968년에는 공해방지협회가 설립되어 활동을 시작하였다. 이 시기에 식목사업과 자연보호를 위한 노력, 그리고 여러 가지 환경관련 법률 제정이 이루어졌다.

공해방지법보다 앞서 1961년에 '산림법'과 '수도법'이 제정되었으며 1963년에는 자연보존협회가 설립되어 활동을 시작하였다. 지금의 유해화학물질관리법에 해당하는 '독물 및 극물에 관한 법률'이 1963년에 제정되었고, 도시의 하수도 관리를 위한 '하수도 법'이 1966년, 야생조수보호를 위한 '조수 보호 및 수렵에 관한 법률'이 1967년, 또한 공원 관리를 위한 '공원법'이 1967년에 제정되었다.

산업화
울산 공업센터
공해방지법
일본 공해대책기본법

공해방지법 시행규칙
공해방지협회

산림법
수도법
독물 및 극물에 관한 법률
하수도법
조수 보호 및 수렵에 관한 법률
공원법

(2) 환경법 시대

공해방지법
배출허용기준
배출시설 허가제도
이전명령제도
유엔인간환경회의
환경보전법

　　1970년대에 들어서면서 공해방지법은 큰 변화를 겪게 된다. 1971년 이 법을 개정하면서 국내 최초로 배출허용기준을 도입하게 되었다. 또한 배출시설 허가제도, 이전명령제도와 같은 오염방지를 위한 보다 실효성 있는 규제를 시작하게 되었다. 1972년에 스톡홀름 유엔인간환경회의가 개최되고 우리 정부 대표도 회의에 참석하면서 새로운 법의 필요성을 느끼게 되었다. 스톡홀름 회의 결과로 나온 유엔인간환경선언은 적극적인 환경관리와 환경권의 소중함을 알리는 계기가 되었다. 여기에 국내 전문가들의 노력이 더해지면서 1977년 '환경보전법'이 제정되었다.

　　'환경보전법'은 '공해방지법'에 비해 몇 가지 다른 특징을 가진다. 첫째, '공해방지법'은 오염규제와 피해구제라는 공해법적 성격을 가진 법이라면 '환경보전법'은 오염규제와 피해구제뿐만 아니라 적극적인 환경관리를 포함하는 환경법의 형태를 보였다. 둘째, '공해방지법'은 주로 대기오염이나 수질오염과 같은 생활환경을 대상으로 하고 있었으나 '환경보전법'은 생활환경뿐만 아니라 자연환경까지 영역을 확대하였다. 셋째, '공해방지법'은 현 세대의 국민건강에 목적을 두고 있었으나 '환경보전법'은 현 세대뿐만 아니라 미

오염규제
피해구제
환경관리
자연환경
지속가능 환경보전

래 세대까지 건강하고 쾌적한 환경에서 생활할 수 있도록 하는 지속가능한 환경보전 개념이 도입되었다. 넷째, '공해방지법'은 단일법 형식이었지만 '환경보전법'은 수질편, 대기편, 폐기물편 등 매체 별로 법을 나누어 기술한 절충형 체제를 갖추었다.

그 외에도 '환경보전법'은 환경기준 설정, 환경오염 및 훼손에 대한 사전예방, 환경오염도의 상시 측정 및 환경연구소 설치, 오염물질 총량규제제도, 특별대책지역 지정 및 환경오염방지비용부담제도 등과 같은 여러 가지 선진 환경제도를 담고 있다. 특히 환경영향평가제도가 이때 처음 도입되고 이 법으로 인해 국립환경연구소(국립환경과학원 전신)가 1978년 설립된 것 또한 주목할 만하다. 이 시기에 해양환경보전을 위한 '해양오염방지법(1977)'도 제정되었다.

환경기준
사전예방
오염물질 총량규제
특별대책지역
환경오염방지비용부담제도
환경영향평가
해양오염방지법
국립환경연구소

(3) 환경권 시대

1980년은 우리나라 환경사에서 중요한 의미를 갖는다. 처음으로 독립행정기관인 환경청이 설립되었을 뿐만 아니라 헌법에 환경권이 명시되었기 때문이다. 1972년 스톡홀름 유엔환경정상회의 이후 환경권은 전 세계적으로 전파되기 시작했고, 우리나라에서도 전문가들 사이에 중요성이 강조되어 오다가 이때 헌법에 명시되었다. 1987년에 다시 한 번 헌법이 개정되면서 환경권이 보다 명확해졌고 환경권 보장을 위한 하위 법 제정도 박차를 가하게 되었다.

환경권
환경청
자연공원법
오염방지사업단법
폐기물 관리법
환경관리공단법

1967년에 제정된 '공원법'이 1980년에 '자연공원법'과 '도시공원법'을 나누어졌고, 두 법 모두 당시 내무부(현 행정자치부) 소관으로 시행되었다. '자연공원법'은 1998년에 와서 환경부에서 관장하게 되었다. 1983년 '오염방지사업단법'을 제정하여 정부가 보다 적극적인 환경오염방지사업을 추진하기 시작하였고, 1987년에는 환경사업을 추진하는 환경관리공단을 설립하면서 '환경관리공단법'을 제정하여 오염방지사업단법을 흡수 통합하였다. 1986년에는 1961년에 제정된 '오물청소법'을 '폐기물 관리법'으로 개정하여 관리 영역을 대폭 확대하였다.

(4) 복수법 시대

환경처
환경정책기본법
수질환경보전법
대기환경보전법
소음진동규제법
환경분쟁조정법
자연환경보전법
유해화학물질관리법

1990년 보건사회부 산하 기관으로 있던 환경청이 환경처로 승격되면서 환경법은 크게 변화하게 된다. '환경보전법'이 '환경정책기본법', '수질환경보전법', '대기환경보전법', '소음진동규제법', '환경분쟁조정법'으로 나누어졌다. '환경보전법'에 있던 자연환경 분야는 1년 뒤, 1991년에 '자연환경보전법'으로 제정되었다. 완전한 복수법 시대가 열린 것이다. 1963년에 제정되었던 '독물 및 극물에 관한 법률'도 1990년에 '유해화학물질관리법'으로 다시 태어나게 되었다.

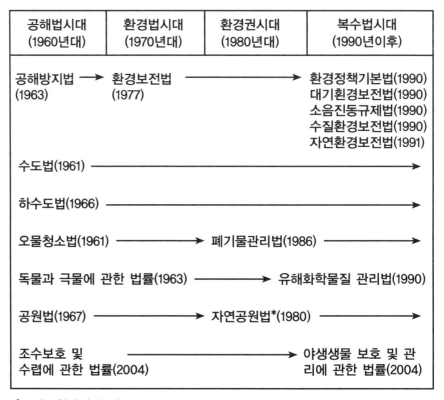

공해법시대 (1960년대)	환경법시대 (1970년대)	환경권시대 (1980년대)	복수법시대 (1990년이후)
공해방지법 (1963) →	환경보전법 (1977) ──────────		→ 환경정책기본법(1990) 대기환경보전법(1990) 소음진동규제법(1990) 수질환경보전법(1990) 자연환경보전법(1991)
수도법(1961) ──			→
하수도법(1966) ──			→
오물청소법(1961) ──────────→	폐기물관리법(1986) ────────		→
독물과 극물에 관한 법률(1963) ──────→		유해화학물질 관리법(1990)	
공원법(1967) ──────────→	자연공원법*(1980) ────────		→
조수보호 및 수렵에 관한 법률(2004) ──────────────────→			야생생물 보호 및 관 리에 관한 법률(2004)

【그림 7-2】
우리나라 환경법 변천
과정

*도시공원법과 분리

복수법 시대의 시작은 1991년에 발생한 낙동강 페놀 사건과 1992년 리우 유엔환경정상회의가 힘을 더하면서 다양한 환경법을 만들고 정책을 시행하게 되었다. 1991년 '환경범죄 등의 단속 및 가중처벌에 관한 법률', '환경개선비용 부담법' 등이 제정되었고 이어 '자원의 절약과 재활용 촉진에 관한 법률(1992)', '폐기물 국가 간 이동 및 그 처리에 관한 법률(1992)', '환경영향평가법(1993)', '환경개선특별회계법(1994)', '환경기술개발 및 지원에 관한 법률(1994)', '토양환경보전법(1995)', '폐기물 처리시설 설치촉진 및 주변지역 지원에 관한 법률(1995)', '먹는 물 관리법(1995)' 등 현재 적용되고 있는 수많은 환경법들이 1990년대에 만들어지게 되었다. 1999년에는 당시 산림청 소관으로 있었던 '조수 보호 및 수렵에 관한 법률'이 환경부로 이관하게 되었다.

환경범죄 등의 단속 및
가중처벌에 관한 법률
환경영향평가법
토양환경보전법
먹는 물 관리법

7.2. 헌법과 환경법 체계

우리나라 모든 환경법은 헌법 제35조 1항, '모든 국민은 건강하고 쾌적한 환경에서 생활할 권리를 가지며, 국가와 국민은 환경보전을 위하여 노력하여야 한다'라고 명시된 환경권과 환경보전 의무로부터 시작된다. 앞서 설명하였듯이 이것은 국가가 모든 국민들에게 환경권을 보장하지 못할 경우 국가에 대해 청원권을 가질 수 있고 행정소송이나 배상청구도 가능하다는 것을 의미한다. 또한 환경권을 침해당했을 때 개인이나 법인에 대해 민사소송을 통한 손해배상 청구할 수 있으며, 정부에 환경피해분쟁 조정을 요구할 수도 있음을 알려주고 있다.

헌법
환경권
청원권
행정소송
배상청구

헌법 제35조 1항이 법적 권리와 의무 조항인 반면, '환경권의 내용과 행사에 관하여는 법률로 정한다'라고 명시한 제2항은 하위법 제정을 요구하는 입법 규정이다. 하위법 입법 규정은 다양한 환경법 제정을 보장한다. 제3항은 '국가는 주택개발정책을 등을 통하여 모든 국민이 쾌적한 주거생활을 할 수 있도록 노력하여야 한다'라고 명시하고 있다. 이것은 생활환경 관련 환경권에 대한 보충으로 해석할 수 있다. 제3항은 현재 국토부의 주택정책으로 시행되고 있다.

모든 환경법은 헌법 제35조 제1항과 제2항에 의거하여 제정되며, 이를 총괄하는 환경 헌법적 성격의 환경정책기본법의 하위 법에 해당한다. 따라서 모든 환경법은 상위 법에 해당하는 환경정책기본법과 상충되어서는 안 된다. 하위 법은 환경 영역에 따라 자연환경, 수환경, 상하수도, 토양지하수, 기후대기, 생활환경, 환경보건, 자원순환, 환경경제 등으로 나누어진다.

헌법 제35조
1항: 환경권
2항: 하위법 제정
3항: 주택정책

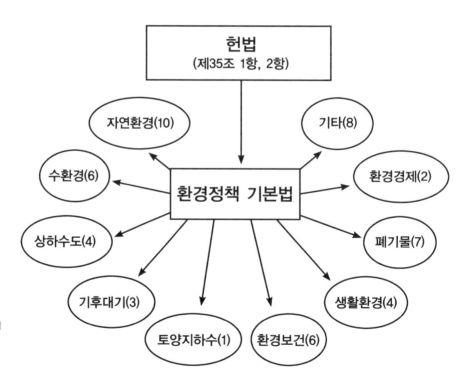

【그림 7-3】
우리나라 환경법 체계
※괄호 안 숫자는 제정 법률의 수를 뜻함.

7.3. 환경법 입법 취지

환경법을 총괄하는 환경정책기본법(1990)은 '환경보전에 관한 국민의 권리·의무와 국가의 책무를 명확히 하고 환경정책의 기본 사항을 정하여 환경오염과 환경훼손을 예방하고 환경을 적정하고 지속가능하게 관리·보전함으로써 모든 국민이 건강하고 쾌적한 삶을 누릴 수 있도록 함을 목적'으로 한다.

하위 법의 입법 취지를 살펴보면 다음과 같다.

(1) 자연환경

① 자연환경보전법(1991)

이 법은 자연환경을 인위적 훼손으로부터 보호하고, 생태계와 자연경관을 보전하는 등 자연환경을 체계적으로 보전·관리함으로써 자연환경의 지속가능한 이용을 도모하고, 국민이 쾌적한 자연환경에서 여유있고 건강한 생활을 할 수 있도록 함을 목적으로 한다.

자연환경 보전 및 관리

② 환경영향평가법(1993)

이 법은 환경에 영향을 미치는 계획 또는 사업을 수립·시행할 때에 해당 계획과 사업이 환경에 미치는 영향을 미리 예측·평가하고 환경보전방안 등을 마련하도록 하여 친환경적이고 지속가능한 발전과 건강하고 쾌적한 국민생활을 도모함을 목적으로 한다.

환경영향 예측평가 및 보전방안

③ 자연공원법(1980)

이 법은 자연공원의 지정·보전 및 관리에 관한 사항을 규정함으로써 자연생태계와 자연 및 문화경관 등을 보전하고 지속가능한 이용을 도모함을 목적으로 한다.

자연공원 지정보전 및 관리

④ 독도 등 도서지역의 생태계 보전에 관한 특별법(1997)

이 법은 특정도서의 다양한 자연생태계, 지형 또는 지질 등을 비롯한 자연환경의 보전에 관한 기본적인 사항을 정함으로써 현재와 미래의 국민 모두가

특정도서 자연환경보전

깨끗한 자연환경 속에서 건강하고 쾌적한 생활을 할 수 있도록 함을 목적으로 한다.

⑤ 습지보전법(1999)

이 법은 습지의 효율적 보전·관리에 필요한 사항을 정하여 습지와 습지의 생물다양성을 보전하고, 습지에 관한 국제협약의 취지를 반영함으로써 국제 협력의 증진에 이바지함을 목적으로 한다.

⑥ 백두대간 보호에 관한 법률(2003)

이 법은 백두대간의 보호에 필요한 사항을 규정하여 무분별한 개발행위 로 인한 훼손을 방지함으로써 국토를 건전하게 보전하고 쾌적한 자연환경을 조성함을 목적으로 한다.

⑦ 야생생물 보호 및 관리에 관한 법률(2004)

이 법은 야생생물과 그 서식환경을 체계적으로 보호·관리함으로써 야생 생물의 멸종을 예방하고, 생물의 다양성을 증진시켜 생태계의 균형을 유지함 과 아울러 사람과 야생생물이 공존하는 건전한 자연환경을 확보함을 목적으로 한다.

⑧ 남극활동 및 환경보호에 관한 법률(2004)

이 법은 우리나라가 남극조약 및 환경보호에 관한 남극조약 의정서의 시 행 등 남극관련 국제협력체제에 적극적으로 참여하기 위하여 남극활동에 필 요한 사항을 정함으로써 남극환경의 보호와 남극관련 과학기술의 발전에 기 여함을 목적으로 한다.

⑨ 문화유산과 자연환경자산에 관한 국민신탁법(2006)

이 법은 문화유산 및 자연환경자산에 대한 민간의 자발적인 보전·관리 활 동을 촉진하기 위하여 문화유산국민신탁 및 자연환경국민신탁의 설립 및 운 영 등에 관한 사항과 이에 대한 국가 및 지방자치단체의 지원에 관한 사항을 규정함을 목적으로 한다.

습지 효율적 보전관리

백두대간 훼손방지

야생생물 멸종방지 및 다양성 증진

남극환경보호 및 국제협력 참여

문화유산 및 자연 환경자산 보전관리

⑩ 생물다양성 보전 및 이용에 관한 법률(2012)

이 법은 생물다양성의 종합적·체계적인 보전과 생물자원의 지속가능한 이용을 도모하고 「생물다양성협약」의 이행에 관한 사항을 정함으로써 국민생활을 향상시키고 국제협력을 증진함을 목적으로 한다.

생물다양성 협약 이행

(2) 물환경

① 수질 및 수생태계 보전에 관한 법률(1990)

이 법은 수질오염으로 인한 국민건강 및 환경상의 위해를 예방하고 하천·호소 등 공공수역의 수질 및 수생태계를 적정하게 관리·보전함으로써 국민이 그 혜택을 널리 향유할 수 있도록 함과 동시에 미래의 세대에게 물려줄 수 있도록 함을 목적으로 한다.

공공수역의 수질 및 수생태계 보전

② 한강수계 상수원 수질개선 및 주민지원 등에 관한 법률(1999)

이 법은 한강수계 상수원을 적절하게 관리하고 상수원 상류지역의 수질개선 및 주민지원 사업을 효율적으로 추진하여 상수원의 수질을 개선함을 목적으로 한다.

한강수계 상수원 수질개선

③ 낙동강수계 물관리 및 주민지원 등에 관한 법률(2002)

이 법은 낙동강수계의 수자원과 오염원을 적절하게 관리하고 상수원 상류지역의 수질 개선과 주민지원 사업을 효율적으로 추진하여 낙동강수계의 수질을 개선함을 목적으로 한다.

낙동강수계 수질개선

④ 금강수계 물관리 및 주민지원 등에 관한 법률(2002)

이 법은 금강수계 상수원 상류지역의 수질 개선과 주민지원 사업을 효율적으로 추진하고, 금강·만경강 및 동진강 수계의 수자원과 오염원을 적절하게 관리하여 금강수계의 수질을 개선함을 목적으로 한다.

금강수계 수질개선

⑤ 영산강·섬진강수계 물관리 및 주민지원 등에 관한 법률(2002)

이 법은 영산강·섬진강 및 탐진강 수계의 상수원 상류지역의 수질 개선과

영산강 섬진강 수계 수질개선

주민지원사업을 효율적으로 추진하고 수자원과 오염원을 적절하게 관리하여 해당 수계의 수질을 개선하는 것을 목적으로 한다.

⑥ 가축분뇨의 관리 및 이용에 관한 법률(2006)

가축분뇨 자원화
및 이용

이 법은 가축분뇨를 자원화하거나 적정하게 처리하여 환경오염을 방지함으로써 환경과 조화되는 지속가능한 축산업의 발전 및 국민건강의 향상에 이바지함을 목적으로 한다.

(3) 상하수도

① 수도법(1961)

수도 설치관리 및
생활환경 개선

이 법은 수도에 관한 종합적인 계획을 수립하고 수도를 적정하고 합리적으로 설치·관리하여 공중위생을 향상시키고 생활환경을 개선하게 하는 것을 목적으로 한다.

② 먹는 물 관리법(1995)

먹는물 관리 및
국민건강 증진

이 법은 먹는물의 수질과 위생을 합리적으로 관리하여 국민건강을 증진하는 데 이바지하는 것을 목적으로 한다.

③ 하수도법(1966)

하수도 설치관리 및
공공수역 수질개선

이 법은 하수도의 설치 및 관리의 기준 등을 정함으로써 하수와 분뇨를 적정하게 처리하여 지역사회의 건전한 발전과 공중위생의 향상에 기여하고 공공수역의 수질을 보전함을 목적으로 한다.

④ 물의 재이용 촉진 및 지원에 관한 법률(2010)

물의 재이용 촉진

이 법은 물의 재이용을 촉진하여 물 자원을 효율적으로 활용하고 수질에 미치는 해로운 영향을 줄임으로써 물 자원의 지속가능한 이용을 도모하고 국민의 삶의 질을 높이는 것을 목적으로 한다.

(4) 기후대기

① 저탄소 녹색성장 기본법(2013)

이 법은 경제와 환경의 조화로운 발전을 위하여 저탄소 녹색성장에 필요한 기반을 조성하고 녹색기술과 녹색산업을 새로운 성장동력으로 활용함으로써 국민경제의 발전을 도모하며 저탄소 사회 구현을 통하여 국민의 삶의 질을 높이고 국제사회에서 책임을 다하는 성숙한 선진 일류국가로 도약하는 데 이바지함을 목적으로 한다.

저탄소 녹색성장 기반 조성

② 온실가스 배출권의 할당 및 거래에 관한 법률(2013)

이 법은 「저탄소 녹색성장 기본법」 제46조에 따라 온실가스 배출권을 거래하는 제도를 도입함으로써 시장기능을 활용하여 효과적으로 국가의 온실가스 감축목표를 달성하는 것을 목적으로 한다.

온실가스 배출권 거래제도 도입

③ 대기환경보전법(1995)

이 법은 대기오염으로 인한 국민건강이나 환경에 관한 위해를 예방하고 대기환경을 적정하고 지속가능하게 관리·보전하여 모든 국민이 건강하고 쾌적한 환경에서 생활할 수 있게 하는 것을 목적으로 한다.

대기환경 적정관리보전

④ 수도권 대기환경 개선에 관한 특별법(2003)

이 법은 대기오염이 심각한 수도권지역의 대기환경을 개선하기 위하여 종합적인 시책을 추진하고, 대기오염원을 체계적으로 관리함으로써 지역주민의 건강을 보호하고 쾌적한 생활환경을 조성함을 목적으로 한다.

수도권 대기환경 개선

(5) 토양지하수

① 토양환경보전법(1995)

이 법은 토양오염으로 인한 국민건강 및 환경상의 위해를 예방하고, 오염된 토양을 정화하는 등 토양을 적정하게 관리·보전함으로써 토양생태계를

토양오염정화 및 적정 관리보전

보전하고, 자원으로서의 토양가치를 높이며, 모든 국민이 건강하고 쾌적한 삶을 누릴 수 있게 함을 목적으로 한다.

② 지하수법(1993)

지하수 개발이용 및 보전관리

이 법은 지하수의 적절한 개발·이용과 효율적인 보전·관리에 관한 사항을 정함으로써 적정한 지하수개발·이용을 도모하고 지하수오염을 예방하여 공공의 복리증진과 국민경제의 발전에 이바지함을 목적으로 한다.

(6) 폐기물

① 폐기물관리법(1986)

폐기물 발생 억제 및 친환경 처리

이 법은 폐기물의 발생을 최대한 억제하고 발생한 폐기물을 친환경적으로 처리함으로써 환경보전과 국민생활의 질적 향상에 이바지하는 것을 목적으로 한다.

② 자원의 절약과 재활용 촉진에 관한 법률(1992)

폐기물 재활용 촉진 및 자원순환

이 법은 폐기물의 발생을 억제하고 재활용을 촉진하는 등 자원을 순환적으로 이용하도록 함으로써 환경의 보전과 국민경제의 건전한 발전에 이바지함을 목적으로 한다.

③ 폐기물의 국가 간 이동 및 그 처리에 관한 법률(1992)

바젤협약 국내 수용 및 국제협력 증진

이 법은 「유해폐기물의 국가 간 이동 및 그 처리의 통제에 관한 바젤협약」 및 같은 협약에 따른 양자간·다자간 또는 지역적 협정을 시행하기 위하여 폐기물의 수출·수입 및 국내 경유를 규제함으로써 폐기물의 국가 간 이동으로 인한 환경오염을 방지하고 국제협력을 증진함을 목적으로 한다.

④ 폐기물처리시설 설치촉진 및 주변지역지원 등에 관한 법률(1995)

폐기물처리시설로 인한 님비현상 해소

이 법은 폐기물처리시설의 부지 확보 촉진과 그 주변지역 주민에 대한 지원을 통하여 폐기물처리시설의 설치를 원활히 하고 주변지역 주민의 복지를 증진함으로써 환경보전과 국민 생활의 질적 향상에 이바지함을 목적으로 한다.

⑤ 건설폐기물의 재활용촉진에 관한 법률(2003)

이 법은 건설공사 등에서 나온 건설폐기물을 친환경적으로 적절하게 처리하고 그 재활용을 촉진하여 국가 자원을 효율적으로 이용하며, 국민경제 발전과 공공복리 증진에 이바지함을 목적으로 한다.

건설폐기물 친환경적 처리 및 재활용 촉진

⑥ 수도권 매립지관리공사의 설립 및 운영 등에 관한 법률(2000)

이 법은 수도권매립지관리공사의 설립 및 운영 등에 관한 사항을 규정하여 수도권매립지를 효율적으로 관리함으로써 수도권에서 배출되는 폐기물의 적절한 처리와 자원화를 촉진하고, 수도권매립지 주변지역 주민을 위하여 쾌적한 생활환경을 조성하는 데에 이바지함을 목적으로 한다.

수도권매립지 효율적 관리

⑦ 전기·전자제품 및 자동차의 자원순환에 관한 법률(2007)

이 법은 전기·전자제품 및 자동차의 재활용을 촉진하기 위하여 유해물질의 사용을 억제하고 재활용이 쉽도록 제조하며 그 폐기물을 적정하게 재활용하도록 하여 자원을 효율적으로 이용하는 자원순환체계를 구축함으로써 환경의 보전과 국민경제의 건전한 발전에 이바지함을 목적으로 한다.

전기전자제품 및 자동차 재활용 촉진

(7) 생활환경

① 소음진동관리법(1990)

이 법은 공장·건설공사장·도로·철도 등으로부터 발생하는 소음·진동으로 인한 피해를 방지하고 소음·진동을 적정하게 관리하여 모든 국민이 조용하고 평온한 환경에서 생활할 수 있게 함을 목적으로 한다.

소음진동관리를 통한 쾌적한 환경 조성

② 다중이용시설 등의 실내공기질 관리법(1996)

이 법은 다중이용시설, 신축되는 공동주택 및 대중교통차량의 실내공기질을 알맞게 유지하고 관리함으로써 그 시설을 이용하는 국민의 건강을 보호하고 환경상의 위해를 예방함을 목적으로 한다.

다중이용시설·공동주택·대중교통 실내공기관리

③ 악취방지법(2004)

이 법은 사업활동 등으로 인하여 발생하는 악취를 방지함으로써 국민이 건강하고 쾌적한 환경에서 생활할 수 있게 함을 목적으로 한다.

악취방지로 건강하고 쾌적한 환경조성

④ 인공조명에 의한 빛 공해 방지법(2012)

이 법은 인공조명으로부터 발생하는 과도한 빛 방사 등으로 인한 국민 건강 또는 환경에 대한 위해를 방지하고 인공조명을 환경친화적으로 관리하여 모든 국민이 건강하고 쾌적한 환경에서 생활할 수 있게 함을 목적으로 한다.

인공조명관리로 건강하고 쾌적한 환경조성

(8) 환경보건

① 환경보건법(2008)

이 법은 환경오염과 유해화학물질 등이 국민건강 및 생태계에 미치는 영향 및 피해를 조사·규명 및 감시하여 국민건강에 대한 위협을 예방하고, 이를 줄이기 위한 대책을 마련함으로써 국민건강과 생태계의 건전성을 보호·유지할 수 있도록 함을 목적으로 한다.

환경오염으로부터 국민건강 보호

② 유해화학물질관리법(1990)

이 법은 화학물질로 인한 국민건강 및 환경상의 위해를 예방하고 화학물질을 적절하게 관리하는 한편, 화학물질로 인하여 발생하는 사고에 신속히 대응함으로써 화학물질로부터 모든 국민의 생명과 재산 또는 환경을 보호하는 것을 목적으로 한다.

화학물질로부터 국민건강 및 환경상 위해 예방

③ 잔류성 유기오염물질 관리법(2007)

이 법은 「잔류성유기오염물질에 관한 스톡홀름협약」의 시행을 위하여 동 협약에서 규정하는 다이옥신 등 잔류성유기오염물질의 관리에 필요한 사항을 규정함으로써 잔류성유기오염물질의 위해로부터 국민의 건강과 환경을 보호하고 국제협력을 증진함을 목적으로 한다.

잔류성유기오염물질 관리 국제협력 증진

④ 석면피해구제법(2010)

이 법은 석면으로 인한 건강피해자 및 유족에게 급여를 지급하기 위한 조치를 강구함으로써 석면으로 인한 건강피해를 신속하고 공정하게 구제하는 것을 목적으로 한다.

석면으로 인한 건강피해 구제

⑤ 석면안전관리법(2011)

이 법은 석면을 안전하게 관리함으로써 석면으로 인한 국민의 건강 피해를 예방하고 국민이 건강하고 쾌적한 환경에서 생활할 수 있도록 하는 것을 목적으로 한다.

석면안전관리를 통한 국민건강피해 예방

⑥ 화학물질의 등록 및 평가 등에 관한 법률(2013)

이 법은 화학물질의 등록, 화학물질 및 유해화학물질 함유제품의 유해성·위해성에 관한 심사·평가, 유해화학물질 지정에 관한 사항을 규정하고, 화학물질에 대한 정보를 생산·활용하도록 함으로써 국민건강 및 환경을 보호하는 것을 목적으로 한다.

화학물질안전관리를 통한 국민건강 및 환경 보호

(9) 환경경제

① 환경기술 및 환경산업 지원법(1994)

이 법은 환경기술의 개발·지원 및 보급을 촉진하고 환경산업을 육성함으로써 환경보전, 녹색성장 촉진 및 국민경제의 지속가능한 발전에 이바지함을 목적으로 한다.

환경기술개발 및 환경산업육성

② 녹색제품 구매촉진에 관한 법률(2004)

이 법은 녹색제품 구매를 촉진함으로써 자원의 낭비와 환경오염을 방지하고 국민경제의 지속가능한 발전에 이바지함을 목적으로 한다.

녹색제품 구매촉진으로 자원낭비 및 환경오염 방지

(10) 기타

① 환경분쟁조정법(1990)

환경분쟁조정 및
피해구제

이 법은 환경분쟁의 알선·조정 및 재정의 절차 등을 규정함으로써 환경분쟁을 신속·공정하고 효율적으로 해결하여 환경을 보전하고 국민의 건강과 재산상의 피해를 구제함을 목적으로 한다.

② 환경범죄 등의 단속 및 가중처벌에 관한 법률(1991)

생활환경 및 자연환경
범죄 단속 예방

이 법은 생활환경 또는 자연환경 등에 위해를 끼치는 환경오염 또는 환경훼손 행위에 대한 가중처벌 및 단속·예방 등에 관한 사항을 정함으로써 환경보전에 이바지하는 것을 목적으로 한다.

③ 환경개선비용부담법(1991)

오염원인자 부담금으로 환경개선재원 조달

이 법은 환경오염의 원인자로 하여금 환경개선에 필요한 비용을 부담하게 하여 환경개선을 위한 투자재원을 합리적으로 조달함으로써 국가의 지속적인 발전의 기반이 되는 쾌적한 환경을 조성하는 데 이바지하는 것을 목적으로 한다.

④ 환경 분야 시험 검사 등에 관한 법률(2006)

환경 검사 관리 기술 기준 및 운영체계 합리화

이 법은 환경분야의 시험·검사 및 환경의 관리와 관련된 기술기준과 운영체계 등을 합리화함으로써 환경관리를 효율화하고 시험·검사 관련 기술개발을 촉진하며 나아가 국민보건의 향상과 환경의 보전에 이바지함을 목적으로 한다.

⑤ 지속가능발전 기본법(2007)

지속가능발전을 위한 국제사회 동참

이 법은 지속가능발전을 이룩하고, 지속가능발전을 위한 국제사회의 노력에 동참하여 현재 세대와 미래 세대가 보다 나은 삶의 질을 누릴 수 있도록 함을 목적으로 한다.

⑥ 환경교육진흥법(2008)

이 법은 환경교육의 진흥에 필요한 사항을 정하여 환경교육을 활성화하고, 인간과 자연의 조화를 이룸으로써 국가와 지역사회의 지속가능한 발전에 기여함을 목적으로 한다.

환경교육활성을 통한 지속가능발전 추구

⑦ 한국환경공단법(2009)

이 법은 한국환경공단을 설립하여 환경오염방지·환경개선·자원순환촉진 및 기후변화대응을 위한 온실가스 관련 사업을 효율적으로 추진함으로써 환경친화적 국가발전에 이바지함을 목적으로 한다.

한국환경공단 설립 및 운영

⑧ 국립생태원의 설립 운영에 관한 법률(2013)

이 법은 국립생태원을 설립하고 그 운영 등에 관한 사항을 규정함으로써 생태와 생태계에 관한 조사·연구·전시 및 대국민 교육 등을 체계적으로 수행하여 환경을 보전하고 올바른 환경의식을 함양함을 목적으로 한다.

국립생태원 설립 및 운영

7.4. 환경 관련법

환경은 물, 대기, 토양, 바다 등 국토 공간 전부와 국민의 생활환경을 모두 포함하기 때문에 앞서 설명한 환경부 소관 환경법 외에도 타 부처 소관의 많은 법이 환경에 관련되어 있다. 특히, 국토교통부, 해양수산부, 농축산식품부, 산림청 등은 많은 업무가 환경에 관련되어있다. 현재 다음 표에 있는 70여개 법률이 타 부처 소관 법률 중 환경에 관련된 사항이 포함되어있다.

국토교통부
해양수산부
농축산식품부
산림청

〈표 7-1〉 타부처 소관 환경관련법

분야		법률명
국토 이용 및 보전	국토계획	국토기본법 국토의 계획 및 이용에 관한 법률
	토지이용	수도권정비계획법, 산업집적활성화 및 공장설립에 관한 법률, 산업입지 및 개발에 관한 법률, 택지개발촉진법, 농지법, 개발제한구역의 지정 및 관리에 관한 특별조치법, 지역균형개발 및 지방중소기업육성에 관한 법률, 동서남해안권 발전 특별법, 신발전지역 육성을 위한 투자촉진 특별법
	영향평가	제주국제자유도시특별법, 폐광지역개발 지원에 관한 특별법
자연 환경 보전 및 이용	산 림	산림법, 사방사업법
	농·축산	농약관리법, 비료관리법, 식물방역법, 초지법
	관광, 문화재	문화재보호법, 관광진흥법, 체육시설의 설치 및 이용에 관한 법률
	광 산	광업법, 광산보안법, 폐광지역개발지원에 관한 특별법
	기 타	접경지역지원법, 해양생태계의 보전 및 관리에 관한 법률, 무인도서의 보전 및 관리에 관한 법률
대기·에너지		에너지이용합리화법, 집단에너지사업법, 대체에너지개발촉진법, 석유사업법, 중기관리법, 오존층보호를 위한 특정물질 제조·규제 등에 관한 법률, 고압가스안전관리법
수자원		하천법, 공유수면매립법, 공유수면관리법, 골재채취법, 소하천정비법, 내수면어업법, 댐건설 및 주변지역지원에 관한 법률, 지하수법, 온천법, 해양심층수의 개발 및 관리에 관한 법률
소음		항공법, 도로교통법, 학교보건법, 집회 및 시위에 관한 법률
기 타		유전자변형생물체의 국가간 이동에 관한 법률, 기업활동 규제완화에 관한 특별조치법, 과학기술기본법, 외국인투자촉진법, 산업안전보건법, 해양환경관리법, 건설기술관리법, 장사 등에 관한 법률, 건설산업기본법

내용정리

1. 우리나라 환경법의 변천사를 공해법 시대, 환경법 시대, 환경권 시대, 복수법 시대로 나누어서 설명해보자.
2. 1963년에 제정된 공해방지법과 1977년에 제정된 환경보전법의 차이를 설명해보자.
3. 헌법의 환경권 조항이 갖는 의미를 설명해보자.
4. 우리나라 환경법 체계를 설명해보자.
5. 현재 시행 중인 환경법 중에서 1960년대에도 있었던 법을 열거해보자.
6. 현재 시행 중인 환경법 중에서 국제협약을 수용하기 위해 제정된 법을 열거해보자.
7. 현재 시행 중인 환경법 중에서 산하 기관 설립과 운영을 위해 제정된 법을 열거해보자.
8. 현재 시행 중인 환경법 중에서 두 개 이상 부처가 관련하고 있는 법을 열거해보자.

읽어보기

〈미국의 환경법〉

　　전 세계적으로 환경법과 정책에 가장 큰 영향을 미치는 나라는 미국이다. 우리나라 역시 미국의 영향을 가장 많이 받았다. 환경정책기본법, 환경영향평가제도, 수질오염총량제, 배출권 거래제 등이 대표적 사례다. 미국은 연방 환경법과 주의 환경법이 별도로 존재하지만 주 법은 연방 법의 하위법으로 상위법을 넘을 수 없다. 일례로 주법에서 정한 환경기준치는 연방법에서 주어진 기준치를 초과할 수 없다. 여기서 우리나라뿐만 아니라 전 세계적으로 영향을 미친 미국의 주요 환경법을 살펴보자.

(1) 국가환경정책법(NEPA: The National Environmental Policy Act, 1969)

1969년에 제정되어 1970년에 시행되면서 미국 연방 독립환경행정기구 환경보호청(EPA: Environmental Protection Agency)이 설립되었다. 오염규제와 피해구제 목적의 공해법에서 적극적인 환경관리를 포함하는 환경법으로의 전환을 보여주는 대표적이 사례로 전 세계적인 파급 효과를 가져왔다. 환경영향평가(EIA: Environmental Impact Assessment) 제도를 세계 최초로 도입한 법이다.

(2) 청정대기법(The Clean Air Act, 1970)

연방정부 차원에서 대기관리를 위해 1955년 '대기오염제어법(The Air Pollution Control Act)'이 제정되었으나 당시 자동차 배출가스 대기오염방지 목적이었다. 1948년에 발생한 도노라 사건의 영향으로 1963년에 '청정대기법(The Clean Air Act)'이 제정되었고 1967년에 대기질기준치(Air Quality Standard)를 도입한 '대기법(The Air Quality Act)'으로 변경되었다가 미국연방환경보호호청(EPA) 설립과 함께 1970년 다시 '청정대기법(The Clean Air Act)'으로 명칭 변경되었다. 배출권 거래제를 이때 처음 도입하였으며 국가 대기기준(NAAQS: National Ambient Air Quality Standards)을 제시하고 있다. 현재 미국 대기관리 중심 법 역할을 하고 있다.

【그림 7-4】
Clean Air Act 제정에 사인하는 존슨 대통령 (좌, 1963년 12월 17일) 과 개정에 사인하는 닉슨 대통령(1970년, 12월 31일)

(3) 청정수질법(The Clean Water Act, 1979)

연방정부 차원에서 수질관리를 위해 1899년 '강과 항구에 관한 법률(The Rivers and Harbors Act)'이 제정되었으나 당시 쓰레기 투기 금지가 목적이었다. 1948년에 '연방수질오염규제법(The Federal Water Pollution Control Act)'이 제정되었으나 규제가 약해 큰 역할을 하지 못하였다. 1965년 연방수질오염방지청(Federal Water Pollution Control Adminstration) 설립을 포함한 '수질법(The Water Quality Act)'이 제정되었지만 연방환경보호청(EPA) 설립으로 연방수질오염방지청이 흡수되고 1970년 '수질개선법(The Water Quality Improvement Act)'으로 개정되었다. 1969년에 발생한 쿠야호가 강 사건으로 유해폐기물(Hazardous Waste), 유류(Oil) 규제 등이 포함되고 연방정부가 주정부에 처리자금 지원이 1970년부터 시작되었다. 1972년에 연방정부 차원에서 배출기준치(Effluent Standards)를 제시하는 '수질오염제어법(The Water Pollution Control Act)'로 변경되었다가 다시 1979년에 지금의 청정수질법(The Clean Water Act)이 되었다. 이 법이 제시하는 국가오염배출저감시스템(NPDES: National Pollution Discharge Elimination System)이 현재 미국의 수질관리 중심 역할을 하고 있다.

(4) 멸종위기종 보호법(The Endangered Species Act, 1973)

1973년 멸종위기종 보호를 위해 제정되어 전 세계적인 영향을 미친 법이다. 주요 내용은 멸종위기종 목록 작성, 멸종 방지 및 복원 대책 등이다. 인류 역사 최초로 인간 이외의 생물종을 위한 법이었다는 점에서 큰 의미를 부여하고 있다.

(5) 안전음용수법(The Safe Drinking Water Act, 1974)

EPA가 미국 전역에 있는 약 160,000개의 정수장의 수질기준을 제공하기 위하여 1974년에 제정한 법이다. 국가 음용수관리기준(NPDWRs: National Primary Drinking Water Regulations)을 제시하는 것이 이 법의 주요 내용이며 지금까지 1986년, 1996년, 2005년 등 여러 차례에 걸쳐 개정되어 왔다. 이 법은 개인 우물이나 병수(Bottled Water)에는 적용되지 않는다. 미국 병수는 수돗물로도 제조가 가능하다는 점에서 우리의 먹는 샘물과 차이가 있으며 식품의약품안전처(FDA: Food and Drug Administration)가 연방식품의약품화장품법(the Federal Food, Drug, and Cosmetic Act)으로 관리하고 있다.

(6) 자원 보전 및 회수법(RCRA: The Resource Conservation and Recovery Act, 1976)

EPA가 계속 증가하는 고형폐기물(Solid Waste)과 유해폐기물(Hazardous Waste)을 관리하기 위하여 고형폐기물처리법(Solid Waste Disposal Act, 1965년 제정)을 1976년 개정하여 만든 법이다. 주요 내용과 입법 취지는 폐기물로 인한 인체 건강과 자연 환경 보호, 폐기물 발생 감축 및 재활용, 친환경적 폐기물 관리, 에너지와 자연자원 보전, 유해폐기물의 발생에서 처분(From Cradle to Grave)까지 기준 제공 등이다.

(7) 유해화학물질관리법(TOSCA: The Toxic Substance Control Act)

EPA가 화학물질로부터 인체 건강과 환경을 보호하기 위해 1976년에 제정한 법이다. 법 명칭은 독성(Toxic)으로 되어있지만 관리하는 물질은 무독성(Non-Toxic) 물질까지 포함한다. 주요 내용과 입법 취지는 새로운 화학물질을 평가·관리하고, 인체 건강과 환경에 위험성이 있는 기존의 화학물질을 관리하며, 이러한 화학물질의 유통과 사용을 규제하는 것이다.

(8) 종합환경대응책임법(CERCLA: The Comprehensive Environmental Response, Comprehension and Liability Act)

러브커넬 사건을 계기로 EPA가 1980년 유해폐기물 방치 지역, 오염 사고 지역 등을 정화하기 위해 제정한 법이다. 연방정부가 긴급 재정지원을 하고 후에 원인자에게 회수하는 내용을 담고 있기 때문에 일명 초기금법(The Superfund Act)로 불리기도 한다. EPA는 이 법에 따라 주정부 환경당국과 협조하면서 미국 50개 주와 기타 영토에 대해 유해물질 오염 지역을 찾고 모니터링하고 관리하는 활동을 하고 있다.

(9) 위기대처계획 및 지역주민의 알 권리에 관한 법(The Emergency Planning and Community Right-to-Know Act, 1986)

1984년에 발생한 인도 보팔 사건을 계기로 1986년 미국이 제정한 법이다. 지역주민을 유해물질 사고로부터 보호하는 것을 목적으로 하고 있으며, 주요 내용은 유해화학물질을 일정량 이상 취급하고 있는 기업은 주정부와 지역의 관할 당국에 의무적으로 보고해야 하고, 관할 당국은 이 정보를 기초로 위기대처계획을 세우며, 관할 당국에 제공된 정보는 지역주민에게 공개해야 한다는 것 등이다.

제8장 환경법 사례: 환경정책기본법

우리나라 환경 헌법에 해당하는 환경정책기본법을 공부한다. 제정 배경, 구성, 주요 내용 등을 법 원문과 함께 살펴본다. 환경정책기본법을 통하여 환경권 구현, 개별 환경법 체계, 환경정책 수단과 원칙, 환경행정 등을 이해한다.

8.1. 입법 개요 및 구성

우리나라 환경법을 총괄하는 환경정책기본법은 1990년 8월 1일 제정 공포되었으며 1991년 2월 1일부터 시행되었다. 1963년에 제정된 공해방지법이 1977년 환경보전법으로 대체되고 다시 복수법화 되는 과정에서 이 법이 제정되었다. 입법 취지는 국가 환경정책 기본 방향을 제시하고, 헌법에 명시된 국민의 환경권 구현을 구체화하며, 하위 개별법 간의 관계를 체계화하는 것이다.

우리나라 환경정책기본법은 미국 국가환경정책법(NEPA: National Environmental Policy Act, 1970)이나 일본 환경기본법과 매우 유사하다. 복수 환경법을 채택하는 대부분의 선진국은 이와 유사한 형태의 법을 가지고 있다. 또한 타 분야 정책에서도 환경정책기본법과 유사한 형태의 하위 법 총괄

환경정책기본법
국가환경정책 방향
환경권
하위법 체계화

미국 국가환경정책법
일본 환경기본법
농업기본법
중소기업기본법
과학기술진흥법

기본법이 있다. 예를 들어 농업기본법, 중소기업기본법, 과학기술진흥법 등이 정책의 기본방향을 제시하는 역할을 한다.

법의 구성은 5장 61조와 부칙으로 이루어져 있으며, 제정이후 지금까지 계속해서 일부 조항이 삭제되거나 개정되어 오고 있다. 전체적인 구성은 아래와 같다.

환경보전계획
환경기준
자연환경보전
환경영향평가
환경분쟁조정
환경피해구제
환경특별회계
환경정책위원회

제1장 총칙(1-11조): 제정 목적, 용어 정의, 국가 국민의 책무 등

제2장 환경보전계획의 수립 등(12-53조)

　제1절: 환경기준(설정 및 유지, 12-13조)

　제2절: 기본적 시책(국가환경종합계획 수립 등, 14-39조)

　제3절: 자연환경보전 및 환경영향평가(40-41조)

　제4절: 분쟁조정 및 피해구제(42-44조)

　제5절: 환경특별회계의 설치(45-53조)

제3장: 법제상 및 재정상의 조치(54-57조)

제4장: 환경정책위원회(58-59조)

제5장: 보칙(60-61조): 지자체에 권한 위임 및 위탁

부칙: 법 개정 사항 등

8.2. 주요 내용

(1) 제1장 총칙

오염원인자책임원칙
사전예방원칙

입법 취지, 기본이념, 용어 정의, 국민의 권리와 의무, 국가와 지방자치단체 그리고 사업자의 책무 등이 명시되어 있다. 또한 오염원인자 책임원칙, 사전예방원칙 등과 같은 우리나라 환경정책의 기본 원칙과 함께 환경과 경제의

통합적 고려, 자원 절약 및 순환적 사용 등을 기술하고 있다. 총칙 마지막에는 국민을 대변하는 국회에 매년 우리나라 환경현황, 국내외 환경동향, 환경보전시책 추진상황 등으로 보고해야함을 의무화하고 있다.

제1장 총칙

제1조(목적) 이 법은 환경보전에 관한 국민의 권리·의무와 국가의 책무를 명확히 하고 환경정책의 기본 사항을 정하여 환경오염과 환경훼손을 예방하고 환경을 적정하고 지속가능하게 관리·보전함으로써 모든 국민이 건강하고 쾌적한 삶을 누릴 수 있도록 함을 목적으로 한다.

제2조(기본이념) ① 환경의 질적인 향상과 그 보전을 통한 쾌적한 환경의 조성 및 이를 통한 인간과 환경 간의 조화와 균형의 유지는 국민의 건강과 문화적인 생활의 향유 및 국토의 보전과 항구적인 국가발전에 반드시 필요한 요소임에 비추어 국가, 지방자치단체, 사업자 및 국민은 환경을 보다 양호한 상태로 유지·조성하도록 노력하고, 환경을 이용하는 모든 행위를 할 때에는 환경보전을 우선적으로 고려하며, 지구환경상의 위해(危害)를 예방하기 위하여 공동으로 노력함으로써 현 세대의 국민이 그 혜택을 널리 누릴 수 있게 함과 동시에 미래의 세대에게 그 혜택이 계승될 수 있도록 하여야 한다. 〈개정 2012.2.1.〉
② 국가와 지방자치단체는 지역 간, 계층 간, 집단 간에 환경 관련 재화와 서비스의 이용에 형평성이 유지되도록 고려한다. 〈신설 2012.2.1.〉

제3조(정의) 이 법에서 사용하는 용어의 뜻은 다음과 같다.
1. "환경"이란 자연환경과 생활환경을 말한다.
2. "자연환경"이란 지하·지표(해양을 포함한다) 및 지상의 모든 생물과 이들을 둘러싸고 있는 비생물적인 것을 포함한 자연의 상태(생태계 및 자연경관을 포함한다)를 말한다.
3. "생활환경"이란 대기, 물, 토양, 폐기물, 소음·진동, 악취, 일조(日照) 등 사람의 일상생활과 관계되는 환경을 말한다.
4. "환경오염"이란 사업활동 및 그 밖의 사람의 활동에 의하여 발생하는 대기오염, 수질오염, 토양오염, 해양오염, 방사능오염, 소음·진동, 악취, 일조 방해 등으로서 사람의 건강이나 환경에 피해를 주는 상태를 말한다.
5. "환경훼손"이란 야생동식물의 남획(濫獲) 및 그 서식지의 파괴, 생태계질서의 교란, 자연경관의 훼손, 표토(表土)의 유실 등으로 자연환경의 본래적 기능에 중대한 손상을 주는 상태를 말한다.
6. "환경보전"이란 환경오염 및 환경훼손으로부터 환경을 보호하고 오염되거나 훼손된 환경을 개선함과 동시에 쾌적한 환경 상태를 유지·조성하기 위한 행위를 말한다.
7. "환경용량"이란 일정한 지역에서 환경오염 또는 환경훼손에 대하여 환경이 스스로 수용, 정화 및 복원하여 환경의 질을 유지할 수 있는 한계를 말한다.
8. "환경기준"이란 국민의 건강을 보호하고 쾌적한 환경을 조성하기 위하여 국가가 달성하고 유지하는 것이 바람직한 환경상의 조건 또는 질적인 수준을 말한다.

제4조(국가 및 지방자치단체의 책무) ① 국가는 환경오염 및 환경훼손과 그 위해를 예방하고 환경을 적정하게 관리·보전하기 위하여 환경보전계획을 수립하여 시행할 책무를 진다.
② 지방자치단체는 관할 구역의 지역적 특성을 고려하여 국가의 환경보전계획에 따라 그 지방자치단체

의 계획을 수립하여 이를 시행할 책무를 진다.

③ 국가 및 지방자치단체는 지속가능한 국토환경 유지를 위하여 제1항에 따른 환경보전계획과 제2항에 따른 지방자치단체의 계획을 수립할 때에는 「국토기본법」에 따른 국토계획과의 연계방안 등을 강구하여야 한다. 〈신설 2015.12.1.〉

④ 환경부장관은 제3항에 따른 환경보전계획과 국토계획의 연계를 위하여 필요한 경우에는 적용범위, 연계방법 및 절차 등을 국토교통부장관과 공동으로 정할 수 있다. 〈신설 2015.12.1.〉

제5조(사업자의 책무) 사업자는 그 사업활동으로부터 발생하는 환경오염 및 환경훼손을 스스로 방지하기 위하여 필요한 조치를 하여야 하며, 국가 또는 지방자치단체의 환경보전시책에 참여하고 협력하여야 할 책무를 진다.

제6조(국민의 권리와 의무) ① 모든 국민은 건강하고 쾌적한 환경에서 생활할 권리를 가진다.

② 모든 국민은 국가 및 지방자치단체의 환경보전시책에 협력하여야 한다.

③ 모든 국민은 일상생활에서 발생하는 환경오염과 환경훼손을 줄이고, 국토 및 자연환경의 보전을 위하여 노력하여야 한다.

제7조(오염원인자 책임원칙) 자기의 행위 또는 사업활동으로 환경오염 또는 환경훼손의 원인을 발생시킨 자는 그 오염·훼손을 방지하고 오염·훼손된 환경을 회복·복원할 책임을 지며, 환경오염 또는 환경훼손으로 인한 피해의 구제에 드는 비용을 부담함을 원칙으로 한다.

제8조(환경오염 등의 사전예방) ① 국가 및 지방자치단체는 환경오염물질 및 환경오염원의 원천적인 감소를 통한 사전예방적 오염관리에 우선적인 노력을 기울여야 하며, 사업자로 하여금 환경오염을 예방하기 위하여 스스로 노력하도록 촉진하기 위한 시책을 마련하여야 한다.

② 사업자는 제품의 제조·판매·유통 및 폐기 등 사업활동의 모든 과정에서 환경오염이 적은 원료를 사용하고 공정(工程)을 개선하며, 자원의 절약과 재활용의 촉진 등을 통하여 오염물질의 배출을 원천적으로 줄이고, 제품의 사용 및 폐기로 환경에 미치는 해로운 영향을 최소화하도록 노력하여야 한다.

③ 국가, 지방자치단체 및 사업자는 행정계획이나 개발사업에 따른 국토 및 자연환경의 훼손을 예방하기 위하여 해당 행정계획 또는 개발사업이 환경에 미치는 해로운 영향을 최소화하도록 노력하여야 한다.

제9조(환경과 경제의 통합적 고려 등) ① 정부는 환경과 경제를 통합적으로 평가할 수 있는 방법을 개발하여 각종 정책을 수립할 때에 이를 활용하여야 한다.

② 정부는 환경용량의 범위에서 산업 간, 지역 간, 사업 간 협의에 의하여 환경에 미치는 해로운 영향을 최소화하도록 지원하여야 한다.

제10조(자원 등의 절약 및 순환적 사용 촉진) ① 국가 및 지방자치단체는 자원과 에너지를 절약하고 자원의 재사용·재활용 등 자원의 순환적 사용을 촉진하는 데 필요한 시책을 마련하여야 한다.

② 사업자는 경제활동을 할 때 제1항에 따른 국가 및 지방자치단체의 시책에 협력하여야 한다.

제11조(보고) ① 정부는 매년 주요 환경보전시책의 추진상황에 관한 보고서를 국회에 제출하여야 한다.

② 제1항의 보고서에는 다음 각 호의 사항이 포함되어야 한다.

　　1. 환경오염·환경훼손 현황

　　2. 국내외 환경 동향

　　3. 환경보전시책의 추진상황

　　4. 그 밖에 환경보전에 관한 주요 사항

③ 환경부장관은 제1항의 보고서 작성에 필요한 자료의 제출을 관계 중앙행정기관의 장에게 요청할 수 있으며, 관계 중앙행정기관의 장은 특별한 사유가 없으면 이에 따라야 한다.

(2) 제2장 환경보전계획 수립 등

환경정책기본법의 중심 내용을 포함하고 있으며 5개 절로 나누어져 있다.

① 제1절 환경기준

국가는 환경기준을 설정하고 유지해야함을 명시하고 있다. 환경기준은 대통령령으로 정하며 지방자치단체는 해당 지역의 환경적 특수성을 고려하여 지역환경기준을 정할 수 있음을 알리고 있다. 환경기준은 대통령령으로 정할 수 있기 때문에 국회 동의 필요 없이 국무회의 통과로 결정된다. 지방자치단체가 별도의 지역 환경기준을 정할 경우 국가에서 정한 환경기준보다 확대·강화되어야 함을 명시하고 있다.

> 환경기준: 대통령령
> 지역 환경기준

제1절 환경기준

제12조(환경기준의 설정) ① 국가는 환경기준을 설정하여야 하며, 환경 여건의 변화에 따라 그 적정성이 유지되도록 하여야 한다.

② 환경기준은 대통령령으로 정한다.

③ 특별시·광역시·도·특별자치도(이하 "시·도"라 한다)는 해당 지역의 환경적 특수성을 고려하여 필요하다고 인정할 때에는 해당 시·도의 조례로 제1항에 따른 환경기준보다 확대·강화된 별도의 환경기준(이하 "지역환경기준"이라 한다)을 설정 또는 변경할 수 있다.

④ 특별시장·광역시장·도지사·특별자치도지사(이하 "시·도지사"라 한다)는 제3항에 따라 지역환경기준을 설정하거나 변경한 경우에는 이를 지체 없이 환경부장관에게 보고하여야 한다.

제13조(환경기준의 유지) 국가 및 지방자치단체는 환경에 관계되는 법령을 제정 또는 개정하거나 행정계획의 수립 또는 사업의 집행을 할 때에는 제12조에 따른 환경기준이 적절히 유지되도록 다음 사항을 고려하여야 한다.

    1. 환경 악화의 예방 및 그 요인의 제거

    2. 환경오염지역의 원상회복

    3. 새로운 과학기술의 사용으로 인한 환경오염 및 환경훼손의 예방

    4. 환경오염방지를 위한 재원(財源)의 적정 배분

② **제2절 기본적 시책**

국가 환경종합계획
시도 환경보전계획
시군구 환경보전계획

국가는 환경종합계획을 장기 20년 중기 5년마다 수립하고 시행해야함을 법으로 규정하고 있다. 환경종합계획에 포함되어야 할 내용을 명시하고 수립된 계획은 인터넷으로 공개할 것을 요구하고 있다. 지방자치단체 시·도와 시·군·구도 국가 장기 및 중기 환경종합계획에 따라 관할 구역의 환경보전계획을 수립하여 시행해야함을 의무화하고 있다. 시·도 및 시·군·구 환경보전계획을 수립하거나 변경할 경우 상위 관청과 협의하여야 하며 수립된 계획은 인터넷으로 공개할 것을 의무화하고 있다.

환경용량
환경상태 조사
환경정보 보급
환경교육
환경단체
국제협력
지구환경보전
환경과학기술진흥

국가와 지방자치단체는 토지의 이용 또는 개발 계획을 수립할 때 해당지역의 환경용량을 고려해야 하며 환경상태 조사, 환경정보 보급, 환경보전에 관한 교육, 민간환경단체 등의 환경보전활동 촉진, 국제협력 및 지구환경보전, 환경과학기술 진흥 등을 해야 함을 의무화하고 있다. 또한 환경보전시설

환경보전시설
환경규제
배출허용기준
경제적 수단
유해화학물질
방사능물질
과학기술 위해성평가
환경성 질환

설치·관리, 환경규제, 배출허용기준, 경제적 유인수단 등을 명시하고 유해화학물질 관리, 방사능 물질에 의한 환경오염 방지, 과학기술 위해성 평가, 환경성 질환 대책 등을 의무화하고 있다. 아울러 국가 시책 등의 환경친화성 제고, 특별종합대책 수립, 영향권별 환경관리 등을 법으로 정해두고 있다.

제2절 기본적 시책

제14조(국가환경종합계획의 수립 등) ① 환경부장관은 관계 중앙행정기관의 장과 협의하여 국가 차원의 환경보전을 위한 종합계획(이하 "국가환경종합계획"이라 한다)을 20년마다 수립하여야 한다. 〈개정 2015.12.1.〉

② 환경부장관은 국가환경종합계획을 수립하거나 변경하려면 그 초안을 마련하여 공청회 등을 열어 국민, 관계 전문가 등의 의견을 수렴한 후 국무회의의 심의를 거쳐 확정한다.

③ 국가환경종합계획 중 대통령령으로 정하는 경미한 사항을 변경하려는 경우에는 제2항에 따른 절차를 생략할 수 있다.

제15조(국가환경종합계획의 내용) 국가환경종합계획에는 다음 각 호의 사항이 포함되어야 한다.

　1. 인구·산업·경제·토지 및 해양의 이용 등 환경변화 여건에 관한 사항

2. 환경오염원·환경오염도 및 오염물질 배출량의 예측과 환경오염 및 환경훼손으로 인한 환경의 질(質)의 변화 전망

3. 환경의 현황 및 전망

4. 환경보전 목표의 설정과 이의 달성을 위한 다음 각 목의 사항에 관한 단계별 대책 및 사업계획

　가. 생물다양성·생태계·경관 등 자연환경의 보전에 관한 사항

　나. 토양환경 및 지하수 수질의 보전에 관한 사항

　다. 해양환경의 보전에 관한 사항

　라. 국토환경의 보전에 관한 사항

　마. 대기환경의 보전에 관한 사항

　바. 수질환경의 보전에 관한 사항

　사. 상하수도의 보급에 관한 사항

　아. 폐기물의 관리 및 재활용에 관한 사항

　자. 유해화학물질의 관리에 관한 사항

　차. 방사능오염물질의 관리

　카. 그 밖에 환경의 관리에 관한 사항

5. 사업의 시행에 드는 비용의 산정 및 재원 조달 방법

6. 제1호부터 제5호까지의 사항에 부대되는 사항

제16조(국가환경종합계획의 시행) ① 환경부장관은 제14조에 따라 수립 또는 변경된 국가환경종합계획을 지체 없이 관계 중앙행정기관의 장에게 통보하여야 한다.

② 관계 중앙행정기관의 장은 국가환경종합계획의 시행에 필요한 조치를 하여야 한다.

제16조의2(국가환경종합계획의 정비) 환경부장관은 환경적·사회적 여건 변화 등을 고려하여 5년마다 국가환경종합계획의 타당성을 재검토하고 필요한 경우 이를 정비하여야 한다.

　[본조신설 2015.12.1.]

제17조(환경보전중기종합계획의 수립 등) ① 환경부장관은 제14조제2항에 따라 확정된 국가환경종합계획의 종합적·체계적 추진을 위하여 5년마다 환경보전중기종합계획(이하 "중기계획"이라 한다)을 수립하여야 한다.

② 환경부장관은 중기계획을 수립하거나 변경하려면 그 초안을 마련하여 공청회 등을 열어 국민, 관계 전문가 등의 의견을 수렴한 후 관계 중앙행정기관의 장과의 협의를 거쳐 확정한다.

③ 중기계획 중 대통령령으로 정하는 경미한 사항을 변경하려는 경우에는 제2항에 따른 절차를 생략할 수 있다.

④ 환경부장관은 제1항부터 제3항까지의 규정에 따라 수립 또는 변경된 중기계획을 관계 중앙행정기관의 장 및 시·도지사에게 통보하여야 하며, 통보를 받은 관계 중앙행정기관의 장 및 시·도지사는 이를 소관 업무계획에 반영하여야 한다.

⑤ 환경부장관, 관계 중앙행정기관의 장 및 시·도지사는 제1항부터 제3항까지의 규정에 따라 수립 또는 변경된 중기계획의 연도별 시행계획을 대통령령으로 정하는 바에 따라 수립·추진하여야 하며, 관계 중앙행정기관의 장 및 시·도지사는 연도별 시행계획의 추진실적을 매년 환경부장관에게 제출하여야 한다.

⑥ 중기계획 및 연도별 시행계획의 수립·추진 등에 필요한 사항은 대통령령으로 정한다.

제18조(시·도의 환경보전계획의 수립 등) ① 시·도지사는 국가환경종합계획 및 중기계획에 따라 관할 구역의 지역적 특성을 고려하여 해당 시·도의 환경보전계획(이하 "시·도 환경계획"이라 한다)을 수

립·시행하여야 한다.

② 시·도지사는 시·도 환경계획을 수립하거나 변경하려면 그 초안을 마련하여 공청회 등을 열어 주민, 관계 전문가 등의 의견을 수렴한 후 그 계획을 확정한다. 다만, 대통령령으로 정하는 경미한 사항을 변경하려는 경우에는 그러하지 아니하다.

③ 시·도지사는 시·도 환경계획을 수립하거나 변경하였을 때에는 지체 없이 이를 환경부장관에게 보고하여야 한다.

④ 환경부장관은 제39조에 따른 영향권별 환경관리를 위하여 필요한 경우에는 해당 시·도지사에게 시·도 환경계획의 변경을 요청할 수 있다.

제19조(시·군·구의 환경보전계획의 수립 등) ① 시장·군수·구청장(자치구의 구청장을 말한다. 이하 같다)은 국가환경종합계획, 중기계획 및 시·도 환경계획에 따라 관할 구역의 지역적 특성을 고려하여 해당 시·군·구의 환경보전계획(이하 "시·군·구 환경계획"이라 한다)을 수립·시행하여야 한다.

② 시장·군수·구청장은 제1항에 따라 시·군·구 환경계획을 수립하거나 변경하려면 관할 시·도지사를 거쳐 지방환경관서의 장과 협의한 후 그 계획을 확정하고 환경부장관에게 보고하여야 한다. 다만, 대통령령으로 정하는 경미한 사항을 변경하려는 경우에는 지방환경관서의 장과의 협의를 생략할 수 있다.

③ 지방환경관서의 장 또는 시·도지사는 제39조에 따른 영향권별 환경관리를 위하여 필요한 경우에는 해당 시장·군수·구청장에게 시·군·구 환경계획의 변경을 요청할 수 있다.

제20조(국가환경종합계획 등의 공개) 환경부장관, 시·도지사 및 시장·군수·구청장은 제14조에 따라 수립 또는 변경된 국가환경종합계획, 제17조에 따라 수립 또는 변경된 중기계획, 제18조에 따라 수립 또는 변경된 시·도 환경계획 및 제19조에 따라 수립 또는 변경된 시·군·구 환경계획을 해당 기관의 인터넷 홈페이지 등을 통하여 공개하여야 한다.

제21조(개발 계획·사업의 환경적 고려 등) ① 국가 및 지방자치단체의 장은 토지의 이용 또는 개발에 관한 계획을 수립할 때에는 국가환경종합계획, 시·도 환경계획 및 시·군·구 환경계획(이하 "국가환경종합계획등"이라 한다)과 해당 지역의 환경용량을 고려하여야 한다.

② 관계 중앙행정기관의 장, 시·도지사 및 시장·군수·구청장은 토지의 이용 또는 개발에 관한 사업의 허가 등을 하는 경우에는 국가환경종합계획등을 고려하여야 한다.

제22조(환경상태의 조사·평가 등) ① 국가 및 지방자치단체는 다음 각 호의 사항을 상시 조사·평가하여야 한다.

    1. 자연환경 및 생활환경 현황
    2. 환경오염 및 환경훼손 실태
    3. 환경오염원 및 환경훼손 요인
    4. 환경의 질의 변화
    5. 그 밖에 국가환경종합계획등의 수립·시행에 필요한 사항

② 국가 및 지방자치단체는 제1항에 따른 조사·평가를 적정하게 시행하기 위한 연구·감시·측정·시험 및 분석체제를 유지하여야 한다.

③ 제1항에 따른 조사·평가와 제2항에 따른 연구·감시·측정·시험 및 분석체제에 필요한 사항은 대통령령으로 정한다.

제23조(환경친화적 계획기법등의 작성·보급) ① 정부는 환경에 영향을 미치는 행정계획 및 개발사업이 환경적으로 건전하고 지속가능하게 계획되어 수립·시행될 수 있도록 환경친화적인 계획기법 및 토지

이용·개발기준(이하 "환경친화적 계획기법등"이라 한다)을 작성·보급할 수 있다.

② 환경부장관은 국토환경을 효율적으로 보전하고 국토를 환경친화적으로 이용하기 위하여 국토에 대한 환경적 가치를 평가하여 등급으로 표시한 환경성 평가지도를 작성·보급할 수 있다.

③ 환경친화적 계획기법등과 환경성 평가지도의 작성 방법 및 내용 등 필요한 사항은 대통령령으로 정한다.

제24조(환경정보의 보급 등) ① 환경부장관은 모든 국민에게 환경보전에 관한 지식·정보를 보급하고, 국민이 환경에 관한 정보에 쉽게 접근할 수 있도록 노력하여야 한다.

② 환경부장관은 제1항에 따른 환경보전에 관한 지식·정보의 원활한 생산·보급 등을 위하여 환경정보망을 구축하여 운영할 수 있다.

③ 환경부장관은 관계 행정기관의 장에게 환경정보망 구축·운영에 필요한 자료의 제출을 요청할 수 있다. 이 경우 관계 행정기관의 장은 특별한 사유가 없으면 요청에 따라야 한다.

④ 환경부장관은 제2항에 따른 환경정보망을 효율적으로 구축·운영하기 위하여 필요한 경우에는 전문기관에 환경현황 조사를 의뢰하거나 환경정보망의 구축·운영을 위탁할 수 있다.

⑤ 제2항에 따른 환경정보망의 구축·운영, 제4항에 따른 환경현황 조사 의뢰 및 환경정보망 구축·운영의 위탁 등 필요한 사항은 대통령령으로 정한다.

제25조(환경보전에 관한 교육 등) 국가 및 지방자치단체는 환경보전에 관한 교육과 홍보 등을 통하여 국민의 환경보전에 대한 이해를 깊게 하고 국민 스스로 환경보전에 참여하며 일상생활에서 이를 실천할 수 있도록 필요한 시책을 수립·추진하여야 한다.

제26조(민간환경단체 등의 환경보전활동 촉진) ① 국가 및 지방자치단체는 민간환경단체 등의 자발적인 환경보전활동을 촉진하기 위하여 정보의 제공 등 필요한 시책을 마련하여야 한다.

② 국가 및 지방자치단체는 민간환경단체 등이 경관이나 생태적 가치 등이 우수한 지역을 매수하여 관리하는 등의 환경보전활동을 하는 경우 이에 필요한 행정적 지원을 할 수 있다.

제27조(국제협력 및 지구환경보전) 국가 및 지방자치단체는 국제협력을 통하여 환경 정보와 기술을 교류하고 전문인력을 양성하며, 지구 전체의 환경에 영향을 미치는 기후변화, 오존층의 파괴, 해양오염, 사막화 및 생물자원의 감소 등으로부터 지구의 환경을 보전하기 위하여 지구환경의 감시·관측 및 보호에 관하여 상호 협력하는 등 국제적인 노력에 적극 참여하여야 한다.

제28조(환경과학기술의 진흥) 국가 및 지방자치단체는 환경보전을 위한 실험·조사·연구·기술개발 및 전문인력의 양성 등 환경과학기술의 진흥에 필요한 시책을 마련하여야 한다.

제29조(환경보전시설의 설치·관리) 국가 및 지방자치단체는 환경오염을 줄이기 위한 녹지대(綠地帶), 폐수·하수 및 폐기물의 처리를 위한 시설, 소음·진동 및 악취의 방지를 위한 시설, 야생동식물 및 생태계의 보호·복원을 위한 시설, 오염된 토양·지하수의 정화를 위한 시설 등 환경보전을 위한 공공시설의 설치·관리에 필요한 조치를 하여야 한다.

제30조(환경보전을 위한 규제 등) ① 정부는 환경보전을 위하여 대기오염·수질오염·토양오염 또는 해양오염의 원인이 되는 물질의 배출, 소음·진동·악취의 발생, 폐기물의 처리, 일조의 침해 및 자연환경의 훼손에 대하여 필요한 규제를 하여야 한다.

② 환경부장관 및 지방자치단체의 장은 환경오염의 원인이 되는 물질을 배출하는 시설이 설치된 사업장으로서 2개 분야 이상의 배출시설이 설치된 사업장에 대하여 관계 법률에 따라 출입·검사를 하는 경우에는 이를 통합적으로 실시할 수 있다.

③ 환경부장관 및 지방자치단체의 장은 사업자가 환경보전을 위한 관계 법령을 위반한 것으로 판명되어

　　행정처분을 한 경우 그 사실을 공표할 수 있다. 다만, 사업자의 영업상 비밀에 관한 사항으로서 공표될 경우 사업자의 정당한 이익을 현저히 침해할 우려가 있다고 인정되는 사항은 그러하지 아니하다.

제31조(배출허용기준의 예고) 국가는 관계 법령에 따라 환경오염에 관한 배출허용기준을 정하거나 변경할 때에는 이를 해당 기관의 인터넷 홈페이지 등을 통하여 사전에 알려야 한다.

제32조(경제적 유인수단) 정부는 자원의 효율적인 이용을 도모하고 환경오염의 원인을 일으킨 자가 스스로 오염물질의 배출을 줄이도록 유도하기 위하여 필요한 경제적 유인수단을 마련하여야 한다.

제33조(유해화학물질의 관리) 정부는 화학물질에 의한 환경오염과 건강상의 위해를 예방하기 위하여 유해화학물질을 적정하게 관리하기 위한 시책을 마련하여야 한다.

제34조(방사성 물질에 의한 환경오염의 방지 등) ① 정부는 방사성 물질에 의한 환경오염 및 그 방지 등을 위하여 적절한 조치를 하여야 한다.
　　② 제1항에 따른 조치는 「원자력안전법」과 그 밖의 관계 법률에서 정하는 바에 따른다.

제35조(과학기술의 위해성 평가 등) 정부는 과학기술의 발달로 인하여 생태계 또는 인간의 건강에 미치는 해로운 영향을 예방하기 위하여 필요하다고 인정하는 경우 그 영향에 대한 분석이나 위해성 평가 등 적절한 조치를 마련하여야 한다.

제36조(환경성 질환에 대한 대책) 국가 및 지방자치단체는 환경오염으로 인한 국민의 건강상의 피해를 규명하고 환경오염으로 인한 질환에 대한 대책을 마련하여야 한다.

제37조(국가시책 등의 환경친화성 제고) ① 국가 및 지방자치단체는 교통부문의 환경오염 또는 환경훼손을 최소화하기 위하여 환경친화적인 교통체계 구축에 필요한 시책을 마련하여야 한다.
　　② 국가 및 지방자치단체는 에너지 이용에 따른 환경오염 또는 환경훼손을 최소화하기 위하여 에너지의 합리적·효율적 이용과 환경친화적인 에너지의 개발·보급에 필요한 시책을 마련하여야 한다.
　　③ 국가 및 지방자치단체는 농림어업부문의 환경오염 또는 환경훼손을 최소화하기 위하여 환경친화적인 농림어업의 진흥에 필요한 시책을 마련하여야 한다.

제38조(특별종합대책의 수립) ① 환경부장관은 환경오염·환경훼손 또는 자연생태계의 변화가 현저하거나 현저하게 될 우려가 있는 지역과 환경기준을 자주 초과하는 지역을 관계 중앙행정기관의 장 및 시·도지사와 협의하여 환경보전을 위한 특별대책지역으로 지정·고시하고, 해당 지역의 환경보전을 위한 특별종합대책을 수립하여 관할 시·도지사에게 이를 시행하게 할 수 있다.
　　② 환경부장관은 제1항에 따른 특별대책지역의 환경개선을 위하여 특히 필요한 경우에는 대통령령으로 정하는 바에 따라 그 지역에서 토지 이용과 시설 설치를 제한할 수 있다.

제39조(영향권별 환경관리) ① 환경부장관은 환경오염의 상황을 파악하고 그 방지대책을 마련하기 위하여 대기오염의 영향권별 지역, 수질오염의 수계별 지역 및 생태계 권역 등에 대한 환경의 영향권별 관리를 하여야 한다.
　　② 지방자치단체의 장은 관할 구역의 대기오염, 수질오염 또는 생태계를 효과적으로 관리하기 위하여 지역의 실정에 따라 환경의 영향권별 관리를 할 수 있다.

③ 제3절 자연환경보전 및 환경영향평가

국가와 국민은 자연환경보전을 위해 노력해야 하고, 환경에 영향을 미치는 계획이나 개발 사업이 환경적으로 지속가능하도록 전략환경영향평가, 환경영향평가, 소규모 환경영향평가를 실시해야 함을 명시하고 있다. 평가 대상 사업, 절차 및 방법 등은 따로 법률(환경영향평가법)로 정하도록 하고 있다.

> 자연환경보전
> 전략환경영향평가
> 환경영향평가
> 소규모 환경영향평가

제3절 자연환경의 보전 및 환경영향평가

제40조(자연환경의 보전) 국가와 국민은 자연환경의 보전이 인간의 생존 및 생활의 기본임에 비추어 자연의 질서와 균형이 유지·보전되도록 노력하여야 한다.

제41조(환경영향평가) ① 국가는 환경기준의 적정성을 유지하고 자연환경을 보전하기 위하여 환경에 영향을 미치는 계획 및 개발사업이 환경적으로 지속가능하게 수립·시행될 수 있도록 전략환경영향평가, 환경영향평가, 소규모 환경영향평가를 실시하여야 한다.

② 제1항에 따른 전략환경영향평가, 환경영향평가 및 소규모 환경영향평가의 대상, 절차 및 방법 등에 관한 사항은 따로 법률로 정한다.

---

④ 제4절 분쟁 조정 및 피해 구제

국가 및 지방자치단체는 환경오염 또는 훼손 등으로 인한 분쟁을 신속하고 공정하게 해결하고, 피해를 원활하게 구제해야 함을 명시하고 있다. 또한 피해가 발생하였을 경우 원인자가 배상해야 하는 원인자부담원칙과 무과실책임원칙도 명시하고 있다.

> 환경분쟁조정
> 환경피해구제
> 원인자부담원칙
> 무과실책임원칙

제4절 분쟁 조정 및 피해 구제

제42조(분쟁 조정) 국가 및 지방자치단체는 환경오염 또는 환경훼손으로 인한 분쟁이나 그 밖에 환경 관련 분쟁이 발생한 경우에 그 분쟁이 신속하고 공정하게 해결되도록 필요한 시책을 마련하여야 한다.

제43조(피해 구제) 국가 및 지방자치단체는 환경오염 또는 환경훼손으로 인한 피해를 원활하게 구제하기 위하여 필요한 시책을 마련하여야 한다.

제44조(환경오염의 피해에 대한 무과실책임) ① 환경오염 또는 환경훼손으로 피해가 발생한 경우에는 해당 환경오염 또는 환경훼손의 원인자가 그 피해를 배상하여야 한다.

② 환경오염 또는 환경훼손의 원인자가 둘 이상인 경우에 어느 원인자에 의하여 제1항에 따른 피해가 발생한 것인지를 알 수 없을 때에는 각 원인자가 연대하여 배상하여야 한다.

⑤ 제5절 환경개선 특별회계의 설치

정부가 환경개선 사업에 필요한 재원을 확보하기 위하여 특별회계를 설치함을 명시하고 있다. 환경부담금과 부과금 등과 같은 주요 세입원과 각 세입원에 따른 사용처, 잉여금 처리 등을 법으로 정해두고 있다.

> 환경개선 특별회계
> 환경부담금
> 환경부과금

제5절 환경개선특별회계의 설치

제45조(환경개선특별회계의 설치 등) ① 정부는 환경개선사업의 투자를 확대하고 그 관리·운영을 효율화하기 위하여 환경개선특별회계(이하 "회계"라 한다)를 설치한다.
② 회계는 환경부장관이 관리·운용한다.

제46조(회계의 세입) 회계의 세입은 다음 각 호와 같다. 〈개정 2015.7.20.〉

1. 「공공차관의 도입 및 관리에 관한 법률」에 따른 차관수입금
2. 「한강수계 상수원수질개선 및 주민지원 등에 관한 법률」제8조의5 및 제8조의6에 따른 총량초과부과금·가산금·과징금,「낙동강수계 물관리 및 주민지원 등에 관한 법률」제13조 및 제14조에 따른 총량초과부과금·가산금·과징금,「금강수계 물관리 및 주민지원 등에 관한 법률」제13조 및 제14조에 따른 총량초과부과금·가산금·과징금,「영산강·섬진강수계 물관리 및 주민지원 등에 관한 법률」제13조 및 제14조에 따른 총량초과부과금·가산금·과징금
3. 「대기환경보전법」제35조에 따른 배출부과금·가산금,「수도권 대기환경개선에 관한 특별법」제20조에 따른 총량초과과징금·가산금
   3의2. 「대기환경보전법」제51조에 따른 결함확인검사 수수료 및 같은 법 제86조제2호에 따른 수수료
   3의3. 「대기환경보전법」제76조의8에 따른 저탄소차협력금
4. 「먹는물관리법」제31조에 따른 수질개선부담금·가산금
5. 「소음·진동관리법」제31조에 따른 수수료 및 같은 법 제33조에 따른 검사에 드는 비용
6. 「수질 및 수생태계 보전에 관한 법률」제41조에 따른 배출부과금·가산금
7. 「수질 및 수생태계 보전에 관한 법률」제48조의2제1항 및 제49조의6제1항 후단에 따른 종말처리시설부담금(시행자가 국가인 경우에만 해당하며,「수질 및 수생태계 보전에 관한 법률」제48조제1항 각 호의 어느 하나에 해당하는 자에게 위탁하여 실시하는 경우는 제외한다) 및 가산금
8. 「야생생물 보호 및 관리에 관한 법률」제50조에 따른 수렵장 사용료
9. 「자연환경보전법」제46조에 따른 생태계보전협력금 및 같은 법제48조에 따른 가산금
10. 「자원의 절약과 재활용촉진에 관한 법률」제12조에 따른 폐기물부담금·가산금 및 같은 법 제19조에 따른 재활용부과금·가산금, 같은 법 제20조에 따른 지원으로서의 융자금의 원리금수입
11. 「전기·전자제품 및 자동차의 자원순환에 관한 법률」제18조에 따른 전기·전자제품의 재활용부과금, 제18조의2에 따른 전기·전자제품의 회수부과금 및 제18조의3에 따른 가산금
12. 「폐기물관리법」제51조에 따른 사후관리이행보증금 및 같은 법 제52조에 따른 사전 적립금
13. 「폐기물의 국가 간 이동 및 그 처리에 관한 법률」제23조에 따른 수수료
14. 「환경개선비용 부담법」제9조 및 제20조에 따른 환경개선부담금 및 가산금

15. 「환경개선비용 부담법」 제11조에 따른 융자금의 원리금수입
16. 「환경범죄 등의 단속 및 가중처벌에 관한 법률」 제12조에 따른 과징금
17. 제47조제1항제14호에 따른 융자금의 원리금수입
18. 제48조에 따른 일반회계로부터의 전입금
19. 제49조제1항 및 제2항에 따른 차입금
20. 제51조에 따른 결산상 잉여금
21. 다른 특별회계 또는 기금으로부터의 전입금 및 예수금
22. 다른 법률에 따라 회계로 귀속되는 수입금
23. 회계에 속하는 재산의 매각대금 또는 운용수입
24. 그 밖에 환경개선사업을 관리·운영하여 생긴 수입금

제46조(회계의 세입) 회계의 세입은 다음 각 호와 같다. 〈개정 2015.12.22.〉

1. 「공공차관의 도입 및 관리에 관한 법률」에 따른 차관수입금
2. 「한강수계 상수원수질개선 및 주민지원 등에 관한 법률」 제8조의5 및 제8조의6에 따른 총량초과부과금·가산금·과징금, 「낙동강수계 물관리 및 주민지원 등에 관한 법률」 제13조 및 제14조에 따른 총량초과부과금·가산금·과징금, 「금강수계 물관리 및 주민지원 등에 관한 법률」 제13조 및 제14조에 따른 총량초과부과금·가산금·과징금, 「영산강·섬진강수계 물관리 및 주민지원 등에 관한 법률」 제13조 및 제14조에 따른 총량초과부과금·가산금·과징금
3. 「대기환경보전법」 제35조에 따른 배출부과금·가산금, 「수도권 대기환경개선에 관한 특별법」 제20조에 따른 총량초과과징금·가산금
3의2. 「대기환경보전법」 제51조에 따른 결함확인검사 수수료 및 같은 법 제86조제2호에 따른 수수료
3의3. 「대기환경보전법」 제76조의8에 따른 저탄소차협력금
4. 「먹는물관리법」 제31조에 따른 수질개선부담금·가산금
5. 「소음·진동관리법」 제31조에 따른 수수료 및 같은 법 제33조에 따른 검사에 드는 비용
6. 「수질 및 수생태계 보전에 관한 법률」 제41조에 따른 배출부과금·가산금
7. 「수질 및 수생태계 보전에 관한 법률」 제48조의2제1항 및 제49조의6제1항 후단에 따른 종말처리시설 부담금(시행자가 국가인 경우에만 해당하며, 「수질 및 수생태계 보전에 관한 법률」 제48조제1항 각 호의 어느 하나에 해당하는 자에게 위탁하여 실시하는 경우는 제외한다) 및 가산금
7의2. 「환경오염시설의 통합관리에 관한 법률」 제15조에 따른 배출부과금·가산금 및 같은 법 제23조에 따른 과징금
8. 「야생생물 보호 및 관리에 관한 법률」 제50조에 따른 수렵장 사용료
9. 「자연환경보전법」 제46조에 따른 생태계보전협력금 및 같은 법제48조에 따른 가산금
10. 「자원의 절약과 재활용촉진에 관한 법률」 제12조에 따른 폐기물부담금·가산금 및 같은 법 제19조에 따른 재활용부과금·가산금, 같은 법 제20조에 따른 지원으로서의 융자금의 원리금수입
11. 「전기·전자제품 및 자동차의 자원순환에 관한 법률」 제18조에 따른 전기·전자제품의 재활용부과금, 제18조의2에 따른 전기·전자제품의 회수부과금 및 제18조의3에 따른 가산금
12. 「폐기물관리법」 제51조에 따른 사후관리이행보증금 및 같은 법 제52조에 따른 사전 적립금
13. 「폐기물의 국가 간 이동 및 그 처리에 관한 법률」 제23조에 따른 수수료
14. 「환경개선비용 부담법」 제9조 및 제20조에 따른 환경개선부담금 및 가산금
15. 「환경개선비용 부담법」 제11조에 따른 융자금의 원리금수입
16. 「환경범죄 등의 단속 및 가중처벌에 관한 법률」 제12조에 따른 과징금
17. 제47조제1항제14호에 따른 융자금의 원리금수입

18. 제48조에 따른 일반회계로부터의 전입금

19. 제49조제1항 및 제2항에 따른 차입금

20. 제51조에 따른 결산상 잉여금

21. 다른 특별회계 또는 기금으로부터의 전입금 및 예수금

22. 다른 법률에 따라 회계로 귀속되는 수입금

23. 회계에 속하는 재산의 매각대금 또는 운용수입

24. 그 밖에 환경개선사업을 관리·운영하여 생긴 수입금

[시행일 : 2017.1.1.]

제47조(회계의 세출) ① 회계의 세출은 다음 각 호와 같다. 다만, 제46조제4호의 수질개선부담금 및 그 가산금으로 조성된 재원은 제3호의 용도에만, 같은 조 제7호의 종말처리시설 부담금 및 그 가산금으로 조성된 재원은 제4호의 용도에만, 같은 조 제9호의 생태보전협력금 및 그 가산금으로 조성된 재원은 제6호의 용도에만, 같은 조 제10호의 폐기물부담금·재활용부과금 및 그 가산금으로 조성된 재원은 제7호의 용도에만, 같은 조 제11호의 재활용부과금 및 그 가산금으로 조성된 재원은 제8호의 용도에만, 같은 조 제12호의 사후관리이행보증금 및 사전적립금으로 조성된 재원은 제9호의 용도에만, 같은 조 제14호의 환경개선부담금 및 그 가산금으로 조성된 재원은 제12호의 용도에만 각각 사용하여야 한다. 〈개정 2013.7.30.〉

1. 국가환경개선사업

2. 지방자치단체의 환경개선사업 지원

2의2. 「대기환경보전법」 제76조의7에 따른 재정적 지원

3. 「먹는물관리법」 제31조제7항 및 제33조에 따른 용도

4. 「수질 및 수생태계 보전에 관한 법률」 제48조제1항에 따라 국가가 실시하는 폐수종말처리시설 설치비의 지출

5. 「야생생물 보호 및 관리에 관한 법률」 제58조 각 호에 따른 용도

6. 「자연환경보전법」 제49조에 따른 용도

7. 「자원의 절약과 재활용촉진에 관한 법률」 제20조에 따른 용도

8. 「전기·전자제품 및 자동차의 자원순환에 관한 법률」 제19조에 따른 용도

9. 「폐기물관리법」 제53조에 따른 용도

10. 「폐기물의 국가 간 이동 및 그 처리에 관한 법률」 제4조에 따른 국가의 책무 수행 및 같은 법 제21조에 따른 대집행에 소요되는 비용의 지급

11. 「한국환경공단법」에 따른 한국환경공단(이하 "한국환경공단"이라 한다)의 사업비 및 운영비 출연

12. 「환경개선비용 부담법」 제11조에 따른 용도

13. 「환경범죄 등의 단속 및 가중처벌에 관한 법률」 제15조에 따른 포상금의 지급

14. 제46조제1호·제19호 및 제21호에 따른 차관·차입금 및 예수금의 원리금 상환

15. 지방자치단체의 환경기초시설 설치, 민간의 환경오염방지시설 설치, 저공해제품생산시설 설치 및 기술개발에 필요한 자금의 융자

16. 민간의 환경에 관한 정책연구, 기술개발, 홍보활동, 조사·연구와 환경연구기관에 대한 지원

17. 회계의 세입징수비용 지급

18. 그 밖에 회계운영에 필요한 경비

② 제1항제7호·제12호 및 제15호에 따라 행하는 융자의 대상·조건 및 절차에 관한 사항은 환경부장관이 정하여 고시하는 바에 따른다. 이 경우 융자의 이율 및 기간은 환경부장관이 기획재정부장관과 협의하여 정한다.

③ 제1항제7호·제12호 및 제15호에 따른 융자에 관한 사무는 한국환경공단 또는 「환경기술 및 환경산업 지원법」 제5조의3에 따른 한국환경산업기술원에 위탁하여 시행할 수 있다. 〈개정 2013.7.16.〉

제47조(회계의 세출) ① 회계의 세출은 다음 각 호와 같다. 다만, 제46조제4호의 수질개선부담금 및 그 가산금으로 조성된 재원은 제3호의 용도에만, 같은 조 제7호의 종말처리시설 부담금 및 그 가산금으로 조성된 재원은 제4호의 용도에만, 같은 조 제9호의 생태보전협력금 및 그 가산금으로 조성된 재원은 제6호의 용도에만, 같은 조 제10호의 폐기물부담금·재활용부과금 및 그 가산금으로 조성된 재원은 제7호의 용도에만, 같은 조 제11호의 재활용부과금 및 그 가산금으로 조성된 재원은 제8호의 용도에만, 같은 조 제12호의 사후관리이행보증금 및 사전적립금으로 조성된 재원은 제9호의 용도에만, 같은 조 제14호의 환경개선부담금 및 그 가산금으로 조성된 재원은 제12호의 용도에만 각각 사용하여야 한다. 〈개정 2013.7.30.〉

1. 국가환경개선사업
2. 지방자치단체의 환경개선사업 지원
2의2. 「대기환경보전법」 제76조의7에 따른 재정적 지원
3. 「먹는물관리법」 제31조제7항 및 제33조에 따른 용도
4. 「수질 및 수생태계 보전에 관한 법률」 제48조제1항에 따라 국가가 실시하는 폐수종말처리시설 설치비의 지출
5. 「야생생물 보호 및 관리에 관한 법률」 제58조 각 호에 따른 용도
6. 「자연환경보전법」 제49조에 따른 용도
7. 「자원의 절약과 재활용촉진에 관한 법률」 제20조에 따른 용도
8. 「전기·전자제품 및 자동차의 자원순환에 관한 법률」 제19조에 따른 용도
9. 「폐기물관리법」 제53조에 따른 용도
10. 「폐기물의 국가 간 이동 및 그 처리에 관한 법률」 제4조에 따른 국가의 책무 수행 및 같은 법 제21조에 따른 대집행에 소요되는 비용의 지급
11. 「한국환경공단법」에 따른 한국환경공단(이하 "한국환경공단"이라 한다)의 사업비 및 운영비 출연
12. 「환경개선비용 부담법」 제11조에 따른 용도
13. 「환경범죄 등의 단속 및 가중처벌에 관한 법률」 제15조에 따른 포상금의 지급
14. 제46조제1호·제19호 및 제21호에 따른 차관·차입금 및 예수금의 원리금 상환
15. 지방자치단체의 환경기초시설 설치, 민간의 환경오염방지시설 설치, 저공해제품생산시설 설치 및 기술개발에 필요한 자금의 융자
16. 민간의 환경에 관한 정책연구, 기술개발, 홍보활동, 조사·연구와 환경연구기관에 대한 지원
17. 회계의 세입징수비용 지급
18. 그 밖에 회계운영에 필요한 경비

② 제1항제7호·제12호 및 제15호에 따라 행하는 융자의 대상·조건 및 절차에 관한 사항은 환경부장관이 정하여 고시하는 바에 따른다. 이 경우 융자의 이율 및 기간은 환경부장관이 기획재정부장관과 협의하여 정한다.

③ 제1항제7호·제12호 및 제15호에 따른 융자에 관한 사무는 한국환경공단 또는 「한국환경산업기술원법」에 따른 한국환경산업기술원에 위탁하여 시행할 수 있다. 〈개정 2015.12.1.〉

제48조(일반회계로부터의 전입) 회계는 세출재원을 확보하기 위하여 예산으로 정하는 바에 따라 일반회계로부터 전입을 받을 수 있다.

제49조(차입금) ① 회계는 세출재원이 부족할 때에는 국회의 의결을 받은 금액의 범위에서 장기차입할 수 있다.

② 회계는 운영자금이 일시적으로 부족할 때에는 일시차입할 수 있다.

③ 제2항에 따른 일시차입금의 원리금은 해당 회계연도 내에 상환하여야 한다.

제50조(세출예산의 이월) 회계의 세출예산 중 해당 회계연도 내에 지출하지 아니한 것은 「국가재정법」 제48조에도 불구하고 다음 연도로 이월하여 사용할 수 있다.

제51조(잉여금의 처리) 회계의 결산상 잉여금은 다음 연도의 세입에 이입(移入)한다.

제52조(예비비) 회계는 예측할 수 없는 예산 외의 지출 또는 예산초과지출에 충당하기 위하여 예비비로서 상당한 금액을 세출예산에 계상(計上)할 수 있다.

제53조(초과수입금의 직접사용) ① 환경부장관은 회계의 세입예산을 초과하거나 초과할 것으로 예상되는 제46조제3호 및 제6호에 따른 배출부과금·총량초과과징금 및 가산금, 같은 조 제4호에 따른 수질개선부담금 및 가산금, 같은 조 제7호에 따른 종말처리시설 부담금 및 가산금, 같은 조 제14호에 따른 환경개선부담금 및 가산금(이하 "초과수입금"이라 한다)이 있을 때에는 그 초과수입금을 각각 회계의 세출예산을 초과하는 배출부과금 징수비용의 지급, 「먹는물관리법」 제31조제7항에 따른 수질개선부담금 및 가산금의 지급, 수질개선부담금 징수비용의 지급, 폐수종말처리시설 설치비의 지출 및 환경개선부담금 징수비용의 지급에 직접 사용할 수 있다. 〈개정 2015.7.20.〉

② 환경부장관은 제1항에 따라 초과수입금을 사용하려면 미리 기획재정부장관의 승인을 받아야 한다.

③ 환경부장관은 제2항에 따른 승인을 받으려면 그 이유와 필요 금액을 명시한 명세서를 작성하여 기획재정부장관에게 제출하여야 한다.

④ 기획재정부장관은 제2항에 따른 초과수입금의 사용을 승인한 경우에는 이를 환경부장관에게 통지하고, 그 사실을 감사원에 통보하여야 한다.

(3) 제3장 법제상 및 재정상의 조치

환경보전시책
환경학술조사연구
환경기술개발

국가 및 지방자치단체는 환경보전 시책을 추진하는데 필요한 법 제정, 재정 지원, 기타 행정 조치 등을 해야 함을 법으로 정해두고 있다. 또한 사업자의 환경관리와 환경보전에 관련된 학술조사연구 및 기술개발에도 재정지원을 할 수 있도록 명시해두고 있다.

제3장 법제상 및 재정상의 조치

제54조(법제상의 조치 등) 국가 및 지방자치단체는 환경보전을 위한 시책의 실시에 필요한 법제상·재정 상의 조치와 그 밖에 필요한 행정상의 조치를 하여야 한다.

제55조(지방자치단체에 대한 재정지원 등) ① 국가는 지방자치단체의 환경보전사업에 드는 경비의 전부 또는 일부를 국고에서 지원할 수 있다.

② 환경부장관은 지방자치단체의 환경관리능력을 향상시키고 환경친화적 지방행정을 활성화하기 위하 여 환경관리시범 지방자치단체를 지정하고 이를 지원하기 위하여 필요한 조치를 할 수 있다.

제56조(사업자의 환경관리 지원) ① 국가 및 지방자치단체는 사업자가 행하는 환경보전을 위한 시설의 설치·운영을 지원하기 위하여 필요한 세제상의 조치와 그 밖의 재정지원을 할 수 있다.

② 국가 및 지방자치단체는 사업자가 스스로 환경관리를 위하여 노력하는 자발적 환경관리체제가 정 착·확산될 수 있도록 필요한 행정적·재정적 지원을 할 수 있다.

제57조(조사·연구 및 기술개발에 대한 재정지원) 국가 및 지방자치단체는 환경보전에 관련되는 학술 조사·연구 및 기술개발에 필요한 재정지원을 할 수 있다.

---

(4) 제4장 환경정책위원회

국가 및 지방자치단체는 환경종합계획, 환경기준, 배출허용기준, 특별종 합대책 등과 같은 주요 사안에 대해 심의·자문을 수행하는 중앙환경정책위 원회와 지방환경정책위원회를 둘 수 있도록 하고 있다. 또한 환경보전에 관 한 조사연구, 기술개발, 교육홍보, 생태 복원 등을 위하여 환경보전협회를 설 립할 수 있도록 명시해두고 있다.

> 중앙환경정책위원회
> 지방환경정책위원회
> 환경보전협회

제4장 환경정책위원회

제58조(환경정책위원회) ① 환경부장관은 다음 각 호의 사항에 대한 심의·자문을 수행하는 중앙환경정 책위원회를 둘 수 있다.

1. 제14조에 따른 국가환경종합계획 및 제17조에 따른 중기계획의 수립·변경에 관한 사항
2. 환경기준·오염물질배출허용기준 및 방류수수질기준 등에 관한 사항
3. 제38조에 따른 특별대책지역의 지정 및 특별종합대책의 수립에 관한 사항

4. 「가축분뇨의 관리 및 이용에 관한 법률」 제5조에 따른 가축분뇨관리기본계획 등 가축분뇨의 처리·자원화를 위한 기본시책에 관한 사항

5. 「녹색제품 구매촉진에 관한 법률」 제4조에 따른 녹색제품구매촉진기본계획 등 녹색제품 구매촉진을 위한 기본시책에 관한 사항

6. 「잔류성유기오염물질 관리법」 제5조에 따른 잔류성유기오염물질관리기본계획 등 잔류성유기오염물질 관리를 위한 기본시책에 관한 사항

7. 「환경분야 시험·검사 등에 관한 법률」 제3조에 따른 환경시험·검사발전기본계획 등 환경시험·검사 및 환경기술 분야의 기본시책에 관한 사항

8. 「전기·전자제품 및 자동차의 자원순환에 관한 법률」 제9조제1항, 제10조제1항 및 제2항, 제12조제3항, 제16조제1항 및 제25조제1항에 따른 유해물질 함유기준 설정, 재질·구조의 개선, 재활용비율 등에 관한 사항

9. 그 밖에 환경정책·자연환경·기후대기·물·상하수도·자연순환·지구환경 등 부문별 환경보전 기본계획이나 대책의 수립·변경에 관한 사항과 위원장 또는 분과위원장이 중앙환경정책위원회의 심의 또는 자문을 요청하는 사항

② 지역의 환경정책에 관한 심의·자문을 위하여 시·도지사 소속으로 시·도환경정책위원회를 두며, 시장·군수·구청장 소속으로 시·군·구환경정책위원회를 둘 수 있다.

③ 제1항에 따른 중앙환경정책위원회는 위원장과 10명 이내의 분과위원장을 포함한 200명 이내의 위원으로 구성한다.

④ 제3항에 따른 위원장은 환경부장관과 환경부장관이 위촉하는 민간위원 중에서 호선으로 선정된 사람이 공동으로 하고, 분과위원장은 환경정책·자연환경·기후대기·물·상하수도·자원순환 등 환경관리 부문별로 환경부장관이 지명한 사람이 된다.

⑤ 제1항에 따른 중앙환경정책위원회의 구성·운영에 관하여 그 밖에 필요한 사항은 대통령령으로 정하며, 제2항에 따른 시·도환경정책위원회 및 시·군·구환경정책위원회의 구성 및 운영 등 필요한 사항은 해당 시·도 및 시·군·구의 조례로 정한다.

제58조(환경정책위원회) ① 환경부장관은 다음 각 호의 사항에 대한 심의·자문을 수행하는 중앙환경정책위원회를 둘 수 있다. 〈개정 2015.12.22.〉

1. 제14조에 따른 국가환경종합계획 및 제17조에 따른 중기계획의 수립·변경에 관한 사항

2. 환경기준·오염물질배출허용기준 및 방류수수질기준 등에 관한 사항

3. 제38조에 따른 특별대책지역의 지정 및 특별종합대책의 수립에 관한 사항

4. 「가축분뇨의 관리 및 이용에 관한 법률」 제5조에 따른 가축분뇨관리기본계획 등 가축분뇨의 처리·자원화를 위한 기본시책에 관한 사항

5. 「녹색제품 구매촉진에 관한 법률」 제4조에 따른 녹색제품구매촉진기본계획 등 녹색제품 구매촉진을 위한 기본시책에 관한 사항

6. 「잔류성유기오염물질 관리법」 제5조에 따른 잔류성유기오염물질관리기본계획 등 잔류성유기오염물질 관리를 위한 기본시책에 관한 사항

7. 「환경분야 시험·검사 등에 관한 법률」 제3조에 따른 환경시험·검사발전기본계획 등 환경시험·검사 및 환경기술 분야의 기본시책에 관한 사항

8. 「전기·전자제품 및 자동차의 자원순환에 관한 법률」 제9조제1항, 제10조제1항 및 제2항, 제12조제3항, 제16조제1항 및 제25조제1항에 따른 유해물질 함유기준 설정, 재질·구조의 개선, 재활용비율 등에 관한 사항

8의2. 「환경오염시설의 통합관리에 관한 법률」 제24조제1항에 따른 최적가용기법 및 같은 조 제2항에 따른 최적가용기법 기준서에 관한 사항

9. 그 밖에 환경정책·자연환경·기후대기·물·상하수도·자연순환·지구환경 등 부문별 환경보전 기본계획이나 대책의 수립·변경에 관한 사항과 위원장 또는 분과위원장이 중앙환경정책위원회의 심의 또는 자문을 요청하는 사항

② 지역의 환경정책에 관한 심의·자문을 위하여 시·도지사 소속으로 시·도환경정책위원회를 두며, 시장·군수·구청장 소속으로 시·군·구환경정책위원회를 둘 수 있다.

③ 제1항에 따른 중앙환경정책위원회는 위원장과 10명 이내의 분과위원장을 포함한 200명 이내의 위원으로 구성한다.

④ 제3항에 따른 위원장은 환경부장관과 환경부장관이 위촉하는 민간위원 중에서 호선으로 선정된 사람이 공동으로 하고, 분과위원장은 환경정책·자연환경·기후대기·물·상하수도·자원순환 등 환경관리 부문별로 환경부장관이 지명한 사람이 된다.

⑤ 제1항에 따른 중앙환경정책위원회의 구성·운영에 관하여 그 밖에 필요한 사항은 대통령령으로 정하며, 제2항에 따른 시·도환경정책위원회 및 시·군·구환경정책위원회의 구성 및 운영 등 필요한 사항은 해당 시·도 및 시·군·구의 조례로 정한다.

제59조(환경보전협회) ① 환경보전에 관한 조사연구, 기술개발 및 교육·홍보, 생태복원 등을 위하여 환경보전협회(이하 "협회"라 한다)를 설립한다.

② 협회는 법인으로 한다.

③ 협회의 회원이 될 수 있는 자는 환경오염물질을 배출하는 시설의 설치허가를 받은 자 및 대통령령으로 정하는 자로 한다.

④ 협회의 사업에 드는 경비는 회비·사업수입금 등으로 충당하며, 국가 및 지방자치단체는 경비의 일부를 예산의 범위에서 지원할 수 있다.

⑤ 협회는 국가 또는 지방자치단체 등으로부터 제1항의 사업 및 환경부장관이 승인하여 정관으로 정하는 사항을 위탁받아 시행할 수 있다.

⑥ 환경부장관은 협회의 운영이 법령이나 정관에 위배된다고 인정할 때에는 그 정관 또는 사업계획을 변경하거나 임원을 바꾸어 임명할 것을 명할 수 있다.

⑦ 협회에 관하여 이 법에 규정되지 아니한 사항은 「민법」 중 사단법인에 관한 규정을 준용한다.

(5) 제5장 보칙

보칙은 법령의 기본 규정을 보충하고자 만든 규칙으로 여기서는 중앙정부의 권한을 지방정부 권한을 사항을 지방정부에 위임하거나 관계전문기관에 위탁할 수 있음을 명시해두고 있다.

제5장 보칙

제60조(권한의 위임 및 위탁) ① 이 법에 따른 환경부장관의 권한은 대통령령으로 정하는 바에 따라 그 일부를 시·도지사 또는 지방환경관서의 장에게 위임할 수 있다.

② 이 법에 따른 환경부장관의 업무는 그 일부를 대통령령으로 정하는 바에 따라 관계 전문기관의 장에게 위탁할 수 있다.

제61조(벌칙 적용 시의 공무원 의제) 제60조제2항에 따라 위탁받은 업무에 종사하는 사람은 「형법」 제129조부터 제132조까지의 규정을 적용할 때에는 공무원으로 본다.

---

(6) 부칙

부칙은 법령의 끝에 경과 규정, 시행 일, 구법의 폐지, 세칙을 정해두는 것으로, 법의 개정이 있을 때마다 부칙이 추가 또는 삭제되기도 한다.

내용정리

1. 환경정책기본법의 제정 배경과 입법 취지를 설명해보자.
2. 환경정책기본법을 구성하는 장과 절을 제목과 함께 열거해보자.
3. 환경정책기본법의 기본 이념을 설명해보자.
4. 환경정책기본법에 명시된 환경보전을 위한 국가와 지방자치단체의 책무, 사업자의 책무를 알아보자.
5. 환경정책기본법에 명시된 국민의 권리와 의무를 알아보자.
6. 오염원인자책임원칙, 사전예방원칙, 무과실책임원칙을 환경정책기본법에서 찾아보자.
7. 환경기준과 지역환경기준 설정과 유지를 위하여 국가와 지방자치단체가 해야할 사항을 알아보자.
8. 국가환경종합계획에 포함되어야 할 내용을 알아보자.
9. 국가환경 장기 및 중기 종합계획 수립 기간과 절차를 설명해보자.
10. 시도 및 시군구 환경보전계획 수립에 관해 환경정책기본법에 명시된 사항을 알아보자.
11. 국가와 지방자치단체가 조사 및 평가해야 하는 환경상태에 관한 항목을 알아보자.
12. 환경정책기본법 제23조부터 39조까지 명시된 국가와 지방자치단체가 환경보전을 위해 해야 할 책무를 정리해보자.
13. 규제적 수단과 경제적 수단 명시된 조항을 환경정책기본법에서 찾아보자.
14. 환경영향평가에 관한 조항을 환경정책기본법에서 찾아보자.
15. 환경분쟁조정과 피해구제에 관한 조항을 환경정책기본법에서 찾아보자.
16. 환경정책기본법에 명시된 환경정책위원회와 환경보전협회의 역할을 알아보자.

읽어보기

〈우리나라 법령 체계〉

우리나라 법령의 체계는 국민 투표로 제정된 '헌법'을 최고 규범으로 하고 그 헌법이념을 구현하기 위해서 국민의 대표 기관인 국회에서 의결된 '법률'을 중심으로 한다. 헌법이념과 법률의 입법취지에 따라 법률 내용을 효과적으로 시행하기 위해 그 위임 사항과 집행에 필요한 사항을 '대통령령'과 '총리령', '부령' 등의 행정상의 입법으로 정한다. 그리고 헌법의 자치입법권에 따라 법령의 범위 안에서 지방 사무에 관하여 지방의회에서 제정하는 지방자치단체의 자치 법규인 '조례'도 전체적인 국법 체계의 한 부분을 이루고 있다.

법령이 법규범으로서의 존재 근거를 어디서부터 받았는가에 따라 법령 상호간의 위계 체계를 형성할 수 있다. 따라서 주권자인 국민이 직접 인정한 헌법이 최고의 규범이 된다. 헌법에 의해서 다른 모든 법형식이 인정되었기 때문에 헌법외의 모든 다른 법 형식은 헌법보다 하위의 지위에 있게 된다. 헌법 다음의 지위에는 법률이 있다. 법률은 헌법에서 법률로 정하도록 위임한 사항과 국민의 권리·의무에 관한 사항에 관하여 규정하며, 헌법상의 입법 기관인 국회의 의결을 거쳐야 하는 것으로써 그 지위는 헌법 다음이 된다.

대통령령은 법률에서 위임된 사항과 법률을 집행하기 위해 필요한 사항만을 규정할 수 있게 되어 있으므로 대통령령의 지위가 법률보다 높을 수는 없다. 총리령과 부령 역시 법률이나 대통령령에서 위임된 사항과 그 집행을 위해 만들어 질 수 있는 것이므로, 총리령과 부령의 지위는 대통령령 다음이 된다. 헌법에서는 행정 각부의 장관에게만 부령의 발령권을 인정하고 있어서, 법제처, 국가보훈처 등의 국무총리 소속 기관은 필요한 경우 총리령에 그 내용을 담게 되므로 총리령과 부령은 같은 지위에 있는 것으로 본다. 대통령령은 시행령, 총리령이나 부령은 시행규칙이라 한다,

한편 헌법기관이 제정하는 국회규칙·대법원규칙·헌법재판소규칙과 중앙선거관리위원회규칙 등도 각각 법률의 규정에 벗어나지 않는 범위 안에서 일정한 사항을 규정할 수 있게 되어 있다. 따라서 그 지위는 법률보다 높을 수 없다는 점에서 대통령령의 지위와 유사하다고 볼 수 있다. 그리고 훈령·예규·고시 등과 같은 행정규칙과 조례·규칙과 같은 자치법규도 그 위임법령과의 관계에 있어서는 하위의 법령에 해당하게 된다.

국제조약과 국제법규의 경우는 국내법 체계로 수용됨으로서 구체적으로 관련 국내법과 상하위적인 위계를 형성하게 된다. 헌법 제60조에 따라 국회의 비준 동의를 얻어 체결되는 조약은 법률과 같은 효력을 가지고, 그 밖의 조약은 대통령령 이하의 효력을 가지는 것으로 이해되고 있다.

이러한 위계 관념에 따르면 법형식간의 위계체계는 헌법·법률·대통령령·총리령·부령의 순이 된다. 이 순서에 따라 어느 것이 상위법 또는 하위법인지가 정해지며, 하위법의 내용이 상위법과 저촉되는 경우에는 '상위법 우선의 원칙'에 의해 법령은 관념적으로 통일된 체계를 형성하게 된다.

훈령은 상급관청이 하급관청에 내리는 명령을 말하는 것으로 특별한 법령의 규정이 있는 경우도 있지만, 그와 같은 법령의 규정이 없는 경우에도 상급관청은 그의 감독권의 작용으로 가능하다. 고시는 행정기관이 결정한 사항을 일반인에게 알리는 일을 의미한다. 조례와 규칙은 지방의회와 지방자치단체의 장이 각각 제정한다. 법질서의 통일성을 위하여 법령의 범위 안에서만 조례의 제정이 인정되며, 시·군 및 자치구의 조례는 시·도의 조례나 규칙에 위반되어서는 안 된다.

(법제처 자료)

제9장 환경행정과 환경분쟁조정

환경행정기구의 연혁과 조직 및 기능, 타 부처의 환경행정 업무 등을 정리하고, 환
경보전계획 수립, 환경규제, 환경보전사업, 환경오염 피해구제와 같은 주요 환경행정 내
용과 지방자치단체 환경행정을 살펴본다.

9.1. 행정기구

환경정책은 환경법에 법적 근거를 두고 행정기구를 통해 시행된다. 관리
해야 할 대상이 국가 물 관리, 국토이용계획 등 전국적인 규모에서부터 먹는
물, 실내공기, 쓰레기 등과 같은 지역단위 문제까지 전 분야를 포함하고 있기
때문에 환경행정은 중앙정부, 시·도, 시·군·구, 그리고 동·리에 이르기까지
모든 행정단위에서 이루어지고 있다.

대부분의 선진산업국에서는 현재 중앙정부에 각료급 환경행정기구를 갖
고 있다. 지난 1992년 리우 유엔환경정상회의에서 환경이 경제, 사회와 함께
지속가능발전으로 가는 세 축으로 선언되면서 환경행정의 중요성이 더해가
고 있다. 근대적인 독립환경행정기구는 대부분의 국가에서 산업화 이후, 특
히 심각한 환경문제를 경험한 다음에 만들어졌다.

환경행정기구
리우 유엔환경정상회의
지속가능발전

독립된 환경행정조직을 처음 설립한 국가는 북유럽 스칸디나비아 반도에 위치한 스웨덴이다. 당시 이웃나라 영국이나 독일 등에서 날아오는 산성비로 인해 자국의 호수 9만여 개 중 4만여 개가 산성화되면서 환경의 중요성이 강조되었고 이를 계기로 1967년 독립행정기구가 만들어졌다. 1970년에는 미국에서 보다 적극적이고 포괄적인 환경관리를 위한 국가환경정책법(NEPA: National Environmental Policy Act)이 시행되면서 연방환경보호청(EPA: Environmental Protection Agency)이 설립되었다. 같은 해 영국에서도 환경청이 설립되었고, 1971년에는 프랑스, 일본, 캐나다 등에서도 독립행정기구가 만들어졌다. 우리나라는 산업화는 다소 늦었지만 환경정책과 행정기구의 태동은 1972년에 개최된 스톡홀름 유엔인간환경회의와 미국이나 일본 등과 같은 선진산업국의 영향으로 비교적 일찍 시작되었다.

(1) 연혁

우리나라 중앙행정부처 중에서 계 단위 조직에서 출발하여 청과 처를 거

【그림 9-1】
미국 국가환경정책
(NEPA)과 이를 근거로
설립된 환경보호청
(EPA) 초대청장 취임
선서(1970년)

쳐 부로 승격된 부서는 환경부가 유일하다. 1967년 2월 보건사회부 보건국 환경위생과 공해계가 지금 환경부의 최초 단위조직이다. 1973년 3월에는 보건사회부 위생국 공해과로 승격되었고 1975년 8월에 보건사회부 환경위생국 두 개의 과(수질보전과, 대기보전과)로 확대되었다. 1978년 7월 국립환경연구소(현 국립환경과학원)가 설립되었으며 1980년 1월 우리나라 최초의 독립환경행정기구인 환경청이 발족했다. 1986년 10월 6개의 지방환경청(서울, 부산, 대구, 대전, 광주, 원주)이 설립되었으며 1990년 1월 환경처로 승격되었다. 1991년 낙동강 페놀사건과 1992년 리우 유엔환경정상회의를 거치면서 당시 건설교통부 소속의 상하수도국을 흡수하고 1994년 12월 오늘 날의 환경부로 승격하였다. 1996년에는 해양수산부가 설립되면서 해양환경보전 업무가 환경부를 떠나게 되었으며, 1998년과 1999년에 각각 당시 내부부 소관이던 자연공원관리 업무와 산림청 소관의 야생조수보호 업무가 환경부로 이관되었다. 2008년에는 기상청이 과학기술부에서 환경부 외청으로 들어왔다.

국립환경연구소
환경청
지방환경청
환경처
환경부
기상청

【그림 9-2】
국립환경연구소 설립
(1978년), 환경청 설립
(1980년)과 환경처
승격(1984년)

(2) 조직 및 기능

우리나라 환경행정조직은 환경부를 중심으로 국립환경과학원, 한국환경공단, 한국환경산업기술원, 환경인력개발원, 중앙분쟁조정위원회, 국립생물자원관, 국립공원관리공단, 국립생태원 등 다양한 역할을 하는 소속 및 산하기관으로 이루어진다.

환경부는 자연환경정책, 물환경정책, 상하수도정책, 기후대기환경정책, 폐기물정책, 환경보건정책 등 국가의 모든 환경정책을 총괄하고, 법령 제·개정, 국회보고, 예산 편성, 국제환경협력, 환경보전종합계획 수립 등을 수행하고 있다. 한강유역환경청, 낙동강유역환경청 등 8개 지역별 환경청을 두고 지방 현장에서 환경행정업무를 수행한다.

국립환경과학원은 국내 유일의 종합환경연구기관으로 환경행정에 필요한 과학기술적 조사 및 연구를 지원하며, 한국환경공단은 환경기초시설 설

환경부 소속 기관
환경부 산하 기관

국립환경과학원
한국환경공단
환경산업기술원
환경분쟁조정위원회
국립공원관리공단
국립생물자원관
국립생태원

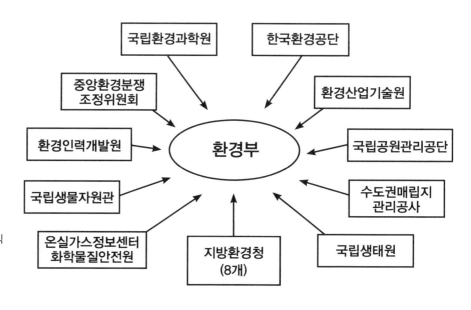

【그림 9-3】
우리나라 환경행정 조직

치 및 유지 관리 사업과 같은 개입적 수단의 환경정책을, 환경산업기술원은 환경기술개발, 환경산업육성, 친환경제품 생산 및 소비 등과 같은 환경경제 정책의 실무를 주로 담당하고 있다. 그 외 중앙환경분쟁조정위원회, 국립환경관리공단, 국립생물자원관, 국립생태원 등 여러 기관들이 전문영역에 따라 국가 환경정책을 지원하고 있다.

(3) 타 부처 환경업무

환경부를 중심으로 대부분의 국가 환경행정이 이루어지고 있지만 타 부처에서도 다양한 환경행정이 이루어지고 있다. 표 9-1에 제시된 바와 같이 원자력 안전과 방사능 대책, 농업분야 공해대책, 농업용수, 독극물 수출입, 공업배치 및 산업단지, 국토건설 종합계획, 하천관리, 수자원종합개발, 자동차 형식승인, 수산자원보호, 공유수면 매립관리, 해양오염방지, 작업환경개선 및 직업병, 천연기념물 지정보호, 산림보호, 토양검정개량 등 여러 가지 환경관련 행정이 타 부처에서 이루어지고 있다.

원자력 안전
농업 공해대책
농업용수
독극물 수출입
국토종합계획
하천관리
수자원종합개발
수산자원보호
공유수면매립
해양오염방지
작업환경개선
천연기념물
토양검정개량

9.2. 주요 행정 내용

환경문제를 예방하고 개선·해결하기 위하여 중앙정부와 지방자치단체는 많은 예산과 인력을 투입하여 다양한 환경행정 업무를 수행하고 있다. 주요 환경행정은 크게 환경보전계획 수립, 환경규제, 환경보전사업, 환경피해구제 등으로 나누어진다.

환경보전계획
환경규제
환경보전사업
환경피해구제

(1) 환경보전계획 수립

중앙정부는 환경정책기본법에 따라 장기 20년 중기 5년마다 환경종합계획을 수립하고 이를 달성하기 위한 환경행정을 시행한다. 지방자치단체도 중앙정부의 장기 및 중기 환경종합계획에 따라 관할 구역의 환경보전계획을 수

장기 환경종합계획
중기 환경종합계획

〈표 9-1〉 타 부처 환경업무

기관별	관장업무
미래창조과학부	○ 원자력 안전규제업무의 종합·조정 ○ 방사능 방호대책의 수립·시행
농림축산식품부	○ 농업분야 공해대책 ○ 농업용수 개발사업 계획 및 기술지도
산업통상자원부	○ 독극물 수출입 ○ 공업배치 및 산업단지관리업무 ○ 신에너지 및 대체에너지 연구·개발 ○ 원자력발전소의 안전관리와 핵폐기물처리·처분의 기능
국토교통부	○ 국토건설 종합계획의 입안·조정 ○「국토의 계획 및 이용에 관한 법률」에 의한 규제지역, 개발제한 구역 지정 ○ 수자원 종합개발계획의 수립·조정 ○ 하천관리 및 하천·호소의 매립과 점용 ○ 자동차 형식승인 및 성능시험
해양수산부	○ 수산자원의 보호 및 공해대책 ○ 공유수면의 매립·관리 ○ 항만오염방지대책 ○ 해양오염방지를 위한 감시·단속 및 방제
노동부	○ 직업병의 예방대책과 작업환경개선
문화체육관광부	○ 천연기념물 지정 및 보호·관리
산림청	○ 산림기본계획 수립 ○ 산림의 보호 및 산지훼손 행위의 단속
농촌진흥청	○ 토양검정의 개량 지도

립하고 시행하는 것이 환경행정업무의 주요 부분을 차지한다. 환경보전계획 수립과 달성에 근간이 되는 것이 환경기준(Environmental Standards)이다. 환

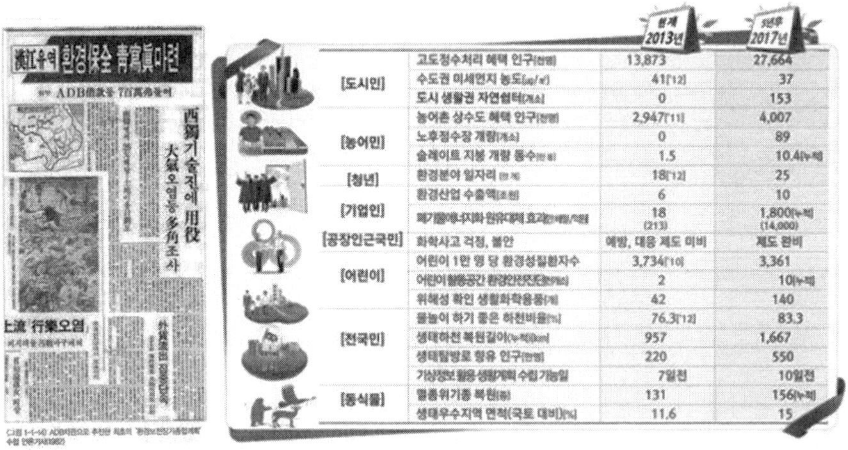

	현재 2013년	5년후 2017년
[도시민] 고도정수처리 혜택 인구(만명)	13,873	27,664
수도권 미세먼지 농도(µg/㎥)	41[12]	37
도시 생활권 자연생태(개소)	0	153
[농어민] 농어촌 상수도 혜택 인구(만명)	2,947[11]	4,007
노후정수장 개량(개소)	0	89
슬레이트 지붕 개량 동수(천 동)	1.5	10.4[누계]
[청년] 환경분야 일자리(만 개)	18[12]	25
[기업인] 환경산업 수출액(조원)	6	10
폐기물에너지화 신유대체 효과(천toe/천㎥)	18 (213)	1,800[누계] (14,000)
[공장인근국민] 화학사고 걱정, 불안	예방, 대응 제도 미비	제도 완비
[어린이] 어린이 1만 명 당 환경성질환자수	3,734[10]	3,361
어린이활동공간 환경안전진단(천개소)	2	10[누계]
[전국민] 위해성 확인 생활화학용품(종)	42	140
물놀이 하기 좋은 하천비율(%)	76.3[12]	83.3
생태하천 복원길이(km/개소)	957	1,667
생태탐방로 탐방 인구(만명)	220	550
기상정보 활용 생활계획 수립 가능일	7일전	10일전
[동식물] 멸종위기종 복원(종)	131	156[누계]
생태우수지역 면적(국토 대비)(%)	11.6	15

【그림 9-4】
우리나라 최초의 환경 보전 장기종합계획 수립 기사와 단기종합계획 도표

경기준은 '국민이 건강하고 쾌적한 생활을 영위하기 위하여 국가가 달성하고 유지해야 할 환경 수준'을 의미하기 때문에 이를 지키고 유지하는 것은 국민의 환경권 보장과 직결된다. 우리나라에서 환경기준은 1978년 7월 환경보전법 시행과 함께 처음 도입되었으며, 1990년 이 법이 복수법으로 전환되면서 환경정책기본법에 포함되었다. 대기, 수질, 토양 등 매체별로 주어지며 국가가 달성·유지해야할 항목과 기준치는 대통령령으로 정한다.

> 환경기준
> 환경보전법
> 환경정책기본법

　환경기준의 설정과정은 먼저 환경독성학 또는 생태학 등과 같은 과학적인 사실에 근거하여 판단기준(과학적 기준치, 준거치, Criteria)을 검토하고, 달성 및 유지 가능성을 고려하여 규제기준(법적 기준치, Standards)을 법으로 정한다. 과학적 기준치는 매우 이상적인 기준치로 현실적으로 달성이 어려울 수가 있다. 그래서 과학적 기준치에 기술적 가능성과 경제적인 측면을 고려하여 법적 기준치를 정하게 된다.

> 환경독성학
> 생태학
> 판단기준
> 과학적 기준치
> 준거치
> 규제기준
> 법적 기준치

　환경기준은 국가 전체에 적용하는 일반 환경기준과 특정 지역에만 적용하는 지역 환경기준이 있다. 환경정책기본법에는 지방자치단체는 국가가 정해둔 일반 환경기준을 초과하지 않은 범위 내에서 지역환경기준을 정할 수 있도록 하고 있다. 지금까지 환경기준은 주로 인체 건강에 미치는 영향에 초점을 두고 정했으나 최근에는 생태계 전반에 미치는 영향을 고려하는 방향으로 전환되고 있다.

국가는 국민이 살아가는 주변 환경 현황을 조사하여 환경기준에 얼마나 잘 부합하는지 감시하여야 한다. 이는 곧 헌법에 명시된 환경권 보장을 의미하는 것이기 때문에 환경질(Environmental Quality) 조사와 감시는 국가의 중요한 환경행정 책무다. 이를 근거로 모든 국민이 건강하고 쾌적한 환경에서 살아가고 있는지 파악하고, 이를 유지 및 달성하기 위한 환경종합계획을 수립하게 된다.

환경질 조사 및 감시 대상은 저수지, 호수, 하천, 강, 토양, 지하수, 대기, 생태계 등 국토의 자연환경뿐만 아니라 소음, 악취, 실내공기 등 생활환경에 이르기까지 광범위한 영역을 차지한다. 시간적으로도 관측 항목에 따라 초분 단위에서 월별, 계절별 등 다양하게 이루어진다. 최근 측정분석 및 정보통신 기술의 발달에 따라 많은 항목이 실시간 관측이 가능해졌고 전국 곳곳에 자동측정망을 설치하여 환경질 자료를 수집하고 있다.

환경기준과 환경질 조사 자료를 근거로 국가 중장기 환경종합계획 및 지방자치단체의 환경보전계획이 수립된다. 모든 환경계획은 환경현황과 전망을 제시하고 목표 달성을 위해 필요한 대책 및 사업을 구체적으로 기술하게 된다. 또한 계획에 소요되는 비용을 산정하고 재원 조달 방법 등을 제시한다.

(2) 환경규제

환경규제는 공해법이 처음 만들어질 때부터 시작된 가장 오래되고 중요한 환경행정 사항이다. 대부분의 환경법이 규제를 통한 경찰법적 역할을 하

일반 환경기준
지역 환경기준

환경권
환경질 조사
환경종합계획

자연환경
생활환경
실시간 관측
자동측정망

환경종합계획
환경보전계획

환경규제
환경경찰

고 있으며 위반 시 벌칙을 가한다. 환경규제는 크게 환경정책수단에서 규제적 수단에 해당하는 직접규제와 경제적 수단에 해당하는 간접규제로 나누어진다.

직접규제는 강제적이고 법적 구속력을 갖는다. 가장 오래전부터 널리 사용되어온 직접규제는 배출규제다. 배출규제의 일반적인 방법은 국가가 배출기준을 정해두고 오염원인자로 하여금 지키게 하는 법적 수단이다. 배출기준은 국민이 건강하고 쾌적한 생활을 영위하기 위하여 국가가 달성하고 유지해야 할 환경기준을 지키기 위해 배출시설에 허용할 수 있는 최대 환경오염 수치다. 환경기준은 행정기관의 준수사항으로 법적 구속력이 없는 반면에 배출기준은 배출자(개인 또는 사업장)에 대한 구속력이 있다.

과학적인 절차에 따르면 환경기준이 먼저 정해진 후에 배출기준이 결정된다. 환경기준은 국민의 건강이나 자연생태계 영향 등에 따라 정해지고, 배출기준은 환경기준과 지역의 기상, 수체 특성, 지형 특성 등과 같은 매체의 용량을 고려하여 결정한다. 환경기준은 대기의 경우 전국이 동일하고, 물, 토양, 소음 등은 대상 지역에 따라 다르다. 특히 소음은 동일한 장소에도 주간과 야간(수면 시간)에 따라 달라진다. 반면에 배출기준은 매체 환경용량이 고려되기 때문에 모든 곳이 다르다.

주목할 것은 각국의 입법 과정을 보면 역사적으로 배출기준이 먼저 도입되고 환경기준이 법률로 제정되었다는 사실이다. 이것은 환경오염 문제가 제기될 초창기에는 환경기준을 결정할 과학적인 방법이 없는 상태에서 오염물질 배출을 막는 것이 우선이었기 때문이다. 우리나라에서도 1971년 공해방지법을 개정할 당시 배출기준이 시도되었고, 1977년에 환경보전법이 제정될 때 환경기준이 도입되었다. 지금은 환경정책기본법에서 환경기준을 관리하고 있다. 배출기준은 대기환경보전법, 수질 및 수생태계 보전에 관한 법률, 소음진동관리법 등과 같은 하위법의 관리 사항이다.

규제적 수단
경제적 수단

직접규제
배출규제
배출기준
환경기준

환경기준
국민건강
자연생태계
환경용량

공해방지법
환경보전법
환경정책기본법

〈표 9-2〉 환경기준과 배출기준

	환경기준	배출기준
설정 배경	인체 건강, 자연생태계	환경기준과 환경용량
법적 구속력	없음(행정기관 준수사항)	있음(사업장, 개인 등)
법적 근거	환경정책기본법	하위법(물, 대기, 소음 등)
국내 도입	환경보전법(1977)	공해법 개정(1971)

배출규제
농도규제
배출량규제
총량규제
자정능력
환경용량

배출규제는 주어지는 배출기준에 따라 농도규제, 배출량규제, 또는 총량규제로 나누어진다. 농도규제는 배출농도를 정해두고 규제하는 것으로 물이나 공기를 투입하여 희석하게 되면 규제하기 어렵게 된다는 단점이 있다. 농도규제의 단점을 보완하기 위한 것이 배출량규제로 농도보다 배출되는 오염물질 총량을 규제하는 것이다. 이 경우 희석하여도 배출총량은 변하지 않기 때문에 농도규제가 갖는 문제점을 극복할 수 있다.

농도규제나 배출량규제는 배출자 수가 늘어날 경우 개별 배출자는 규제에 부합하더라도 주어진 수용 매체(물이나 공기)에 배출되는 총량이 증가하여 문제가 발생할 수 있는 단점이 있다. 이러한 단점을 보완하기 위해 만든 제도가 총량규제다. 수용 매체의 자정능력과 환경용량을 고려하여 배출할 수 있는 총량을 규제하는 제도다. 현재 우리나라 주요 큰 강, 일부 항만(마산만)과 대기(수도권 대기) 등에 적용하고 있다.

시설규제
토지이용규제
연료규제
관리자 규제
행위규제

직접규제는 배출규제 외에도 특정시설 설치를 의무화하거나 사용을 금지하는 시설규제, 개발제한구역이나 상수원보호구역 지정과 같은 토지이용규제, 사용 연료의 종류와 성분을 제한하는 연료규제, 환경기초시설을 관리하는 자에게 교육을 의무화하거나 자격증을 요구하는 시설관리자 규제, 특정

지역에서 소각이나 취사를 금지하거나 낚시 세차 등을 금지하는 행위규제 등이 있다. 그 외에도 배출 시설의 인허가나 신고 등록제 등도 직접규제에 해당된다.

직접규제는 대부분의 경우 이행하지 않을 때 심각한 환경문제가 발생할 가능성이 높다. 따라서 직접규제는 강제성을 띠고 이행확보 수단으로 법으로 벌칙을 정해두게 된다. 조업 제한 또는 정지, 이전 명령, 벌금 또는 체벌을 가하기도 하며, 보다 강력한 수단으로 허가를 취소하기도 한다.

조업 제한
조업 정지
이전 명령
벌금
체벌

직접규제의 단점을 보완하고 자발적 참여를 유도하기 위하여 시도된 것이 간접규제다. 간접규제는 환경정책수단 중에서 경제적 수단에 해당하는 것으로 원인자에게 경제활동을 보장하는 규제 방법이다. 다시 말하면 오염원인자는 환경규제를 지킬지 아니면 경제적 손실을 감수할지 선택권을 갖게 된다. 간접규제의 장점 중 하나는 원인자가 새로운 환경기술을 개발하거나 활용하게 하도록 유도할 수 있다는 점이다. 간접규제는 크게 정부가 경제적 혜택을 주는 보조금제와 불이익을 주는 부과금제로 나누어진다. 보조금제는 조세감면, 금융지원, 보조금 지원, 특혜제공 등이 있고 부과금제는 배출부과금, 강제저당금(예치금), 부담금제 등이 있다. 보다 자세한 설명은 제3장 환경정책수단을 참고하기 바란다,

간접규제
보조금제
조세감면
금융지원
보조금 지원
특혜제공

부과금제
배출부과금
강제저당금
예치금
부담금제

(3) 환경보전사업

환경규제가 가장 오래된 환경행정 사항이었다면 환경보전사업은 비교적 늦게 시작된 환경행정 사항이다. 공해법에서 환경법으로 오는 과정에서 정부가 보다 적극적인 환경관리의 필요성을 인식하면서 환경보전사업이 선진산업국을 중심으로 시작되었다. 환경보전사업은 주로 환경보전대책과 환경오염방지사업으로 구성된다.

환경보전대책은 제도적 장치에 해당하는 환경행정이다. 구체적인 사례로 토지이용계획, 사전환경성 검토, 환경영향평가 등이 있다. 토지이용계획은

공해법
환경법
환경보전사업

환경보전대책
토지이용계획
사전환경성 검토
환경영향평가
미국 국가환경정책법

역사가 비교적 오래된 국가 행정 사항이다. 초기에는 토지의 경제적 사용이 주목적이었다. 하지만 지금은 환경오염과 훼손을 방지하고 환경을 관리하는 수단으로 사용되고 있다. 사전환경성 검토는 모든 정부 정책(교통, 도시, 산업, 경제, 문화 등)을 계획 단계에서 환경에 미치는 영향을 고려한 후 수립하는 제도로 비교적 늦게 시작되었다. 환경영향평가는 1970년 미국의 국가환경정책법(NEPA)에서 처음 도입된 것으로 자연변경행위(개발사업)가 자연환경, 생활환경, 사회경제문화에 미치는 영향을 사전에 예측 평가하고 피해를 최소화하는 제도다.

환경오염방지사업은 크게 예방사업과 복원사업으로 구성된다. 예방사업에 해당하는 것은 하수처리시설, 쓰레기 소각 및 매립 시설 등과 같은 환경기초시설을 설치하고 유지관리하는 것이다. 복원사업으로는 오염하천 정화사업, 오염토양 복원사업, 광해복구사업, 녹지조성 등이 있다. 환경오염방지사업은 환경정책수단 중 개입적 수단에 해당하며 상당한 재원을 요구한다. 우리나라의 경우 지난 몇 십년간 이러한 사업을 적극 추진하여 빠른 시일 내 상당한 환경개선을 이룩하였다. 전문적인 환경 기술과 현장 사업이 요구되기 때문에 현재 환경부 산하에 환경공단을 설립하여 이를 담당하게 하고 있다.

환경오염방지사업
오염하천 정화사업
오염토양 복원사업
광해복구사업
녹지조성
예방사업
복원사업

(4) 기타

앞서 설명한 전통적인 환경행정 외에도 다양한 업무가 이루어지고 있다. 특히 최근 건강하고 쾌적한 환경에 대한 욕구가 강해지고 기후변화, 생물 다양성 감소 등과 같은 지구환경문제가 심화되면서 환경행정은 그 범위를 점점 확대해가고 있다. 여기에 정보통신기술의 발달, 시민들의 행정 참여 증가, 활발한 국제협력 등이 새로운 환경행정 업무를 만들어가고 있다.

지구환경문제
국제협력
환경지식정보 보급
환경교육

첫째, 정부가 국민에게 환경지식과 정보를 보급하는 일이다. 대국민 교육과 홍보를 통하여 환경 가치관과 의식 그리고 행동 변화를 유발하고 민간 환경운동을 활성화하여 많은 국민들이 환경 친화적인 삶을 살 수 있도록 하는 것이다.

둘째, 환경과 경제가 상생하는 사회로 만들어 가는 것이다. 환경기술을 개발하고 환경산업을 육성하며 친환경 상품 보급을 촉진한다. 그뿐만 아니라 기업의 녹색경영을 활성화하여 산업의 친환경 진화를 유도한다. 이러한 일은 현재 환경산업기술원에서 전담하여 추진하고 있다.

셋째, 지구환경보전과 국제환경협력에 적극 참여하는 것이다. 오존층 파괴, 기후변화, 생물 다양성 감소, 유해폐기물 관리, 난분해성 유기물 관리, 습지보전 등과 같은 지구환경문제 해결을 위하여 국제환경협약에 동참하고 이를 국내법으로 수용하고 있다. 또한 동북아 환경문제 해결을 위하여 한중일 환경협력을 적극 추진하고 있다.

환경기술 개발
환경산업 육성
산업 친환경 유도

지구환경보전
국제환경협력
국제환경협약
한중일 환경협력

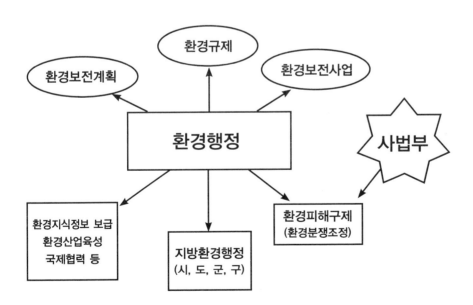

【그림 9-5】
주요 환경행정 업무

9.3. 지방자치단체 환경행정

환경행정은 중앙정부뿐만 아니라 시·도, 시·군·구, 그리고 동·리에 이르는 지방자치단체에서도 활발하게 이루어지고 있다. 지향하는 환경정책 방향에 따라 지방자치단체의 환경행정 조직은 조금씩 차이가 나지만 행정내용은 별반 차이가 없다. 시·도 행정조직에 상수도사업본부, 청소사업본부, 기후환경본부 등이 있고, 보건환경연구원, 시·도 정책연구원, 상수도 연구소 등과 같은 환경관련 연구기관도 있다. 행정내용은 환경보전계획, 환경규제, 환경보전사업 등 중앙정부와 유사하다. 중앙정부와 차이가 있다면 대국민 환경서비스, 국민 고통해소, 삶의 질 향상 등과 같은 대민 업무에 보다 많은 노력을 기울이고 있다. 안전한 수돗물 공급, 하수처리, 쓰레기 관리, 환경보건관리 등은 지방자치단체가 주요하게 다루는 환경행정 사항이다.

상수도사업본부
청소사업본부
기후환경본부
보건환경연구원
정책연구원
상수도연구소

9.4. 환경분쟁조정

환경오염과 훼손으로 인한 분쟁을 해결하고 피해를 구제하기 위한 제도다. 공해법 시대부터 존재했던 제도로 역사가 비교적 오래되었다. 산업화 이후 환경문제가 가속화되면서 환경분쟁조정에 필요한 법과 제도가 필요하게 된 것은 인한 가시적 환경 피해가 나타났기 때문이다. 오늘날 환경행정의 핵심인 환경감시와 오염규제의 시작도 피해자의 건강과 재산을 보호하기 위한 환경경찰 역할에서부터 시작되었다.

환경분쟁조정
환경행정
환경감시
오염규제
환경경찰

민주주의 삼권분립 체제 하에서는 분쟁해결과 피해구제는 사법부의 영역이다. 하지만 행정기관에 준사법권을 부여할 경우 간단한 절차로 비교적 신속하게 처리할 수 있다는 장점이 있다. 또한 사법부에 비해 행정기관이 전문지식이 풍부하기 때문에 결과에 대한 신뢰성도 높다. 이러한 이유로 행정부에 준사법권을 부여하는 것이다. 행정부의 준사법권 부여 제도는 환경분쟁뿐만 아니라 의료분쟁, 노동분쟁, 공정거래 등 다양한 행정 분야에서 이루어지

민주주의 삼권분립
사법부
행정부 준사법권
환경분쟁
의료분쟁
노동분쟁
공정거래

고 있다. 만약 피해 당사자가 행정부의 분쟁해결에 만족할 수 없을 경우에는 사법부에 소송을 제기할 수 있다.

현재 환경분쟁조정은 환경분쟁조정법을 근거로 하여 환경분쟁조정위원회가 독립적인 준사법권을 가지고 제도를 시행하고 있다. 우리나라에서는 환경부 소속 기관으로 중앙환경분쟁조정위원회와 시도 지방자치단체 소속으로 지방환경분쟁조정위원회가 있으며 사건의 규모와 특징에 따라 다루는 사건이 달라진다. 지방환경분쟁조정위원회는 피해규모가 1억원 이하의 관할구역 안에서 일어나는 소규모 사건을 다룬다. 반면에 중앙환경분쟁조정위원회는 1억원을 초과하는 사건이나 2개 이상의 시도 관할구역에 걸치는 경우, 또는 국가나 지방자치단체를 당사자로 하는 사건을 담당하게 된다. 현재 우리나라에서 피해분쟁으로 가장 많은 사례는 소음진동 사건이며, 그 외에도 악취, 대기오염, 수질오염 등으로 인해 다양한 분쟁사건들이 발생하고 있다.

환경분쟁조정법
준사법권
중앙환경분쟁조정위원회
지방환경분쟁조정위원회

(1) 분쟁조정 절차

환경분쟁조정위원회는 알선, 조정, 재정이라는 절차를 통해 분쟁을 조정하고 피해를 구제한다. 알선은 비교적 간단한 사건을 환경분쟁조정위원회 소속의 알선위원이 분쟁 당사자의 화해를 유도하여 합의가 이루어지도록 하는 절차다. 만약 합의가 이루어지지 않을 경우 조정을 신청하게 된다. 분쟁당사자가 원하면 재정을 신청하거나 사법부로 직접 소송을 제기할 수도 있다.

환경분쟁조정위원회
알선
알선위원
조정
조정위원회
재정
재정위원회

알선으로 합의되지 않은 사건이나 분쟁당사자가 알선으로는 해결이 곤란하다고 판단한 피해분쟁 사건은 처음부터 조정 절차를 신청한다. 조정 신청이 접수되면 조정위원회가 구성되어 보다 충실히 사건의 사실을 조사하고 조정안을 작성하여 분쟁당사자들에게 수락을 권고하게 된다. 만약 어느 한 쪽이라도 수락을 하지 않을 경우 다시 재정을 신청하게 된다. 분쟁당사자가 원하면 사법부로 직접 소송을 제기할 수도 있다.

조정 절차에서 수락되지 않은 사건이나 처음부터 분쟁당사자가 알선 또는 조정으로는 해결이 곤란하다고 판단한 손해배상 사건은 처음부터 재정 절

피해분쟁 사건
손해배상 사건
심사보고서
재정문
민사소송

차를 신청한다. 재정 신청이 접수되면 재정위원회가 인과 관계 유무 및 피해액을 판단하는 재판에 준하는 절차에 따르게 된다. 재정의 경우 심사관이 예비조사를 실시하고 전문가의 현장조사를 참고하여 심사보고서를 작성한다. 이를 기준으로 재정위원회가 분쟁당사자를 신문한 후 재정을 결정하게 된다. 재정문을 당사자에게 송달하는 것으로 재정절차는 끝이 난다. 만약 어느 한쪽이라도 승복하지 않으면 환경분쟁조정위원회를 떠나 행정쟁송제도를 이용하거나 민사소송 단계로 가게 된다.

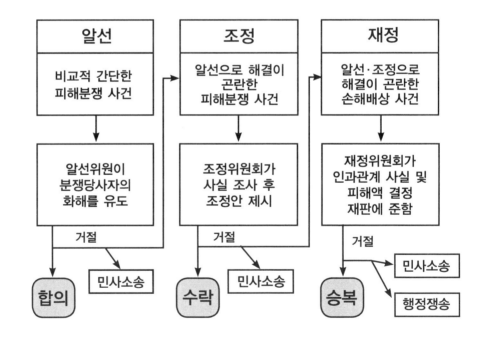

【그림 9-6】
환경분쟁 알선, 조정,
재정 신청 과정

(2) 행정쟁송제도

환경분쟁조정위원회의 알선, 조정, 재정 절차를 통해 대부분의 사건은 해결된다. 하지만 만약 분쟁당사자 중에서 행정기관의 판결에 불응(재정 결정에 불복)할 경우 사법기관에 민사 사건으로 재판을 신청하거나 행정쟁송제도로 갈 수 있다. 행정쟁송제도는 행정적 구제제도의 문제점을 보완하기 위한 것으로 행정심판을 청구하거나 행정소송을 제기하는 것을 말한다. 행정심판은 행정기관의 처분이 위법 부당할 경우 상급기관(행정심판위원회)에 취소를 요구하는 제도다. 행정심판은 환경분쟁 사건뿐만 아니라 우리나라 모든 행정기관의 위법 부당한 처분에 대해 청구할 수 있는 제도다. 적은 비용으로 신속한 처리를 할 수 있다는 장점이 있다. 행정소송은 행정기관의 부당에 대해 사법기관(행정법원)에 소송을 제기하는 것이다.

행정쟁송제도
행정심판
행정소송
행정심판위원회
행정법원

내용정리

1. 우리나라 환경행정 기구의 연혁을 설명해보자.
2. 우리나라 환경행징 기구의 조직과 기능올 알아보자.
3. 우리나라 타 부처에서 하는 환경업무를 살펴보자.
4. 주요 환경행정 업무 네 가지를 설명해보자.
5. 환경보전계획 수립에 왜 환경기준과 환경질 조사 및 감시가 필요한지 설명해보자.
6. 환경규제에서 직접규제와 간접규제를 비교하고 농도규제, 배출량규제, 총량규제를 설명해보자.
7. 환경보전사업을 구성하는 환경보전대책과 환경오염방지사업을 비교해보자.
8. 지방자치단체의 환경행정을 설명하고 중앙정부의 환경행정과의 차이를 설명해보자.
9. 알선, 조정, 재정으로 이어지는 환경분쟁조정 절차를 설명해보자.
10. 중앙환경분쟁조정위원회와 지방환경분쟁조정위원회가 담당하는 사건의 차이를 설명해보자.

읽어보기

〈적조대책, 정부 조직부터 바로잡아야 한다〉

적조 현상이 매년 반복되면서 피해 범위가 점점 확대되고 있다. 적조는 붉은빛을 띠는 단세포 생물이 천문학적인 숫자로 증식하는 현상으로, 바닷물에 인이나 질소와 같은 영양물질이 풍부하며 일사량이 많고 수온이 높을 때 발생한다. 적조가 발생하면 바다는 순식간에 독수대(毒水帶)로 변한다. 용존산소가 급격히 감소하고 황화수소, 암모니아, 메탄가스 등의 유해물질도 발생한다. 특히 적조생물은 아가미에 들러붙어 산소호흡을 방해하기 때문에 인근 해역에 서식하는 어패류는 일시에 떼죽음을 당한다.

우리 역사에는 신라시대부터 적조에 관한 기록이 나온다. 근래에 와서 처음 보고된 것은 1962년 경남 진동항이다. 1970년대 중반까지는 진동항과 마산항 주변 해역에서 여름철에 소규모로 발생해 1주일 정도 지속하는 것에 그쳤다. 하지만 1980년대 들어 양식장에 많은 피해를 주기 시작했다. 1995년에는 동해안 울진 앞바다까지 확대되기도 했으며, 이후 지금까지 거의 매년 양식업에 엄청난 피해를 주고 있다.

최근 적조 발생이 극심해지고 범위가 넓어지는 것은 지구 온난화와 무관하지 않다. 우리의 바다가 수온이 올라가고 일사량이 늘어난 것이다. 여기에 적조생물이 증식하는 데 필요한 영양물질이 외부에서 계속 공급되고 있기 때문이다.

육지에서 배출되는 생활하수가 그중 하나다. 현재 우리나라의 평균 하수처리율은 73%에 달하지만 해안지역은 겨우 50%대에 머물러 있다. 그나마 모든 하수처리는 유기물을 제거하는 정도에 그치기 때문에 영양물질은 상당량 그대로 배출된다. 그뿐만 아니라 해안에 위치한 산업단지와 항만 등도 많은 오염물질을 바다에 내놓는다.

비가 올 때 육지에서 씻겨 내려오는 토사, 비료, 쓰레기 등도 적조 발생에 한몫을 차지한다. 특히 농지에 뿌려진 비료는 적조생물이 가장 좋아하는 물질이다. 한국은 단위면적당 비료 사용량이 경제협력개발기구(OECD) 회원국 가운데 가장 높은 것으로 알려져 있다. 또한 해안에 빽빽이 들어선 양식장에서 발생하는 물고기 배설물과 사료도 적조 발생의 중요한 원인이 된다.

매년 반복되는 적조 피해를 당하면서도 우리는 황토 뿌리기 외에 별다른 대책이 없다. 황토 뿌리기는 이미 적조가 발생하고 양식장이 피해를 본 뒤에 이뤄지기 때문에 효과에 대해 논란이 많다. 부작용에 대한 과학적인 검증도 이뤄지지 않았고 선진국에서는 사용하지 않으며 일본에서는 금지까지 하는 것을 보면 좋은 대책이라 보기 어렵다.

필요한 것은 적조 발생을 예방하는 대책이다. 해안지역의 하수처리율을 높이고 처리한 하수를 외해로 방류하거나 적조발생 시기만이라도 하수를 고도처리하는 방법을 강구해야 한다. 또한 비료 사용량을 줄이고 강우 시 토사나 쓰레기가 해안으로 유입되는 것을 막아야 한다. 오염된 항만을 준설하고 친환경 양식법 보급, 어장 휴식년제 등을 강화해 바다의 자정(自淨) 능력도 회복해야 한다. 아울러 적조 발생이 예상될 때 양식장을 개방해 폐사 물고기를 줄임으로써 사체로 인한 2차 오염을 막는 방법도 취해야 한다.

이런 대책을 원활하게 추진하려면 먼저 정부 조직부터 바로잡아야 한다. 현재 우리나라는 육지와 바다의 환경관리가 제도적으로 분리돼 있다. 1996년 해양수산부가 처음 설립되면서 바다는 환경부를 떠났다. 바다 오염원 대부분이 육지에서 기인하고 있음에도 불구하고 육지는 환경부가, 바다는 해양수산부가 담당하고 있다. 환경부의 가장 중요한 기능이 국토의 환경질 감시인데, 육지면적의 4.5배나 되는 바다는 제외하고 있다. 개발하고 이용하는 부처가 환경감시까지 담당하는 것은 바다를 환경 사각지대로 남겨두자는 것이나 다름없다.

(한국경제신문 2013년 8월 16일)

Principle of Environmental Policy and Law

제Ⅱ부
사례와 실무

제10장 자연환경

자연환경정책의 주요 대상과 정책 목표, 관련 법규, 정책 수단 등을 살펴보고, 한반도 통합생태계 네트워크 구축, 자연보호지역 지정 및 관리, 자연환경보전 및 지속가능한 이용, 자연생태계 복원, 국가생물자원 및 다양성 보전 등과 같은 주요 정책을 공부한다.

10.1. 주요 대상 및 정책 목표

생태계 훼손 방지
생태계 복원
생물멸종 방지
생물다양성 보전

자연환경정책의 주요 대상은 자연생태계의 생물적 요소와 무생물적 요소를 모두 포괄하는 것으로, 산림, 습지, 해안, 해양 등이 여기에 포함된다. 강과 호수의 생태계도 자연환경 영역이지만 수질과 수량에 밀접한 관계를 가지고 있기 때문에 다음 장에 설명되는 수환경정책에서 다루고있다. 자연환경정책에서 특히 주요하게 다루는 것은 손상되기 쉽거나 보존가치가 높은 야생동식물, 지형지질, 자연경관 등이다. 도시 및 산업단지 개발, 도로건설, 농경지 등으로 인한 생태계 훼손 방지 및 복원, 생물멸종 방지, 생물다양성 보전 등도 자연환경정책의 주요 대상이다. 자연공원, 생태관광, 자연생태계 친환경 개발 등도 주요 정책 대상이다.

자연공원
생태관광
친환경 개발

자연환경정책이 추구하는 궁극적인 목표는 '인간과 자연이 더불어 사는 생명공동체'다. 세부 목표는 첫째, 국토의 자연생태계를 온전하게 유지·관리하고, 둘째 생물 다양성을 보전하며, 셋째, 자연환경이 우수한 지역을 특별 관리·보전하며, 넷째, 훼손된 생태계를 복원하며, 다섯째, 국토를 친환경적으로 개발하고 이용하는 것이다.

10.2. 관련 법규

자연환경정책은 지난 1977년 환경보전법이 제정되면서 보다 체계적으로 법제화되었다. 1990년에 '환경보전법'이 6개의 법으로 나누어지면서 '자연환경보전법'이라는 개별법이 제정되어 지금까지 자연환경정책의 중심 법 역할을 하고 있다. 이후 무인도 환경훼손 방지, 습지보전, 백두대간 보호, 야생동식물 멸종 방지, 생물다양성 보전, 남극 연구 등에 관한 법들이 시대적 요구에 따라 만들어졌다. 또한 '자연공원법'이 1967년에 제정된 공원법에서 1980년에 분리되어 나와 지금까지 자연공원관리를 담당하고 있다. 환경영향평가는 1977년 '환경보전법'에 처음 제도가 도입되었다가 1990년 '환경정책기본법'에 포함되었으나 1993년에 '환경영향평가법'이라는 독립된 법으로 분리되었다. 현재 자연환경 관련 환경법은 총 10개로 각 법이 다루고 있는 주요 정책은 표 10-1과 같다.

환경보전법
자연환경보전법
자연공원법
환경영향평가법

10.3. 정책 수단

환경정책이 일반적으로 필요로 하는 규제적, 경제적, 개입적, 호소적 수단 등 거의 대부분의 정책수단이 자연환경정책에 활용되고 있다. 규제적 수단으로는 토지이용 규제, 밀렵밀거래 규제, 자연휴식년제 등이 있으며, 물과 대기 등과 같은 타 매체의 규제적 수단(오염물질 배출규제)이 궁극적으로 자연생태계 보호를 위한 규제적 수단이 되기도 한다. 경제적 수단으로는 자연환경보전법에 명시된 생태계보전협력금 제도를 들 수 있다. 이것은 일종의 개발부담금

토지이용규제
밀렵밀거래규제
생태계보전협력금

〈표 10-1〉 자연환경정책 관련 법과 주요 내용 및 정책

환경법(제정년도)	주요 내용 및 정책
자연환경보전법(1991)	자연환경보전계획, 생태·경관보전지역 관리, 생물다양성 보전, 자연자산 관리, 생태관광 육성, 생태계복원, 생태계보전협력금
환경영향평가법(1993)	전략환경영향평가(대상, 평가항목, 범위, 절차 등), 환경영향평가(대상, 평가항목, 범위, 절차 등), 소규모 환경영향평가(대상, 평가항목, 범위, 절차 등)
자연공원법(1980)	자연공원의 지정(국립공원, 도립공원, 군립공원 등) 공원계획 결정, 자연공원 보전, 지질공원 인증, 국립공원관리공단 설립 및 운영
습지보전법(1999)	습지조사, 습지보전계획 수립, 습지보호지역 지정, 습지보전·이용시설 설치 및 운영, 훼손된 습지관리, 인공습지 조성 및 관리
백두대간 보호에 관한 법률(2003), (산림청 공동입법)	백두대간보호 기본계획 수립, 백두대간 조사, 보호지역 지정 및 관리, 보호지역 토지매수 및 주민지원, 연구 및 기술개발 재정지원
야생생물 보호 및 관리에 관한 법률(2004)	야생생물보호기본계획, 멸종위기야생생물 보호, 국제적 멸종위기종의 국제거래 규제, 야생생물포획 채취금지, 유해야생동물의 포획, 특별보호구역 지정관리, 야생동물 질병관리, 생물자원 보전, 수렵관리
남극활동 및 환경보호에 관한 법률(2004), (외교부 및 해양수산부 공동입법)	남극활동의 허가 및 감독, 남극활동에 대한 환경영향평가, 남극환경의 보호 (토착동식물 포획승인, 특별보호구역 보호, 폐기물 처리 및 관리, 해양오염방지)
문화유산과 자연환경 자산에 관한 국민신탁법 (2006) (문화재청 공동입법)	문화유산 및 자연환경자산 국민신탁법인 설립, 취득 보전관리를 위한 장기계획 수립, 문화유산 및 자연환경자산 매입 및 재산 관리, 소유자와 보전협약
생물다양성 보전 및 이용에 관한 법률(2013)	국가생물다양성전략 수립, 생물다양성 및 생물자원의 보전, 국가생물다양성 센터의 운영, 외래생물 및 생태계교란 생물 관리, 생물다양성 연구 및 기술개발

으로 자연환경에 미치는 영향이 현저하거나 생물다양성의 감소를 초래하는 사업에 부담금을 부과하고 이를 훼손된 생태계 복원사업을 위하여 사용하도록 하고 있다. 개입적 수단으로는 식목사업, 생태계복원, 멸종위기종 증식, 국립공원조성, 생물종 및 생태계 보전 활동 등이 있다. 국립공원관리공단, 국립생물자원관, 국립생태원 등이 자연환경정책의 개입적 수단에 첨병 역할을 하고 있다. 그 외 자연보호운동 등과 같은 호소적 수단도 적극 활용하고 있다.

국립공원관리공단
국립생물자원관
국립생태원

10.4. 주요 정책

자연환경정책은 인류문명사에서 비교적 늦게 시작된 환경정책이다. 오랜 기간 인간은 자연을 마음대로 이용할 권리를 갖는다는 이념이 지배적이었고 난방 연료를 자연에서 구했기 때문에 자연파괴는 계속되어왔다. 우리나라 역시 일제 강점기와 6.25 전쟁을 거치면서 심각한 자연생태계 파괴를 경험했다. 전쟁 직후 혼란기에는 전국에서 도벌과 남벌이 횡행하면서 산림은 극도로 황폐해졌다. 여기에 주기적인 장마와 홍수는 토사 유실을 가져와 전국의 산은 헐벗은 민둥산으로 남아 있었다.

우리나라 초기 자연환경정책은 1960년대에 시작된 산림녹화 사업이었다. 산림청을 설립하고 산림녹화 기본계획을 수립하여 체계적인 식목사업과 산림보호 정책을 추진하였다. 1977년 환경보전법을 제정하면서 개발 사업으로 인한 자연파괴를 막기 위한 환경영향평가제도를 도입하였다. 1991년에는 자연환경보전법이 제정되면서 보다 체계적인 자연환경정책이 시도되었다. 이후 지금까지 한반도의 자연생태계를 지키고 생물자원을 보호하기 위하여 다양한 법이 만들어졌고 정책이 추진되어왔다. 현재 추진 중인 주요 자연환경정책은 다음과 같다.

산림녹화산업
환경영향평가
환경보전법
자연환경보전법

(1) 한반도 통합생태계 네트워크 구축

생태계 네트워크 구축은 생물 다양성과 건강성을 유지하는데 중요한 역

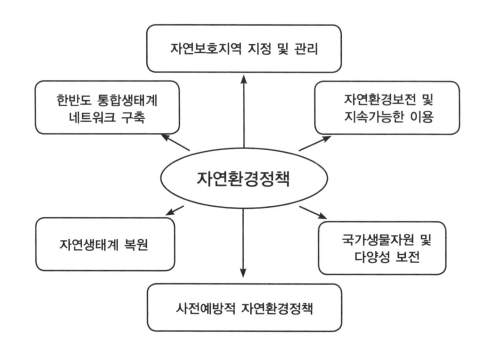

【그림 10-1】
자연환경 주요 정책

할을 한다. 한반도는 3대 핵심 생태축(백두대간 자연생태축, 비무장지대 자연 생태축, 서남해안으로 이어지는 도서연안 자연생태축)으로 연결되어 있다. 그리고 3대 핵심 생태축을 중심으로 산, 하천, 도시, 농촌, 바다 등이 이어져 있다. 하지만 지금까지 각종 개발 사업으로 생태계 연결 축이 곳곳에서 단절되거나 훼손되었다. 그래서 한반도 생태계 네트워크를 복원하고 관리하는 정책은 자연환경정책의 중요한 부분을 차지하고 있다.

3대 핵심 생태축
백두대간
비무장지대
도서연안

① 백두대간 자연생태축 보전

백두대간은 한반도 생태계의 중심축이며 다양한 야생동식물이 살아가는 생태계의 보고다. 험준한 지형으로 인해 인간의 간섭이 비교적 적어 바위산, 고산습지, 초원지대 등 자연 상태가 그대로 유지되고 있다. 현재 백두대간 대부분의 삼림은 20년생 이상이고 포유류 123종, 조류 457종, 양서파충류 43종,

백두대간
북방계 식물
남방계 식물
생태계 연결 통로

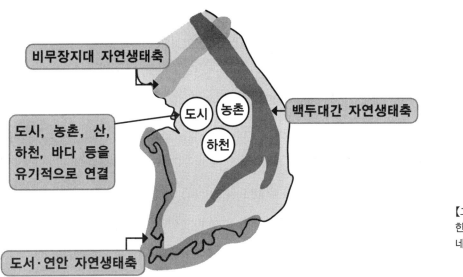

비무장지대 자연생태축

도시, 농촌, 산, 하천, 바다 등을 유기적으로 연결

도시 농촌 하천

백두대간 자연생태축

도서·연안 자연생태축

【그림 10-2】
한반도 생태축과 통합
네트워크 구축

어류 90종 등 한반도 야생동식물 대부분이 서식하고 있다. 특히 이곳은 북방계와 남방계 식물을 교차하고 생태계 연결통로 역할을 하기 때문에 생물지리적으로 우수하고 보존가치가 매우 높다.

백두대간의 일부 지역은 도로, 산사태, 토양침식, 댐 건설, 광산개발, 송전탑 설치, 골재 채취 등으로 훼손되었다. 이로 인해 생태계와 자연경관이 파괴되었을 뿐만 아니라 생태축이 단절되어 한반도 생물다양성에도 심각한 영향을 주고 있다. 특히 도로는 생태계 단절에 가장 큰 영향을 주는 요소로 작용하고 있으며 현재 72개 도로가 평균 9km 간격으로 관통하고 있다.

지난 2003년 제정된 '백두대간 보호에 관한 법률'에 따라 백두대간 보호지역을 지정하여 국방군사 시설 등 불가피한 경우를 제외하고 엄격히 제한하고 있다. 백두대간 관통 도로는 터널 형으로 만들거나 생태 통로를 의무화하도록 하고 있다. 또한 훼손된 구간은 생태터널 설치하는 등 복원사업을 추진하고 있다.

한반도 생물다양성
생태계 단절
백두대간 보호에 관한 법률

【그림 10-3】
백두대간의 생태등급도,
훼손된 구간과 복원
생태 터널

② 비무장지대 자연생태축 보전

한반도의 허리를 가로지르는 비무장지대는 지난 1953년 한국전쟁 이후 지금까지 야생동식물상이 잘 보호되었다. 군사분계선 남측과 북측 각각 2km에 달하는 비무장지대와 인접한 민간인 통제구역(남방한계선으로부터 10km까지)과 접경지역도 개발이 제한되어 생태계가 비교적 잘 보존되어있다. 특히 이곳에는 현재 106종의 멸종위기종을 포함한 5,097종의 야생동식물이 서식하고 있는 것으로 알려져 있으며, 두루미와 저어새와 같은 세계적인 희귀 조류도 도래하고 있다. 정부는 비무장지대의 생태적 가치를 국제적으로 널리 알리기 위하여 2011년부터 유네스코 생물권보전지역(UNESCO Biosphere Reserve) 지정을 추진하고 있다.

비무장지대
민간인 통제 구역
유네스코 생물권 보전지역

③ 도서연안 자연생태축 보전

한반도에는 굴곡이 심한 리아스식 해안 발달해 있고 섬이 많기 때문에 서식하는 생물종이 매우 다양하다. 우리 바다에는 총 3,358개의 섬이 있으며 이중 유인도가 482개, 무인도가 2,876개다. 연안 지역에는 사구, 석호, 갯벌, 하구 등이 발달하여 보존 가치가 매우 높은 생태계를 형성하고 있다. 하지만 이곳에는 양식장과 어장으로 빽빽이 들어서 해안 생태계의 자연성을 심각하게 훼손하고 있고, 섬에 사는 생물종은 쉽게 멸종하는 특징이 있기 때문에 도서연안 자연생태축 보전은 우리나라 자연환경정책에서 매우 중요하다. 정부는 1997년 '독도 등 도서지역의 생태 보전에 관한 특별법'을 제정하여 도서지역 생태축 보전 정책을 추진하고 있다.

리아스식 해안
사구, 석호, 갯벌, 하구
독도 등 도서지역의 생태계
보전에 관한 특별법

(2) 자연보호지역 지정 및 관리

자연생태계가 우수하고 생물다양성이 풍부한 지역을 자연보호지역으로 지정하여 특별히 관리하는 정책이다. 보호지역으로 지정되면 각종 개발행위를 제한하여 자연훼손을 예방하고 훼손된 자연에 대해서는 복원사업을 추진하고 있다. 현재 우리나라에서 자연보호지역으로 지정하는 형태는 생태경관보전지역, 습지보호지역, 그리고 특정도서 등이 있다. 자연보호지역으로 지정된 곳에서는 건물 신증축, 토지 형질변경 등을 엄격히 제한하며 필요한 경우에는 일반인의 출입을 금지하고 있다.

자연보호지역
생태경관보전지역
습지보호지역
특정도서지역

① 생태경관보전지역

생태경관보전지역은 자연환경보전법에 근거하여 국가가 지정·관리한다. 대상 지역은 생태자연도 1등급에 해당하거나 원시성이 유지되는 자연, 생물다양성이 풍부하여 학술적 가치가 있는 지역, 멸종위기 생물 서식지, 그 외 지형지질이 특이하여 학술적 연구가치가 있는 지역, 빼어난 자연경관을 보여 보전이 필요한 지역 등이다. 시도지사는 국가가 지정한 생태경관보전지역에 준하여 보전할 가치가 있다고 인정되는 지역을 시도 생태경관보전지역으로 지정관리할 수 있다.

생태경관보전지역
자연환경보전법
생태자연도
멸종위기 생물

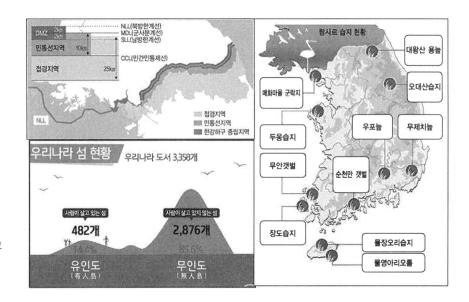

【그림 10-4】
비무장지대, 도서 그리고
람사르 습지 현황

② 습지보호지역

습지보호지역은 습지보전법에 근거하여 국가가 지정·관리한다. 대상 지역은 원시성이 유지되는 습지, 생물다양성이 풍부하여 학술적 가치가 있는 지역, 희귀종이나 멸종위기종이 서식하거나 도래하는 지역, 그 외 특이 지형 지질이나 자연경관을 보여 보전이 필요한 지역 등이다. 시도지사는 국가가 지정한 습지보호지역에 준하여 보전할 가치가 있다고 인정되는 지역을 시도 습지보호지역으로 지정관리할 수 있다. 또한 람사르 협약이 제시한 기준에 부합될 경우 람사르 습지로 지정받아 관리할 수 있다. 현재 우리나라 람사르 습지로 지정받은 곳은 그림 10-4와 같다.

③ 특정도서

특정도서는 '독도 등 도서지역의 생태계 보전에 관한 특별법'에 근거하여 국가가 지정관리 한다. 대상 지역은 화산, 기생화산, 계곡, 용암 동굴 등 자연

습지보호지역
습지보전법
희귀종
멸종위기종
특이 지형지질
자연경관보전
습지보호지역
람사르 협약

특정도서
독도 등 도서지역의 생태계
보전에 관한 특별법

경관이 빼어난 도서, 화석이나 멸종위기 또는 희귀동식물 보호에 필요한 도서, 지형지질이 특이한 도서, 기타 생태계 보전을 위해 필요한 도서 등이다. 현재 보존 가치가 높은 생태계가 있거나 경관이 뛰어난 섬 150여개소를 특정 도서로 지정하여 관리하고 있다.

(3) 자연환경보전 및 지속가능한 이용

사람이 살아가기 위해서는 자연을 이용할 수밖에 없기 때문에 절대 보전에는 한계가 있다. 그래서 자연환경을 보전하면서 지속가능한 이용을 함께 추구해야 한다. 특히 자연생태계가 우수한 지역에 대해서는 이러한 정책이 더욱 절실히 요구된다. 자연환경에 미치는 영향을 최소화하는 시설을 설치하거나, 일정기간 자연을 이용하고 다시 자연 스스로 생태계를 복원할 수 있도록 하는 제도도 가능한 방법이다. 또한 자연환경에 미치는 피해를 최소화하면서 보다 적극적으로 자연을 즐길 수 있도록 하는 생태관광이나 국가에서 자연공원을 지정하여 관리하는 것도 정책 사례가 될 수 있다.

> 자연환경보전
> 자연생태계
> 생태관광
> 자연공원

① 자연휴식년제

자연휴식년제는 인간이 자연을 이용하고 난 뒤 일정기간 접근을 금지하게 하여 스스로 회복될 수 있도록 하는 정책이다. 등산로를 일정기간 폐쇄하거나 바닷가 어장을 정기적으로 쉬게 하는 어장휴식년제 등도 그 사례다.

> 자연휴식년제
> 어장휴식년제

② 자연학습원 및 생태탐방로 조성

사람들이 자연을 학습하고 즐길 수 있는 시설을 설치하는 정책이다. 여가문화가 확산되면서 자연을 찾는 생태탐방 수요는 급속히 증가하고 있다. 그 수요를 충족시키고 자연환경에 미치는 피해를 최소화할 수 있는 방법이다. 환경부를 비롯한 여러 부처에서 유사한 사업을 추진하고 지방자치단체에서도 적극 참여하고 있는 자연환경정책 중 하나다.

> 자연학습원
> 생태탐방

③ 생태관광 활성화

생태계 우수지역에 대한 관광 수요가 급증하고 이로 인해 자연 훼손이 심화되면서 나온 정책이다. 특히 우리나라는 오래된 사찰이나 주요 문화재가 생태계 우수 지역에 위치해 있는 경우가 많다. 생태관광은 지역의 생태계 또는 문화재를 손상시키지 않으면서 자연과 문화재를 즐기는 지속가능한 관광을 의미한다. 대규모 관광지 개발보다 생태관광이 지역 경제에 기여하고 관광 효과도 높기 때문에 이를 활성화하려는 정책을 여러 부처가 협력하여 내놓고 있다. 소득이 증대되고 선진국으로 가면서 기존의 관람형 또는 위락형 관광에서 레저, 문화, 자연생태가 복합된 관광이 각광을 받는 것이 현실이다.

④ 자연공원 지정 및 관리

우리나라에서 오래전부터 시행해 오던 정책이다. 1960년 공원법이 제정된 이후 전국 곳곳에 국립공원, 도립공원, 군립공원 등이 지정관리되고 있다. 국립공원은 우리나라를 대표하는 자연생태계 보유지역이자 수려한 자연경관지로 1967년 지리산 국립공원 지정을 최초로 1960년대 지리산, 경주 등 4개소, 1970년대 설악산, 속리산 등 9개소, 1980년대 다도해 해상 등 7개소가 지정되었으며, 2013년 광주 무등산이 21번째로 지정되었다. 도립공원은 광역지방자치단체가 지정하는 것으로 1970년 경상북도 금오산이 최초의 도립공원으로 지정된 이래 현재 30여개소가 전국에 있다. 군립공원은 1981년 전라북도 순창군이 강천산을 군립공원으로 지정한 이래 현재 전국에 30개소 가까이 있다.

국립, 도립, 군립공원의 지정, 해제, 운영, 관리에 관한 제도는 자연공원법에 명시되어 있다. 국립공원 관리주체는 처음 건설부(현 국토교통부)에서 내무부(현 행정자치부)로, 1998년에 환경부로 이관되었다. 초기에는 국토 이용 편이 위주의 정책이었으나 환경부로 이관되면서 자연환경보전에 초점을 두고 있다. 현재 환경부 산하 기관 국립공원관리공단이 관리하고 있으며, 국립공원 자원 조사 및 연구, 훼손지 복원, 야생동식물 보호, 특별보호구역제도 시행, 친환경적 탐방문화 조성 등 다양한 업무를 수행하고 있다. 도립 및 군립

생태관광
지속가능한 관광

자연공원
국립공원
도립공원
군립공원

자연공원법
국립공원관리공단

공원도 자연생태계 보호와 친환경적 탐방문화라는 목표 아래 국립공원과 유사한 업무를 수행하고 있다.

(4) 자연생태계 복원

훼손된 자연환경을 복원하는 정책은 비교적 오래전부터 시작되었다. 대표적인 사례가 1960년대에 시작된 산림녹화정책이다. 지금까지 우리나라는 110억 그루의 나무를 심어 황폐화된 산림을 복원했다. 그 외 하천정화사업, 한계농지복원사업 등도 자연생태계 복원 정책이다. 이러한 사업들은 정부가 국가 예산으로 훼손된 국토를 복원하는 개입적 수단에 해당한다. 2000년대 이후로 오면서 생태계보전협력금 제도와 같은 경제적 수단을 동원해 보다 광범위하고 적극적인 복원 정책을 추진하고 있다.

산림녹화정책
하천정화사업
한계농지복원사업

① 생태계보전협력금 제도

생태계보전협력금 제도는 생태계 훼손이 현저한 개발사업자에게 원인자부담원칙에 따라 부담금을 부과하여 생태계를 보전하고 복원하는 정책이다. 자연환경보전법에 근거하여 2001년부터 시행되어온 이 제도는 훼손 면적에 상응하는 비용을 부담금으로 부과하고 복원 시 일부 반환해준다. 도입 초기에는 훼손 면적이 비교적 큰 사업(10만㎡)을 대상으로 하였으나 2007년부터 소규모 사업(3만㎡)까지 확대 적용하고 있다. 협력금을 납부한 개발사업자가 생태계 복원 또는 대체 자연녹지 조성 등을 완료하였을 경우 납부 금액의 50% 범위 내에서 반환해 주도록 하고 있다. 하지만 복원 후 협력금 일부 반환 제도는 개발사업자에게 경제적 이익이 없기 때문에 환영받지 못했다. 보다 효율적인 제도 수행을 위해 2008년부터 자연환경보전사업 대행자 제도를 도입하고 있다. 자연환경 복원분야에 전문기술을 가진 자가 개발사업자의 동의 하에 복원사업을 하고 협력금을 반환받을 수 있도록 하고 있다.

생태계보전협력금
원인자부담원칙
자연환경보전법
대체 자연녹지
자연환경보전사업

② 생태보전우수지역 인센티브 제도

지역 주민들이 스스로 자연생태계를 보전하고 복원하도록 인센티브를 주는 정책이다. 2001년부터 자연환경 및 경관을 잘 보전되고 있는 마을을 대상으로 자연생태 우수마을로 지정하고, 오염되고 훼손된 자연생태계를 지역주민의 노력으로 복원한 마을을 대상으로 자연생태복원 우수마을로 지정하여 인센티브를 제공하고 있다.

(5) 국가생물자원 및 다양성 보전

우리와 함께 살아가는 생물종을 조사하고 보전하려는 노력은 이미 오래전부터 시작되었다. 대표적인 사례가 지난 1963년에 설립된 자연보존협회(초기 명칭, 한국 자연 및 자연자원 보전 학술조사위원회)의 활동이다. 하지만 이후 관련 활동은 국가 정책이라기보다 학술연구 차원에서 머물러 있었다. 체계적인 국가 정책은 생물멸종과 다양성 감소가 세계적인 이슈로 등장하면서 시작되었다. 지난 1992년 유엔생물다양성 협약이 체결되고, 1994년에는 우리나라도 여기에 비준하면서 생물자원에 대한 체계적인 조사와 보전 전략을 세우게 되었다. 1997년에는 국내 서식 생물종과 생태계 현황 조사, 생물자원에 대한 지속가능한 이용 등을 주 내용으로 하는 생물다양성 국가전략을 수립하였다.

2005년에는 멸종위기 생물종 복원, 생물자원의 국외유출 관리, 외래종 관리 강화 등을 포함한 생물자원보전 종합대책을 수립하였으며, 2007년에는 이를 전담하는 국가기관인 국립생물자원관을 설립하였다. 2012년에는 '생물다양성 보전 및 이용에 관한 법률'에 제정되었고, 2013년에는 해외 생물종 국내확보와 자연생태계를 재현 등이 가능한 국립생태원을 설립하였다.

생태계는 다양성이 잘 유지될 때 외부의 변화에 안정적이기 때문에 생물다양성 보전 정책은 자연환경정책의 중요한 분야를 차지한다. 생물다양성 보전은 생물멸종을 방지하여 종다양성(Species Diversity)을 유지하는 것에만 한정되는 것은 아니다. 주요 생태계를 보호하여 생태계 다양성(Ecosystem Diversity)을 보전하며, 나아가 같은 생물종 내에서도 유전자 다양성(Gene Diversity)을 지키는 정책이다. 현재 시행하고 있는 주요 정책은 다음과 같다.

생태보전우수지역
자연생태복원 우수마을

국가생물자원
자연보존협회
생물다양성 협약
생물다양성 국가전략

국립생물자원관
국립생태원
생물다양성 보전 및
이용에 관한 법률

생물다양성 보전정책
종 다양성
생태계 다양성
유전자 다양성

① 자연환경조사 및 GIS-DB 구축

국가생물자원 및 다양성 보전 정책의 가장 기초가 되는 것이 우리의 자연에 서식하는 생물종을 조사하는 것이다. 정부는 '자연환경보전법'에 따라 매 10년마다 지형, 경관, 식생, 식물상, 저서무척추동물, 육상곤충, 담수어류, 양서파충류, 조류, 포유류 등 총 9개 분야에 대해 조사하고 있다. 지난 1986년부터 지금까지 조사가 계속되고 있다. 특히 생태계가 우수한 지역(해안사구, 하구역, 습지, 동굴 등)에 대해서는 정밀조사를 시행하고 있다. 또한 환경오염과 개발사업, 그리고 기후변화 등으로 우리 국토의 생태계는 계속 변화하고 있다. 이를 관측하기 위하여 2004년부터 국가 장기생태연구사업을 실시하고 있다.

멸종위기 야생동식물에 대해서는 2004년 '야생동식물 보호 및 관리에 관한 법률'을 제정하여 서식분포실태, 개체군 크기, 주요 서식지 등을 조사하고 있다. 또한 1997년에 제정된 '독도 등 도서지역의 생태계 보전에 관한 특별법'에 따라 독도를 포함한 무인도서 지역의 야생동식물을 조사하고 있다. 이렇게 조사된 자료는 자연환경종합 GIS-DB로 구축되고 있다. 전국의 식물상, 현존식생도, 녹지자연도, 주요 생물의 정보(사진, 생활상, 분포지역, 특징) 등이 체계적으로 정리되어 인터넷 환경지리정보서비스로 공개되고 있다.

② 야생동식물 보호 정책

야생동식물 보호 정책은 우리나라에서 이미 지난 1960년대부터 시작된 생물자원 및 다양성 보전 정책이다. 1967년 '조수 보호 및 수렵에 관한 법률'을 제정하여 산림청이 중심이 되어 야생동물을 보호를 시작하였으며, 1999년에 행정기능이 환경부로 이관되었다. 환경부는 2004년 이 법과 '자연환경보전법' 야생동식물 관련 조항을 통합하였고 지금의 '야생동식물 보호 및 관리에 관한 법률'을 제정하였다. 주요 정책은 야생동식물보호 기본계획 수립, 밀렵·밀거래의 금지, 야생 동식물의 실태 조사 및 구조, 특별보호구역 지정, 멸종위기종의 보호, 수렵 관리 등이다.

자연환경조사
자연환경보전법
국가 장기생태연구사업

야생동식물 보호 및
관리에 관한 법률
독도등 도서지역의 생태계
보전에 관한 특별법
자연환경종합 GIS-DB
현존식생도
녹지자연도
환경지리정보 서비스

조수 보호 및 수렵에
관한 법률
자연환경보전법
야생동식물 보호 및
관리에 관한 법률

야생동식물 보호 정책에서 특별히 중요한 것은 멸종위기종 보호와 복원 사업이다. 1987년 당시 환경보전법에 특정 야생동식물 지정제도를 처음 도입하였으며, 1989년에 와서 양서류 5종, 파충류 7종, 곤충 21종, 식물 59종 총 92종을 지정하였다. 1993년에는 양서류 9종, 파충류 13종, 곤충 31종, 식물 126종 등 179종으로 확대하였다가, 1998년에는 멸종 위기 야생동식물 43종과 보호 야생동식물 151종으로 분리하였다. 2004년에는 이를 다시 통합하여 멸종위기 정도에 따라 Ⅰ급과 Ⅱ급으로 나누어 총 221종을 지정하였다. 멸종위기 Ⅰ급은 개체수가 현저히 감소하여 현재 멸종위기에 처한 생물종이며, Ⅱ급은 현재 개체수가 감소하고 있으며 위협 요인이 완화되지 않으면 가까운 장래에 멸종위기에 처할 수 있는 종을 말한다. 이러한 종들에 대해 서식지 보호, 위협 요인 제거, 복원 등 특별한 관리를 하고 있다.

야생동식물 보호 정책에서 특별한 관리가 필요한 것이 국가 간 이동이 이루어지는 철새다. 이를 보호하기 위해서는 주변국과의 협력이 필요하다. 우리나라 조류(총 522종)의 75%(391종)가 러시아, 일본, 중국, 호주 등을 오가고 있다. 지난 1994년부터 관련 국가와 보호협정을 체결하여 이동경로 조사, 도래지 보호 등 국제 공동협력사업을 수행하고 있다.

③ 국가 고유 생물종 확보

유엔생물다양성 협약은 생물다양성 보전과 생물자원의 지속가능한 이용, 그리고 생물자원 이용으로부터 얻어지는 이익의 공정하고 공평한 배분을 목적으로 하고 있다. 이 협약은 생물자원 주권에 대한 각국의 이해관계를 반영하여 2010년 나고야 의정서로 구체화되었다. 핵심 내용은 유전자원의 접근 및 이익 공유(ABS: Access and Benefit-Sharing)로 표현된다. 이념적 배경은 세계 각국이 보유하고 있는 고유한 생물자원을 이용하고 발생하는 이익을 나누는 것이 인류 문명과 복지 향상에 기여한다는 것이다. 이는 곧 국가의 고유한 생물종은 지속적이고 재생가능한 자원임을 말해준다. 따라서 자국의 고유한 생물종을 찾고 보전하는 것이 세계 모든 나라의 중요한 과제가 되었다.

멸종위기종 보호복원
특정야생동식물
지정제도
국제 공동협력사업

생물다양성 협약
나고야 의정서
유전자원 접근 및
이익 공유

우리나라는 약 10만종의 동식물을 보유하고 있는 것으로 추정하고 있다. 지금까지 약 3만 8천여 종을 동정하였다. 앞으로 보다 많은 자생 생물종을 찾고 이 중에서 고유종을 분류하여 자료를 구축해야 한다. 지금까지 고유종 2,300종을 발굴하여 '한국 고유생물종 도감'을 발간하였다. 고유종 확보 정책은 생물다양성 보전과 생태계 건강성 유지에도 필요할 뿐만 아니라 국가 생물주권에 직결되기 때문에 매우 중요한 국가 자연환경정책 중 하나다.

자생 생물종
고유종
한국 고유생물종 도감
생물다양성 보전
생태계 건강성
국가 생물주권

④ 외래종 및 바이오 안전성 관리

지금까지 많은 외래종이 국내에 유입되어 서식해오고 있다. 지금까지 조사된 외래종은 동물 620여종, 식물 310여종에 달한다. 이 중 일부는 우리의 야생에 조화롭게 적응하여 생물 다양성을 높이는 경우도 있으나 일부는 생태계를 교란시키는 역할을 한다. 조화롭게 적응한 종을 귀화종이라 하며, 코스모스나 아카시아 등이 여기에 속한다. 대표적인 생태계 교란 생물종으로 가시박, 황소개구리, 불루길, 베스, 뉴트리아 등이 있으며, 현재 생태계 교란 야생 동식물로 지정하여 특별히 관리하고 있다. 또한 교란 종은 한번 야생에서 번식하면 제거하기가 매우 어렵기 때문에 유입 방지가 최선의 정책이다.

외래종
귀화종
생태계 교란종

유전자 변형생물체(LMO: Living Modified Organism)가 상용화되면서 생태계 위해성 문제가 제기되고 있다. 현재 50여종의 LMO가 시판되고 있으나 이들이 자연생태계에 유입될 경우 자연의 질서를 위협할 수 있는 가능성은 남아 있다. 유엔은 이러한 위험에 대처하고자 지난 2000년 카르타헤나 의정서(바이오 안전성 의정서)를 채택하였으며, 우리나라도 2007년 비준하였다. 현재 우리나라는 많은 LMO 농산물을 수입하고 있을 뿐만 아니라 국내에서도 유전자변형기술을 이용한 의약품 생산과 농산물품종 개발을 하고 있다. 카르타헤나 의정서에 대처하기 위해 2007년 '유전자변형생물체의 국가간 이동 등에 관한 법률(산업통상자원부 주관)'을 제정하여 시행하고 있다.

유전자 변형생물체
카르타헤나 의정서
유전자변형생물체의
  국가간 이동 등에
  관한 법률

(6) 사전예방적 자연환경정책

환경용량
사전예방적 자연환경정책

인간의 사회경제활동은 필연적으로 환경에 영향을 미친다. 특히 자연을 변경하는 개발 사업은 생태계 파괴, 환경오염 등으로 나타날 수 있으며, 형태와 규모에 따라 자연이 갖는 한계용량을 초월할 수 있다. 이를 사전에 예측하여 최소화하기 위한 것이 사전예방적 자연환경정책이다. 초기에는 대규모 개발 사업을 대상으로 하는 환경영향평가제도가 시행되었으나 2000년부터 행정계획과 소규모 개발 사업에 대한 제도가 추가되었다.

환경영향평가
전략환경영향평가
소규모 환경영향평가
미국 국가환경정책법
환경보전법
환경정책기본법
환경영향평가법

환경영향평가 제도는 1970년 미국 국가환경정책법(NEPA: National Environmental Policy Act)에서 세계 최초로 시행되었으며, 우리나라에서는 환경보전법(1977)에서 처음 도입되고, 환경정책기본법(1990)을 거쳐 현재 환경영향평가법(1993)에 근거하여 시행되고 있다. 2000년 환경정책기본법에 사전환경성 검토 제도를 법제화하여 실시해왔으나 지난 2012년 사전환경성 검토 제도를 전략환경평가와 소규모 환경영향평가로 구분하여 환경영향평가법에 포함하였다. 현재 사전예방적 자연환경정책은 크게 환경영향평가, 전략환경영향평가, 소규모 환경영향평가로 구분하여 시행하고 있다.

① 환경영향평가

자연환경
생활환경
사회경제문화

환경영향평가는 대규모 개발 사업을 대상으로 자연환경뿐만 아니라 생활환경과 사회경제문화에 미치는 영향을 예측평가하고 이를 최소화하는 제도다. 우리나라에서는 1977년 환경보전법에 처음 도입되었으나 1981년 환경보전법 개정과 환경영향평가서 작성에 관한 규정이 제정되면서 실시하게 되었다. 처음에는 몇몇 공공사업만을 대상으로 하였으나 점차 대상사업을 확대하고 민간사업에도 적용하게 되었다. 현재 도시 개발, 산업단지 개발, 에너지 개발 등 환경에 미치는 영향이 클 것으로 예상되는 총 17개 사업을 대상으로 하고 있다.

② 전략환경영향평가

전략환경영향평가는 2012년 환경영향평가법이 전면 개정되면서 시작되었으며, 환경정책기본법에 있던 사전환경성 검토 제도가 변경된 것이다. 이것은 국토의 지속가능한 발전을 도모하기 위하여 환경에 영향을 미치는 상위계획을 수립할 때 환경보전계획과의 부합 여부를 확인하고 대안의 설정·분석 등을 통하여 환경적 측면에서 해당 계획의 적정성과 입지의 타당성 등을 검토하는 제도다. 미국, 캐나다, 호주, 그리고 유럽연합 27개국 등에서도 시행하고 있으며, 우리나라에서는 현재 15개 행정계획과 86개 개발사업계획을 대상으로 이 제도를 시행하고 있다.

전략환경영향평가
환경정책기본법
사전환경성 검토

③ 소규모 환경영향평가

소규모 환경영향평가는 역시 2012년 환경영향평가법이 전면 개정되면서 시작되었으며, 환경정책기본법에 있던 사전환경성 검토 제도의 개발사업 분야를 분리하여 이 제도를 만들었다. 이는 환경보전이 필요한 지역이나 난개발이 우려되어 계획적 개발이 필요한 지역에서 개발 사업을 시행할 때에 입지의 타당성과 환경에 미치는 영향을 미리 조사·예측·평가하여 환경보전방안을 마련하는 제도다.

소규모 환경영향평가
환경정책기본법
사전환경성 검토

1. 자연환경정책의 주요 대상과 정책 목표를 설명해보자.
2. 자연환경정책의 관련 법규를 열거해보자.
3. 자연환경정책의 수단을 규제적, 경제적, 개입적, 호소적 등으로 나누어 사례와 함께 설명해보자.
4. 한반도 3대 핵심 생태축을 중심으로 한 통합생태계 네트워크 구축 정책을 설명해보자.
5. 자연보호지역 지정 및 관리 정책을 설명해보자.
6. 자연환경보전 및 지속가능한 이용 정책을 설명해보자.
7. 자연생태계 복원 정책을 설명해보자.
8. 국가 생물자원 및 다양성 보전 정책을 설명해보자.
9. 사전 예방적 자연환경정책을 설명해보자.

〈난개발 광풍 어떻게 막나?〉

팔당호 주변의 난개발이 2천만 수도권 주민들을 경악케 하고 있다. 산허리가 잘리고, 울창한 숲들이 무자비하게 파헤쳐지고 있다. 강변의 난개발은 수질오염으로 이어지고, 그 피해는 수도권 주민에게 올 것이 뻔하다. 땅, 물, 생명으로 이어지는 파멸의 현장이 우리 눈앞에서 합법적으로 벌어지고 있다.

전국의 산하에 난개발의 광풍이 불어 닥친 것은 어제오늘 일이 아니다. 국립공원안에 소도시가 건설되고, 자연보전권역이 어느 날 개발권역으로 바뀌는가 하면, 30여년간 지켜온 그린벨트가 하루아침에 떼돈을 버는 황금의 땅, 골드벨트로 변하고 있다. 지금 우리의 금수강산은 정부의 잘못된 국토관리와 지역개발에 혈안이 되어있는 지자체에 의해 신음하고 있다. 이러한 현실을 루즈벨트와 히틀러라는 두 역사적 인물의 환경 행적에 비춰보고 우리가 가야할 길을 찾아보자.

시어도어 루즈벨트는 1901년부터 1909년까지 재임한 미국 제26대 대통령이다. 그는 재임 기간 중 국토의 3분의 1을 연방 소유의 공유지(Public Land)로 만들어 이미 20세기 초에 자연보전의 초석을 다진 인물이다. 당시 농장주, 목장주, 광산업자 등의 극심한 반대에도 불구하고 자연자원 보전계획을 수립하여 재임기간동안 국유림을 다섯 배로 늘였다.

루즈벨트는 그 외 수많은 업적을 남겨 20세기 미국 최고의 대통령으로 인정받고 있다. 파나마 운하를 건설하여 미국 서부개척을 완성하였고 러일전쟁을 평화로 중재하여 1906년에는 노벨평화상을 수상하기도 했다. 특히, 그의 선지자적 자연보전 철학은 백년이 지난 지금도 우리를 감탄하게 한다. 그래서 미국 워싱턴디시의 자연사박물관에는 그의 동상이 세워져있고, 역사상 가장 위대한 4명의 대통령 얼굴이 조각되어 있는 사우스다코다주 러쉬모아 산에도 그를 찾아볼 수 있다. 또한 미국 전역에 그의 업적을 기리는 루즈벨트 공원이 수없이 많다.

아돌프 히틀러는 1932년 독일 총통이 되자 국민들에게 국가 재건을 부르짖으며 '저 푸른 라인 강이 검게 물들도록 열심히 일하자'라고 연설하고 다닌 인물이다. 독일 국민들은 그를 따라 라인 강이 정말로 검게 물들도록 열심히 일했다. 이를 바탕으로 그는 1939년 폴란드를 침공하였고 이로써 제2차 세계대전은 시작되었다. 그 후 독일은 또 한 번의 세계대전 패전국이 되었고 국토는 둘로 나누어졌다. 그의 좁은 식견과 광기는 유태인 학살을 비롯한 수많은 행적에서 잘 드러나고 있다.

지금 우리의 현실은 루즈벨트와 같은 지도자는 없고 히틀러와 같은 좁은 식견과 광기만이 전국 도처에서 활개치고 있다. 정부의 허술한 국토관리는 자연의 공공성을 망각하였고 개발업자는 이것을 마음껏 요리하고 있다. 지역경제에만 눈이 어두운 지자체는 마치 광기어린 히틀러를 보는 듯하다. 잘려나간 산은 영원히 되돌릴 수 없고 베어버린 숲은 수백년이 걸리며 눈앞의 이익은 살생의 부메랑이 되어 돌아오는데, 히틀러의 망령은 그 정도를 더해가고 있다.

최근에 와서 정부는 물이용부담금제에서 확보한 기금으로 수변지역을 매입하여 난개발을 방지하고 오염원 입지를 차단하기 시작했다. 좋은 제도다. 그러나 너무 늦었고 이것만으로는 미약하다. 그래서 아직은 이렇다 할 효과도 거두지 못하고 있다. 땅주인은 공유화보다는 개발이익을 원하고 지자체도 지역경제 활성화를 선호한다.

이제 국민이 나서야 한다. 모든 국민이 자연의 공공성을 인식하고 공유지 확대에 동참해야 한다. 지금까지 많은 기업들이 사회복지나 교육 사업을 통하여 이윤을 사회로 환원하였다. 이제는 기업들도 자연을 살리는데 동참해야 한다. 미국의 루즈벨트 공원처럼 전국 곳곳에 기업이름으로 된 국립공원을 보았으면 좋겠다. 기업 이미지 개선에 크게 도움되는 사회 환원이 될 것이다. 그리고 난개발을 일삼는 개발업자와 이를 방관하는 지자체에게는 '21세기 히틀러'라는 낙인을 만들어 국민의 이름으로 찍어주자.

(한국일보, 2002년 8월 1일)

제11장 물환경

물환경정책의 주요 대상과 정책 목표, 관련 법규, 정책 수단 등을 살펴보고, 사전오염 예방정책, 수질오염총량제, 물이용부담금제, 점오염원 관리정책, 비점오염원 관리정책, 수생태계 보전정책, 해양환경보전정책 등과 같은 주요 정책을 공부한다.

11.1. 주요 대상 및 정책 목표

생활하수
산업폐수
축산폐수
비점오염원

물환경정책의 주요 대상은 하천, 강, 저수지, 호수 등과 같은 공공수역의 수질 및 수생태계다. 공공수역에 맑은 수질과 건강한 생태계를 유지하기 위해서는 외부로부터 유입되는 생활하수, 산업폐수, 축산폐수, 그리고 유역 비점오염원을 관리해야하기 때문에 외부 오염원도 물환경정책 대상에 해당된다. 또한 공공수역의 물이 마지막으로 흘러들어가는 연안 해역의 수질과 생태계도 물환경정책의 주요 대상이다.

수질 및 수생태계 보전
수질환경기준 유지관리
수생태계복원

물환경정책이 추구하는 궁극적인 목표는 '맑고 깨끗하며 생명이 살아 숨 쉬는 물'이다. 세부 목표는 첫째, 하천, 강, 저수지, 호수 등의 수질과 생태계를 보전하는 것이다. 이를 위해서는 법으로 정해둔 수질환경기준을 달성하고 유지·관리해야 한다. 둘째, 하천 복원 사업이나 강 정비 사업 등을 통하여 훼손된 수생태계를 복원하는 것이다. 셋째, 생활하수나 공장폐수를 깨끗하게 처리하고 안전하게 관리하며, 비점오염원 유입을 방지하는 것이다. 넷째, 한반도를 둘러싼 연안 해역 수질과 수생태계를 보전하는 것이다.

11.2. 관련 법규

물환경정책은 환경보전법이 1990년 6개의 법으로 나누어지면서 '수질환경보전법'이라는 개별법이 제정되어 보다 체계적으로 추진되었다. 이 법은 2007년에 와서 기존 수질관리를 수생태적 측면까지 고려한 종합적인 물환경 관리체계로 발전시켜 '수질 및 수생태계 보전에 관한 법률'로 명칭이 변경되었으며 지금까지 물환경정책의 중심 법 역할을 하고 있다.

수질환경보전법
하수도법
가축분뇨의 관리 및
이용에 관한 법률
해양오염방지법

물환경정책에는 그 밖의 여러 환경법이 관련되어 있다. 그 중 하나가 1966년에 제정된 '하수도법'으로 초기 목적은 당시 대도시를 중심으로 도입되기 시작한 수세식 화장실에서 배출되는 하수를 관리하는 도시 행정의 일환이었으나 지금은 생활하수로 인한 수질오염방지에 중요한 역할을 하고 있다. 1991년에는 오수·분뇨와 축산폐수를 적정·처리하기 위하여 '오수·분뇨 및 축산폐수의 처리에 관한 법률'을 제정하여 물환경정책에 일조하였으나, 2006년에 와서 이를 폐지하고 축산폐수를 수질오염 방지 차원을 넘어 자원으로 활용하려는 시도로 '가축분뇨의 관리 및 이용에 관한 법률'을 제정하였다. 1977년 환경보전법과는 별도로 해양환경보전을 위하여 '해양오염방지법'이 제정되었으며 2007년에 '해양환경관리법'으로 명칭이 변경되었다.

수질오염총량제
물이용부담금
4대강 법

1990년대 후반 우리나라 물환경정책에 큰 변화가 시도되었다. 유입 오염원의 기술적 처리 위주에서 수용 수체의 자정용량에 근거한 수질오염총량제와 수혜자 부담원칙에 해당하는 물이용부담금과 같은 제도가 도입되었으며 이를 위한 새로운 법이 필요하게 되었다. 이러한 과정에서 처음 제정된 법이 1999년 '한강수계 상수원 수질개선 및 주민지원 등에 관한 법률'이다. 이 법의 시행과 함께 한강 수계에 수질오염총량제, 수변구역 지정·관리, 물이용부담금, 주민지원 사업 등을 시범 적용한 이후, 2002년 낙동강, 금강, 영산강·섬진강에도 동일한 법을 제정하였다.

현재 물환경 관련 법은 총 8개로 주요 정책은 다음과 같다. 하수도법과 정책은 제12장 표 12-1에 제시하였다.

〈표 11-1〉 물환경정책 관련 법과 주요 낸용 및 정책

환경법	주요 내용 및 정책
수질 및 수생태계 보전에 관한 법률(1990)	수질오염총량관리, 총량초과부과금, 수질 및 수생태계 조사연구, 수질오염 경보제, 호소환경관리, 배출허용기준, 배출부과금, 폐수처리업 등록제
한강수계 상수원 수질개선 및 주민지원 등에 관한 법률(1999)	한강수계 상수원 관리, 수변구역 지정관리, 오염총량관리제, 총량초과부과금, 주민지원사업, 특정유해물질 관리, 물이용부담금, 수계관리기금
낙동강수계 물관리 및 주민지원 등에 관한 법률(2002)	낙동강수계 수자원 관리, 수변구역 지정관리, 오염총량관리제, 총량초과 부과금, 주민지원사업, 특정유해물질 관리, 물이용부담금, 수계관리기금
금강수계 물관리 및 주민지원 등에 관한 법률(2002)	금강수계 수자원 관리, 수변구역 지정관리, 오염총량관리제, 총량초과부과금, 주민지원사업, 특정유해물질 관리, 물이용부담금, 수계관리기금
영산강·섬진강수계 물관리 및 주민지원 등에 관한 법률(2002)	영산강·섬진강수계 수자원 관리, 수변구역 지정관리, 오염총량관리제, 총량초과부과금, 주민지원사업, 특정유해물질 관리, 물이용부담금, 수계관리기금
가축분뇨의 관리 및 이용에 관한 법률(2006)	가축분뇨 자원화, 가축분뇨관리기본계획, 환경친화축산농장 지정, 퇴비액비화 기준, 가축분뇨 고체연료 사용, 가축분뇨 이용촉진 및 공공처리
해양환경관리법(2007) (해양수산부 관리)	해양환경 보전관리, 해양환경기준 준수, 해양환경종합계획수립, 환경관리해역 지정관리, 해양환경개선부담금, 육상폐기물금지, 선박오염방지

11.3. 정책 수단

물환경정책의 핵심 수단은 규제적 수단이다. 선진산업국의 환경사를 보면 초기 물환경정책은 생활하수와 공장폐수에 함유된 오염물질을 규제하는 것이었다. 하천과 강에 쓰레기나 오염물질 투기를 금지하고 환경기준치가 만들어지기 이전에 배출기준을 먼저 설정하여 규제를 시작했다. 배출규제 외에도, 토지이용규제, 시설규제, 행위규제 등도 물환경정책에서 주요하게 사용되고 있다. 지금은 물이용 부담금이나 배출부과금과 같은 경제적 수단도 활용되고 있으며, 하·폐수 처리장 건설이나 자연형 하천복원사업과 같은 개입적 수단도 주요 정책 수단이 되고 있다. 특히 우리나라는 그동안 정부 주도의 개입적 수단이 수질개선에 크게 기여한 것으로 평가되고 있다. 물환경정책에서도 홍보나 교육을 통한 호소적 수단도 사용되고 있지만 큰 역할을 하지 못하고 있다.

규제적 수단
배출규제
토지이용규제
시설규제
행위규제

경제적 수단
물이용부담금
배출부과금

개입적 수단
하·폐수 처리장 건설
자연형 하천복원사업

11.4. 주요 정책

공공수역에 깨끗한 수질과 건강한 생태계를 유지·관리하는 것은 국가 환경정책의 중요한 부분을 차지한다. 특히 우리나라는 생활용수와 산업용수 그리고 농업용수에 이르기까지 대부분의 용수를 강과 호수로부터 끌어 쓰기 때문에 물환경정책은 국민생활과 국가경제에 직결되어 있다. 또한 가뭄과 홍수와 같은 자연재해의 직접적인 영향을 받고 최근 기후변화로 인해 정도가 심화되고 있어 물환경정책의 중요성은 더욱 강조되고 있다.

생활용수
산업용수
농업용수
자연재해
기후변화

물환경정책은 유역오염원 관리에서부터 강이나 호수와 같은 수용 수체의 수질과 생태계 관리에 이르기까지 여러 분야를 포함하고 있다. 또한 공간적으로도 강우현상이 일어나는 유역에서부터 하천과 강, 저수지와 호수, 그리고 마지막으로 가는 바다까지 국토 전체와 연안 해역을 포함하는 매우 넓은 범위를 다루고 있다. 효과적인 물환경정책을 수립하기 위해서는 생활하수와

유역 관리
수질 관리
수생태계 관리
해역 관리
오염원 관리

산업폐수 등과 같은 고농도 오염원을 처리하는 기술과 강우시 유입되는 비점오염원을 방지하기 위한 토지이용관리, 그리고 강과 호수의 생태계 변화 등 매우 폭넓은 지식을 요구한다.

물환경정책은 산업, 농업, 재난 등 방대한 분야와 직간접으로 연결되어 있기 때문에 가장 많은 국가 예산이 투입되는 환경정책이다. 우리나라는 상하류에 도시가 무질서하게 발달되어 있고 계절별 강우 변화가 심하여 물환경관리는 매우 어려운 국가적 과제다. 이를 극복하기 위하여 지금까지 다양한 정책을 시도해왔다. 초기에는 점오염원에 대한 배출규제와 사전오염 예방차원의 토지이용규제가 중심이 되었으나, 2000대 이후 수질오염총량제, 물이용 부담금 제도 등과 같은 선진물관리 정책이 도입되어, 지금까지 물환경관리를 위한 주요 정책으로 자리잡아가고 있다.

> 선진물관리 정책
> 수질오염총량제
> 물이용부담금제

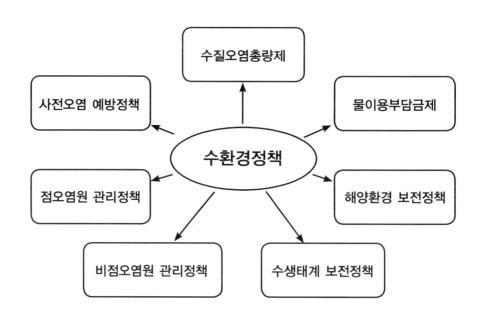

【그림 11-1】
주요 물환경정책

(1) 사전오염 예방정책

강과 호수의 수질은 유역의 토지이용도와 직결된다. 유역에 도시, 산업, 축산, 농지 등과 같은 오염원이 많이 입지하면 맑은 수질을 유지하기 어렵다. 특히 상수원으로 사용될 경우 사고의 위험까지 더해지기 때문에 오염원 입지를 막는 사전오염 예방정책이 최선의 방법이다. 그래서 상수원을 중심으로 오래전부터 이 정책이 시행되어왔다. 상수원 보호구역 제도는 1961년에 제정된 수도법에서 처음 시작되어 지금까지 전국 321개소 총 1,447㎢가 지정·관리되고 있다. 상수원 보호구역 내에서는 수질오염을 유발할 수 있는 시설과 행위가 금지되어 있다. 상수원 보호구역에 거주하는 주민들이 받는 경제적 불이익을 보상하기 위하여 1996년부터 주민지원 사업을 실시하고 있다.

상수원 보호구역 외에 수질개선을 위해 사전오염 예방정책이 필요한 곳은 환경정책기본법에 특별대책지역으로 지정하여 관리할 수 있도록 했다. 1990년 '환경정책기본법'이 만들어지면서 수도권 상수원 팔당호와 충청권 상수원 대청호에 특별대책지역을 지정하여 지금까지 관리하고 있다. 1998년부터 시작된 4대강 수질보전특별대책에서 수변구역 제도가 새롭게 도입되었다. 수변구역 제도는 강변에 완충지역(Buffer Zone)을 설정하여 오염원 입지를 제한하고 수변의 자정능력을 활용하려는 것이다. 1999년 처음으로 한강 수계의 북한강, 남한강, 경안천 등에 수변구역이 지정되었으며, 2002년에는 낙동강, 금강, 영산강 수계에도 도입되었다.

(2) 수질오염총량제

선진산업국의 초기 물환경정책은 규제적 수단에 근거하여 생활하수나 공장폐수를 기술적으로 가능한 수준까지 처리 방류하는 것이었다. 우리나라에서도 점오염원을 기술적으로 가능한 수준까지 처리하여 공공수역에 방류했다. 지난 1980~90년대에는 하수처리장, 분뇨처리장, 산업폐수처리장, 축산폐수처리장, 하수도관 설치 및 정비 등이 주요 물환경정책이었다. 하지만 이러

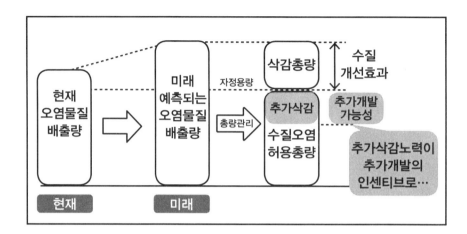

【그림 11-2】
수질오염총량제도
기본 개념

한 정책은 여러 가지 문제점을 가지고 있다. 수용수체의 자정용량을 고려하지 않기 때문에 방류량이 많을 경우 처리를 해도 수질이 악화되고 반대로 필요 이상의 처리를 하는 경우도 발생한다. 이를 보완해주는 제도가 수용수체의 자정용량을 산정하여 행정구역별로 할당량을 허용해주는 수질오염총량제다.

수질오염총량제는 1992년 미국에서 시작된 일일최대할당량제도(TMDL: Total Maximum Daily Load)를 모태로 하고 있다. 이는 미국에서 1980년대 기술적 처리 중심(Technology Based Control)의 수질관리가 수용수체 중심(Receiving Water Based Control)으로 전환되면서 오염부하량 할당제도(WLA: Waste Load Allocation)가 일부 주 정부에서 시작되었고, 미연방환경청(EPA)은 제도 시행에 필요한 기술적 기반을 준비한 후 1992년에 연방 정부 차원에서 실시하였다. 우리나라는 미국의 제도를 국내 사정에 맞게 일부 수정 적용하고 있다.

기존의 규제 중심의 수질정책은 유역개발 방지로 갈 수 밖에 없었기 때문에 지역 주민들과 갈등을 유발하였다. 수질오염총량제는 이러한 갈등을 해소

수질오염총량제
수용수체 자정용량
행정구역별 할당량
미국 TMDL

하고 수질개선과 지역개발을 함께 달성할 수 있는 선진물관리정책이다. 하지만 적용을 위해서는 수용 수체의 자정용량을 예측하고 유역의 배출총량을 조사해야 하는 등 많은 기초자료와 전문 기술을 필요로 한다. 적용 절차는 먼저 적용 시점의 배출량과 목표 연도의 배출량을 각각 계산한다. 다음에는 수용 수체의 자정용량과 목표 수질을 결정한 후 허용 배출량을 산정하고 목표 달성을 위해 필요한 삭감량을 예측한다. 삭감을 위해 환경기초시설 확충, 유역관리개선, 지역개발 변경 등과 같은 대책을 마련하고 시행한다.

자정용량
배출총량
허용배출량
삭감량

(3) 물이용부담금제

기존 물관리정책의 또 다른 문제점은 환경정책의 기본 원칙인 오염자부담원칙이다. 오염자부담원칙은 수질개선에 필요한 재원을 수질오염에 직접적인 책임이 있는 상류 주민들이 지불해야하는 것을 의미한다. 하지만 상류지역 주민들은 상수원 보호를 위해 각종 규제를 받고 경제적 불이익도 당하고 있는데 오염자부담원칙을 적용한다는 것은 현실적으로 어렵다. 이러한 문제점을 개선하기 위하여 도입된 정책이 물이용부담금 제도다. 이 제도는 물을 사용하는 자가 수질개선 재원을 부담하는 수혜자부담원칙을 따르며 물이용에 대한 사용료 성격을 갖는다.

물이용부담금제
오염자부담원칙
수혜자부담원칙
한강수계 상수원 수질
 개선 및 주민지원
 등에 관한 법률

물이용부담금 제도는 1999년에 제정된 '한강수계 상수원 수질개선 및 주민지원 등에 관한 법률'에서 처음 도입되었으며, 2002년에 제정된 낙동강, 금강, 영산강·섬진강 법에서도 적용하고 있다. 이렇게 마련된 기금은 각 수계별로 상수원 관리와 수질개선 및 주민지원 사업에 사용된다. 수계관리기금은 상류지역의 환경기초시설 설치와 운영, 주민들의 소득증대 사업, 복지증진 사업, 그리고 민간수질감시활동 등에도 지원된다. 민간수질감시활동 지원제도는 지역에 기반을 두고 수질보전을 위한 홍보, 교육, 캠페인, 배출오염 감시 및 모니터링 활동 등을 하는 비영리 민간단체를 지원하는 제도다. 또한 수계관리기금은 수변구역과 같이 상수원 수질에 중요한 영향을 미치는 지역의 토지나 건축물을 매수하여 수변생태계를 복원하는데도 사용된다.

물이용부담금 제도는 수계기금제도, 그리고 상류지역 주민지원제도, 민간수질감시활동 지원제도, 그리고 토지매수제도 등과 연계되어 있으며, 물환경정책에 중요한 역할을 하는 대표적인 경제적 수단이다. 이 제도를 운영하기 위하여 4대강 수계별로 수계관리위원회가 설치되어 있으며 기금 입출금과 사업 시행 등을 관리한다.

(4) 점오염원 관리정책

생활하수, 산업폐수, 축산폐수 등과 같은 점오염원은 공공수역의 최대 오염원으로 이를 적절하게 관리하는 것은 무엇보다 중요하다. 생활하수의 하수도 보급률을 확대하고 보다 많은 하수를 하수처리장에서 처리하는 것이 기본정책이다. 하수처리 효율을 높이고 필요한 곳에 고도처리시설을 도입하며, 우리나라에 여전히 많은 합류식 하수관거를 분류식으로 전환하고 노후 하수관거를 계속 정비해 나가는 것도 이 정책의 일부다. 가구 수가 적은 촌락의 경우 소규모 하수처리장(마을하수도)을 설치하고, 하수 차집이 어려운 종교시설(절, 수도원 등)이나 펜션 등과 같은 시설은 정기적으로 수거하여 분뇨처리장으로 이송하여 처리한다.

산업폐수는 경우에 따라서 중금속이나 유해화학물질이 함유될 수 있기 때문에 보다 신중한 관리가 필요하다. 먼저 산업시설의 허가 및 신고 제도를 통하여 배출시설의 입지 금지 또는 제한하는 사전 규제를 할 수 있다. 배출시설이 입지한 후에는 배출허용기준을 준수해야 한다. 배출허용기준은 지역에 따라 다르며, 배출량이 많을 경우(하루 2,000톤 이상) 보다 엄격한 기준이 적용된다. 배출허용기준을 초과할 경우 배출부과금(벌금 형식의 초과 부과금)을 부과하고 있으며, 배출허용기준 이내라도 기본 부과금을 내도록 하고 있다. 산업단지나 공장밀집 지역에 폐수처리 시설을 설치 운영하는 개입적 수단도 사용하고 있다. 그 외 소규모 배출 산업시설을 위해 전문처리업체에 위탁처리하는 폐수처리업 제도를 운영하고 있으며, 환경친화기업을 지정하는 자율환경관리 정책도 시행하고 있다.

축산폐수는 방목을 할 경우에는 비점오염원 형태로 유입되지만 축사에서 가축을 기를 경우 점오염원에 해당된다. 축산폐수는 산업폐수와 매우 유사한 정책으로 관리된다. 사전 규제로 배출시설 허가 및 신고를 통하여 입지를 금지 또는 제한할 수 있으며, 입지 후에는 배출허용기준을 적용한다. 지역별 구분하여 배출허용기준을 적용하고 지방자치단체가 주도하여 축산폐수 공공처리시설을 설치 운영하는 개입적 수단을 사용하기도 한다. 산업폐수와 차이가 있다면 산업폐수의 경우 배출량에 따라 기준을 달리하지만 축산폐수는 축사면적에 따라 기준이 달라지며, 축산폐수에는 지금까지 배출부과금 제도를 적용하지 않고 있다. 2004년부터 축산폐수를 수질오염원으로 관리하기보다 자원으로 활용하는 시도가 시작되었다. 2006년에는 '가축분뇨 이용에 관한 법률'이 제정되어 가축분뇨의 비료화, 유통 및 이용확대 정책이 추진되고 있다.

배출시설 입지제한
배출허용기준
공공처리시설
가축분뇨 자원화
가축분뇨이용에 관한 법률

(5) 비점오염원 관리정책

비점오염원은 강우 시 지면으로부터 유출되는 특성 때문에 점오염원에 비해 관리가 어렵다. 현재 널리 사용되는 방법으로는 친환경적 토지이용을 유도하는 방법, 지면으로부터 오염물질 유출을 줄이는 발생원 관리법, 그리고 발생한 비점오염물질에 대해서는 처리 시설을 이용하는 방법 등이 있다. 앞서 설명한 사전예방 정책의 토지이용규제, 토지매입제도, 환경영향평가제도 등은 친환경적 토지이용을 유도하는 정책이다. 또한 가축분뇨 자원화 또는 농약비료 사용 제한 등은 발생원 관리 정책에 해당한다.

친환경적 토지이용
발생원관리
비점오염처리시설
토지이용규제
토지매입제도
환경영향평가
가축분뇨 자원화
농약비료 사용 제한

현재 우리나라는 친환경적 토지이용이나 발생원 관리 정책과 더불어 보다 적극적인 비점오염원 관리정책도 시행하고 있다. 하나는 처리시설 이용정책으로 비점오염원 방지시설 설치신고 제도다. 이는 도시나 산업단지 개발과 같이 비점오염원 유발 사업을 실시할 때는 초기 우수 저류지나 비점오염원 저감시설 설치와 같은 현장에 적합한 방지시설을 설치하여 신고하도록 하는 제도다. 다른 하나는 비점오염원으로 중대한 위해가 발생할 수 있는 문제 지역은 국가가 지정하여 특별대책을 수립하고 시행하도록 하는 비점오염원 관

초기우수 저류지
비점오염 저감시설
비점오염원관리지역
생태면적률 확대
물순환 회복

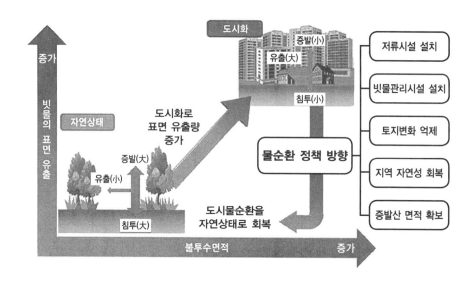

【그림 11-3】
물순환 회복 정책
기본 개념

리지역 지정 제도다. 그 외 도시지역의 생태면적률 확대정책, 물순환 회복정책 등도 비점오염원 관리를 위한 좋은 정책이 되고 있다.

(6) 수생태계 보전정책

하천, 강, 저수지, 호수, 습지 등은 다양한 생물의 서식 공간이기 때문에 물환경정책에서 빠질 수 없는 것이 건강한 수생태계를 보전하고 복원하는 것이다. 특히 우리나라의 하천과 강 관리는 지금까지 주로 홍수방지(치수)와 수자원 공급(이수)에 중점을 두어왔기 때문에 생태기능은 간과되었다. 지난 2007년 수질환경보전법이 '수질 및 수생태계 보전에 관한 법률'이라는 명칭으로 변경되면서 수생태계 기능이 물환경정책에서 크게 강화되었다. 이러한 과정에서 생태독성 관리제도와 생태하천 복원정책 등이 도입되기 시작했다.

생태독성 관리제도는 수계에 유입되는 수많은 화학물질이 생태계에 미치는 영향을 통합 평가·관리하는 제도다. 기존의 수질관리는 유기물, 영양물

수질 및 수생태계
보전에 관한 법률
생태독성 관리제도
생태하천 복원정책

질, 용존산소 등이 주요 관측 지표였다. 하지만 산업화가 가속화되면서 수많은 종류의 화학물질이 사용되고, 이중 일부는 공공수역으로 유입되고 있다. 또한 우리가 먹는 의약품이나 매일 사용하는 화장품 등도 수계로 유입된다. 이 물질들은 대부분 난분해성이고 미량으로 존재한다. 기존의 수질 지표로는 이를 측정할 수 없기 때문에 미량의 난분해성 화학물질에 민감하게 반응하는 물벼룩과 같은 생물체를 이용하여 관측한다. 생태독성 관리제도는 수계 화학물질의 유해성을 관측하고 이를 토대로 생물학적 영향을 저감하고 건강한 수생태계를 보전하기 위한 것이다.

생태독성 관리제도
화학물질 생태계 영향
난분해성 화학물질

생태하천 복원정책은 오염하천을 정화하고, 과거 치수 위주의 인공 구조물로 된 도시 하천을 자연형 수변을 가진 생태 하천으로 복원하는 것이다. 지금까지 전국의 많은 도시 하천들이 생태하천 복원정책을 통해 맑은 수질과 건강한 생태계가 유지되는 하천으로 되살아나고 있다. 복원 사업에는 퇴적물 준설, 인공습지 조성, 하상여과시설 설치, 비오톱 및 천변저류지 조성, 수생생물 이동을 고려한 보 개량 등과 같은 다양한 생태하천 기술이 적용되고 있다.

생태하천 복원정책
퇴적물
인공습지
하상여과시설
비오톱
천변저류지
생태하천 기술

(7) 해양환경 보전정책

우리나라 바다는 면적이 육지의 4.5배나 되고 3천여 개의 크고 작은 섬들이 위치해 있다. 특히 우리 바다는 한류와 난류가 교차하고 대륙붕과 굴곡이 심한 리아스식 해안선이 발달해 있으며 다양하고 풍부한 생물이 서식하는 세계적으로 보기 드문 해양 생태계를 가졌다. 또한 해안지역에 철강, 조선, 정유, 자동차 등 주요 산업단지가 들어섰고 해운을 통해 수입과 수출이 이루어지고 있으며, 활발한 연안 어업과 양식이 이루어지고 있기 때문에 환경관리가 매우 중요한 곳이다. 한반도 연안 바다는 오염원의 약 80%가 육상에서 기인한 것으로 추정하고 있다. 따라서 환경관리는 육지와 통합되어야 하지만 지난 1996년 해양수산부가 설립되면서 환경부의 육지 관리와 분리된 상태로 이루어지고 있다.

해양환경 보전정책
한류난류 교차
대륙붕
리아스식 해안
육상기인 오염원

현재 해양수산부 주도로 연안통합관리정책을 시행하고 있다. 연안관리정

연안통합관리정책
연안관리정보시스템
연안오염총량관리제
친환경공유수면매립
오염해역준설
폐기물 해양투기 개선
어장휴식년제

보시스템을 구축하고 연안오염총량관리제도를 도입하였다. 연안오염총량관리제도는 환경부가 시행하는 수질오염총량관리제도와 유사한 것으로 주요 항만을 대상으로 목표수질을 달성하기 위하여 배출부하량 삭감대책을 수립하고 여분의 부하량에 대해 개발을 허용해주는 제도다. 그 외 친환경공유수면매립, 오염해역준설, 폐기물 해양투기 개선 등을 실시하고, 지난 2001년부터는 어장휴식년제도 시행하고 있다.

해양환경관리법
환경보전해역
특별관리해역

　해양환경관리법에 근거하여 2000년부터 환경보전해역과 특별관리해역을 따로 지정관리하고 있다. 환경보전해역은 해양환경상태가 양호한 해역을 지속적으로 보전할 필요가 있는 해역으로, 현재 전남 가막만, 득량만, 완도·도암만, 함평만을 지정 관리하고 있다. 특별관리해역은 해양환경기준의 유지가 곤란하고 해양환경보전에 현저한 장애가 있거나 장애를 미칠 우려가 있는 해역으로, 현재 부산연안, 울산연안, 광양만, 마산만, 시화호·인천연안이 지정 관리되고 있다. 그 외 적조 방지 대책과 해양오염사고 방재기능 강화 정책 등이 추진되고 있다.

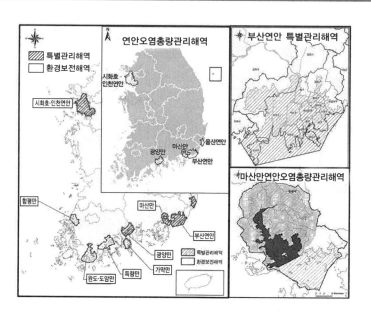

【그림 11-4】
특별관리해역, 환경보전해역, 그리고 연안오염총량관리해역

내용정리

1. 물환경정책의 주요 대상과 정책 목표를 설명해보자.
2. 물환경정책의 관련 법규를 열거해보자.
3. 물환경정책의 수단을 규제적, 경제적, 개입적, 호소적 등으로 나누어 사례와 함께 설명해보자.
4. 사전오염 예방정책을 설명해보자.
5. 수질오염총량제를 설명해보자.
6. 물이용부담금제를 설명해보자.
7. 점오염원 관리 정책을 설명해보자.
8. 비점오염원 관리 정책을 설명해보자.
9. 수생태계 보전 정책을 설명해보자.
10. 해양환경 보전 정책을 설명해보자.

읽어보기

〈엉터리 많은 수질 환경기준〉

수질관리에 헌법 같은 존재가 수질기준이다. 먹는 물을 비롯하여 농업용수, 공업용수, 하천, 호수 등 물의 용도와 상태에 따라 관리되어야 할 항목과 농도를 법으로 정해두고 지키는 것이다. 관리 항목은 물의 중요도에 따라 수십 또는 1백여 가지에 이르며, 이들 중 인체나 생태계에 피해가 큰 물질을 특정유해물질로 분류하고 특별히 관리를 하고 있다.

수질기준은 1907년 미국에서 처음 시작하여 현재 환경관리를 제도화하고 있는 대부분의 국가에서 사용되고 있다. 우리나라는 1977년 환경보전법이 제정되면서 도입되었다. 그러나 당시 미국, 유럽, 일본 등이 정해둔 기준들을 여기저기서 끌어와서 실제 적용에 문제가 많다는 지적이 오래전부터 제기되어 왔다.

일례로 최근 급식에 사용된 지하수 오염으로 문제가 된 질산성 질소의 경우 먹는 물 수질기준은 10ppm(mg/l)인 반면, 호수나 저수지의 농업용수 수질기준은 1ppm에도 못 미친다. 질소를 기준으로 하면 먹는 물 보다 10배 이상 깨끗한 저수지 물로 농사를 지어야 한다는 얘기다. 어처구니없어 보이지만 이 기준이 지금 우리나라 수질관리에 통용되고 있다.

한 때 국가적 이슈가 되었던 새만금 사업의 경우도 논쟁의 불씨 중 하나가 잘못된 수질기준이었다. 2001년 당시 새만금 담수호의 수질을 환경부가 예측한 결과 총인(인 성분을 모두 합한 것)의 농도가 0.103ppm로 나타났다. 총인의 농업용수 수질기준이 0.1인데 0.003높게 나타난 것이다. 소수점 이하 세 자리의 유효 숫자 논란을 만들어 환경단체의 눈치를 살핀 환경부의 교묘한 예측도 코미디 같은 일이었지만 비료 성분인 인에 대해 농업용수 수질기준이라는 잣대를 들이댄 것도 어처구니없는 일이다. 이 불씨로 온 나라가 홍역을 치르고 수천억의 국고 손실이 났는데 아직도 농업용수 총인 기준은 그대로 남아 있다.

지금까지 특정유해물질로 분류된 구리도 문제다. 수질환경보전법은 인체나 생태계에 피해가 큰 수질항목 19가지를 특정유해물질로 분류하고 있는데, 구리가 납, 카드뮴, 비소 등과 더불어 여기에 속한다. 그리고 이러한 물질을 사용하는 시설은 상수원 보호구역이나 특별대책지역에 입지를 금지하고 있다.

경기도 이천에 있는 하이닉스 반도체는 특정유해물질이 아닌 알루미늄을 사용해 왔기 때문에 팔당호 상류지역에서 공장을 가동할 수 있었다. 그러나 반도체의 연산 속도를 높이기 위해서는 앞으로 알루미늄 대신에 구리를 사용해야 한다. 문제는 구리가 특정유해물질이기 때문에 지금의 공장을 폐쇄하고 다른 곳으로 이전해야 하는 상황에 처하게 된 것이다.

구리는 인간을 포함한 포유동물의 11가지 필수미량금속(철, 3가크롬, 구리, 코발트, 망간, 몰리브덴, 니켈, 셀레늄, 바나듐, 요오드, 아연) 중 하나다. 그래서 성인의 경우 1일 섭취권장량이 2 mg이다. 과다 섭취의 경우 위장장애를 일으킬 수 있으나 섭취량의 98% 정도를 분변으로 배설하기 때문에 인체에 독성을 나타내는 경우는 드물다. 구리는 생활하수나 축산폐수에도 들어있고, 구리를 사용하는 산업체의 폐수에서도 배출된다. 그래서 하천이나 호수, 먹는 물에도 존재한다. 구리의 먹는 물 수질기준은 우리나라와 일본은 1.0, 미국은 1.3 ppm로 정해져 있다.

구리는 인체보다 물고기에 독성이 있다. 보통 물고기는 인체에는 적합한 농도인 100ppb(μg/l), 어린 치어는 15ppb 정도에서 치사 독성이 나타나는 것으로 보고되고 있다. 외국에서는 이것 때문에 구리를 규제하고 있다. 그래서 미국에서는 반도체 공장 방류수에 대해 캘리포니아 주 실리콘밸리에서는 8.6ppb, 오리건 주 유진에서는 12ppb로 규제하고 있다. 그런데 우리나라는 생태계 보호를 위한 환경정책기본법의 하천과 호수의 수질기준에는 구리가 아예 관리 항목에도 없다. 필요한 용도에는 기준이 없고 그렇지 않은 데는 입지 자체를 금지하는 강력한 규제를 하는 꼴이다. 수도권 2천3백만의 상수원을 위해서라면 수조원이 들더라도 공장을 이전해야 하겠지만 잘못된 수질기준으로 이런 우를 범하는 것은 세계에 부끄러운 일이다.

환경관리 기본 원칙에 사전예방원칙(Precautionary Principle)이라는 것이 있다. 조금이라도 문제가 될 가능성이 있으면 사전에 막아야 한다는 논리로 극단적으로 보수적인 접근을 요하는 원칙이다. '환경은 아무리 조심하여도 지나치지 않다' 또는 '나중에 후회하지 말고 안전을 택하라'라는 것이 이 원칙에 근거한 것이다. 과거 수질 항목과 기준을 정할 때 이 원칙에 따라 일말의 가능성이 있더라도 엄격한 규제를 가했다. 그러나 그동안 환경과학은 급속히 발달했고 많은 사실을 밝혀냈다. 이제 밝혀진 과학적 사실을 토대로 잘못된 수질기준을 시급히 정비해야 한다.

(한국경제신문 2007년 1월 2일)

제12장 상하수도

상하수도 정책의 주요 대상과 정책 목표, 관련 법규, 정책 수단 등을 살펴보고, 상하수도 시설 확충 및 정비, 먹는 물 관리 정책, 하수·분뇨 관리 정책, 물 수요 관리 및 재이용 정책 등과 같은 주요 정책을 공부한다.

12.1. 주요 대상 및 정책 목표

상하수도 정책의 주요 대상은 상수도, 하수도, 먹는 샘물, 정수기, 물 재이용 시설 등이다. 상수도는 취수원에서부터 정수장, 수도관, 배수지, 그리고 수돗물의 수질 관리가 주요 대상이며, 하수도는 하수관거, 하수처리장, 정화조, 분뇨처리장 등이다. 또한 먹는 샘물을 생산하는 시설, 현재 널리 보급되어 있는 정수기, 그리고 빗물이용시설이나 중수도 등과 같은 재이용 시설도 상하수도 정책의 대상이다.

상수도
하수도
먹는 샘물
정수기
물 재이용 시설

상하수도 정책의 궁극적 목표는 국민 생활에 물로 인한 불편함이 없도록 하는 것이다. 모든 국민에게 건강하고 안전한 수돗물을 공급하고 사용한 물을 위생적으로 관리하며, 먹는 샘물, 정수기 등과 같이 국민 건강에 직접적인 영향을 미치는 제품을 안심하고 사용할 수 있도록 하는 것이다. 또한 물의 재이용을 촉진하여 물 자원을 효율적으로 활용하도록 하는 것이다.

12.2. 관련 법규

상하수도 관련 법규는 우리나라 환경법 중에서 비교적 역사가 오래된 법에 속한다. 도시에 수돗물이 공급되면서 이를 관리하기 위하여 '수도법'이 1961년에 제정되었다. 1966년에는 수세식 화장실이 보급되면서 가정에서 발생하는 생활하수를 관리하기 위하여 하수도법에 제정되었다. 당시 '수도법'과 '하수도법'은 도시행정법에 해당하는 것으로 입법 취지는 도시민의 생활에 불편함이 없도록 하는 것이었다.

1995년에 먹는 샘물의 국내 시판이 시작되면서 생산 및 유통, 소비 등을 관리하기 위하여 '먹는 물 관리법'이 만들어졌다. 먹는 샘물은 지하수를 취수원으로 하기 때문에 '지하수법(2006)'의 조항이 일부 관련되어 있다. 그리고 물 절약과 효율적인 사용을 통한 물 수요 관리의 필요성이 제기되면서 '물의 재이용 촉진 및 지원에 관한 법률'이 2010년에 제정되었다.

수도법
하수도법
먹는 물 관리법
지하수법

〈표 12-1〉 상하수도정책 관련 법과 주요 내용 및 정책

환경법(제정년도)	주요 내용 및 정책
수도법(1961)	전국수도종합계획 수립, 물 수요관리 목표제, 상수원보호구역 지정관리, 수도사업 영리행위 금지, 물절약전문업, 정수시설운영관리사, 수돗물 수질기준
하수도법(1966)	국가하수도종합계획 수립, 방류수수질기준 준수, 공공하수도 설치운영 및 관리대행업, 개인하수처리시설 설치운영, 분뇨처리, 원인자비용부담원칙
먹는 물 관리법(1995)	먹는 물 수질관리, 먹는 물 공동시설 관리, 정수기 설치관리, 먹는 샘물 개발보전 및 환경영향조사, 샘물보전구역 지정, 수질개선부담금, 먹는 샘물 품질관리
물의 재이용 촉진 및 지원에 관한 법률(2010)	재이용기본계획 수립, 빗물 및 중수도 이용계획, 온배수 재이용 촉진, 물 재이용시설 설치관리, 공공하수도관리청 하폐수 처리수 공급, 물 재이용 연구개발촉진

12.3. 정책 수단

상하수도 정책의 핵심 수단은 개입적 수단이다. 정부가 주도하여 상수원을 관리하고, 정수장, 상수도관, 배수지 등을 건설하고 유지관리하고 있다. 또한 하수관거, 하수처리장, 물 재이용 시설 등도 정부의 개입적 수단으로 관리되고 있다. 상하수도 정책에도 여전히 많은 규제적 수단이 도입되고 있다. 상수원 관리를 위한 토지이용규제와 행위규제, 일정 시설조건을 요하는 정수장과 하수처리장에 대한 시설규제, 수돗물과 먹는 샘물에 대한 수질규제, 그리고 하수처리장 방류수 수질규제 등 곳곳에 규제적 수단이 사용되고 있다. 또한 정수기에 대한 정수 방식 및 필터 조건 등도 일종의 시설규제 형식으로 관리되고 있다.

경제적 수단도 여러 분야에서 사용되고 있다. 정수장, 하수처리장, 상하수도 관거 설치에 재정지원이 이루어지고 있으며, 상수원 관리를 위한 물이용부담금, 하수도 원인자 부담금, 그리고 먹는 샘물에 부과되는 수질개선 부담금도 경제적 수단에 해당된다. 호소적 수단으로는 물 절약 캠페인, 수돗물 사용을 위한 홍보 등이 있다.

12.4. 주요 정책

상하수도 정책은 국민의 생활환경과 가장 밀접한 환경정책이다. 국민 건강에 직접적인 영향을 미치며 삶의 질을 결정하는 핵심 요소다. 또한 물 자원의 지속가능한 이용을 도모하여 국가 산업발전과 경제성장에도 중요한 영향을 미친다. 상하수도는 강이나 호수, 또는 지하수로부터 취수하여 사용한 후 다시 버리는 과정에 해당하기 때문에 앞서 설명한 공공수역의 수환경정책과 밀접한 관계를 갖는다. 수환경정책의 가장 중요한 목표인 맑고 깨끗한 수질이 상수도 정책으로 이어지고 하수도 정책의 결과가 수환경정책으로 귀결된다.

우리나라는 그동안 국가 경제가 성장하고 국민 생활수준이 향상되면서

개입적 수단
규제적 수단

토지이용규제
행위규제
시설규제
수질규제

경제적 수단
물이용부담금
하수도원인자부담금
수질개선부담금

생활환경정책
환경보건정책
산업경제정책
수환경정책

상하수도 보급이 확대되고 기반시설도 좋아졌다. 또한 다양한 상하수도 정책을 수립하고 많은 예산을 투입하여 모든 국민이 물로 인한 생활의 불편함이 없도록 노력해왔다. 하지만 우리나라 상하수도 시설과 관리는 여전히 선진국 수준에는 도달하지 못하고 있으며 많은 국민들이 상하수도 현실에 만족하지 못하고 있다. 보다 많은 예산과 적극적인 노력이 요구되는 환경정책이다.

수돗물
생활하수
먹는 샘물
정수기
물 절약 및 재이용

정책 대상 또한 점점 확대되고 있다. 상하수도 정책은 과거 수돗물 생산·공급과 생활하수 차집·처리에 국한되었지만, 근래에 들어 먹는 샘물, 정수기 관리, 그리고 물 절약과 재활용 등 여러 분야로 확대되고 있다. 그뿐만 아니라 물 산업에도 큰 부분을 차지하기 때문에 현재 상하수도 기술 개발과 해외 수출에 관한 정책도 함께 추진하고 있다.

현재 우리나라에서 추진하고 있는 주요 정책은 크게 상수도 시설 확충 및 정비, 먹는 물 관리 정책, 하수·분뇨 관리 정책, 물 수요 관리 및 재이용 정책, 물 산업 육성 정책 등이 있다. 물 산업 육성 정책은 제18장에서 기술한 환경경제 정책의 중요한 부분을 차지한다.

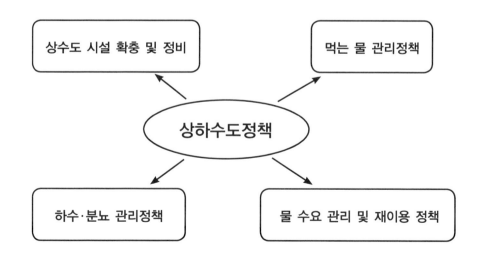

【그림 12-1】
상하수도 주요 정책

(1) 상수도 시설 확충 및 정비

상수도는 크게 일반수도, 공업용수도, 전용수도로 구분되는데 환경정책은 주로 일반수도를 다룬다. 일반수도는 지방상수도와 광역상수도 나누어지며 현재 지방상수도는 환경부가 광역상수도는 국토교통부에서 관리하고 있다(그림 12-2). 지방상수도는 지방자치단체가 수돗물을 생산·공급하는 것을 말하며, 광역상수도는 둘 이상의 지방자치단체에 원수 또는 정수를 공급하는 것으로 한국수자원공사가 실무를 담당하고 있다.

현재 정부가 추진하는 주요 정책은 농어촌, 도서지역, 중소도시와 같은 급수 취약지역에 대한 수돗물 공급, 노후 수도시설 개량, 정수장 운영효율 개선 등과 같은 상수도 시설 확충과 공급 체계 정비다. 또한 수돗물 품질 향상을 위해 원수 취약 지역에 대한 고도정수처리시설 설치, 대체 상수원 개발, 옥내수도시설 개선 지원 등이 있다.

일반수도
공업용수도
전용수도
광역상수도
지방상수도

고도정수처리시설
대체 상수원
옥내수도시설

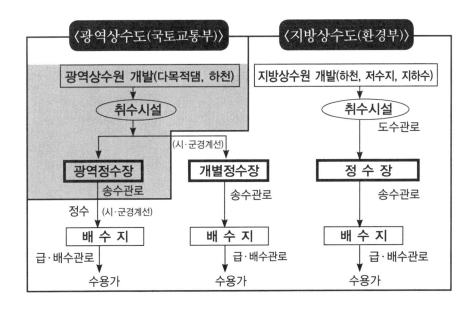

【그림 12-2】
우리나라 상수도
관리 체계

고도정수처리시설은 그림 12-3과 같이 기존 정수처리시설에 오존처리와 생물활성탄조 등을 추가하는 것으로 원수의 수질이 다소 떨어지더라도 수돗물은 비교적 깨끗하고 안전한 수질을 보장할 수 있다. 원수 취약 지역에 대한 대체 상수원 개발 방법으로 그림 12-4와 같이 강가에 수직 우물을 파는 강변여과수나 강바닥에 수평 우물을 파는 하상여과수가 있으며 현재 우리나라 낙동강 하류 등에서 사용되고 있다. 해외에서는 그 외에도 지하수 인공 함양이나 식수전용댐과 같은 방법이 대체 상수원으로 사용되고 있다. 옥내수도시설 개선 지원은 지방자치단체가 건물주의 동의를 얻어 아파트 등 주택 내부의 급수관에 대해 검사, 교체, 갱생, 세척을 권고하고 일부 교체 비용도 지원하는 정책이다. 정부가 수도법을 개정하여 지난 2006년부터 시행하고 있는 제도로 옥내 급수관 공개념에 바탕을 두고 있다. 그동안 옥내 급수관과 물탱크가 수돗물 수질에 중요한 영향을 미치지만 사각지대에 방치되어왔기 때문에 수도사업자가 수돗물 안전을 위해 책임 이상의 희생하겠다는 정책이다.

오존처리
생물활성탄조
강변여과수
하상여과수
지하수 인공 함량
식수전용댐
옥내 급수관 공개념

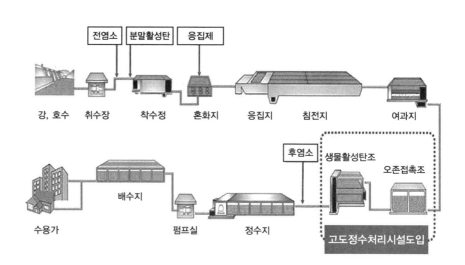

【그림 12-3】
고도정수처리시설
도입 정책

(2) 먹는 물 관리정책

먹는 물은 수돗물뿐만 아니라 먹는 샘물, 정수기 물, 우물 물, 약수터 물 등 여러 종류가 있다. 이는 건강에 직접적인 영향을 주고 잘못 관리될 경우 큰 재앙으로도 이어질 수도 있다. 여기서 가장 큰 부분을 차지하는 것이 수돗물 관리다. 지금까지 수돗물 품질 향상을 위해 많은 노력을 해오고 있지만 수돗물 안전성에 대한 불신은 여전히 상존하고 있다. 불신을 해소하기 위하여 수질 감시 항목을 확대하고 수질기준 위반 시 공지제도를 도입하였으며, 정수시설 운영관리사 국가자격제도와 수돗물 실명제 등을 시행하고 있다.

1995년 먹는 물 관리법 시행과 함께 시작된 '먹는 샘물' 사용은 지금은 현대인의 일상생활이 되었다. 과거에는 수돗물 불신과 국민 위화감 조장을 이유로 시판을 금지하였다. 하지만 1994년 헌법에 보장된 행복 추구원에 위반된다는 사유로 위헌 판결을 받게 되어 시판을 허용하게 되었다. 생수가 보다 편리한 말이지만 당시에는 수돗물을 사수(죽은 물)로 느끼게 하는 의미를 준다고 해서 '먹는 샘물'이라는 용어를 사용하게 되었다. 먹는 샘물은 '암반대

수질감시항목 확대
기준위반 공지제도
정수시설 운영관리자
수돗물 실명제

먹는 물 관리법
먹는 샘물
위헌 판결

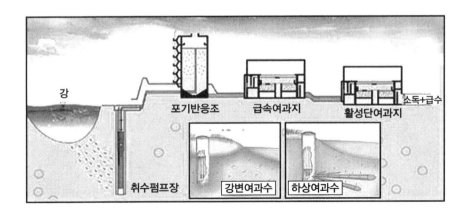

【그림 12-4】
대체 수자원 강변
여과수와 하상여과수
원리 및 처리과정

수층 안에 지하수 또는 용천수 등 수질의 안전성을 계속 유지할 수 있는 자연 상태의 깨끗한 물을 먹는데 적합하도록 물리적 처리 등의 방법으로 제조한 것'으로 '먹는 물 관리법'에 정의되어 있다. 이를 관리하기 위하여 먹는 샘물 제조업 허가제, 그리고 먹는 샘물에 대한 품질 검사 등을 실시하고 있다. 또한 먹는 샘물 제조업자와 수입판매업자, 그리고 샘물을 사용하는 음료수 또는 주류 제조업자 등에게 수질개선부담금을 부과하고 있다. 수질개선부담금은 먹는 물 수질개선 사업비, 먹는 물 수질검사 비용, 지하수 개발이용 및 보전관리 등을 위해 사용하도록 되어있다.

먹는 물을 위해 관리해야 할 또 다른 항목이 정수기다. 수돗물 불신과 깨끗한 물을 마시고자 하는 소비자의 욕구로 인해 국내에서 정수기 보급이 급속히 늘어났다. 여러 종류의 정수방식이 사용되고 있으며, 관리가 제대로 되지 않을 경우 먹는 물 안전성에 문제를 야기할 수 있다. 이를 관리하기 위하여 정수기 수입제조업자에 대해 품질검사 승인제도를 시행하고 있다.

그 외 약수터와 마을 우물과 같은 먹는 물 공동시설에 대한 수질조사와 감시를 실시하고 있다. 현재 전국에 1,500여개의 먹는 물 공동시설에 1일 이용자가 25만 여명에 이르고 있다. 시군구 지방자치단체는 정기적으로 수질검사를 실시하고 부적합 시설에 대해서는 사용을 중지하고 이를 공지해야 한다. 사용 금지 기간에도 검사를 실시하며 부적합이 계속될 경우에는 시설 자체를 폐쇄해야 한다.

(3) 하수·분뇨 관리 정책

생활에서 발생하는 하수와 분뇨는 발생 형태에 따라 다양한 경로를 통해 차집되고 처리된다. 수세식 화장실을 사용하는 도시는 하수관거로 차집하여 하수처리장에서 처리 방류된다. 우리나라는 1978년 서울의 중랑하수처리장을 시작으로 지금까지 470여개의 하수처리장을 건설하여 운영 중에 있다. 농어촌 지역을 대상으로 하는 소규모 하수처리장은 전국에 2,600여개가 있다.

먹는 샘물 제조업 허가제
먹는 샘물 품질 검사
수질개선부담금

정수기
품질검사 승인제도
먹는 물 공동시설

하수처리장
소규모 하수처리장
분뇨처리장
오수처리장
정화조

수세식 화장실이 아닌 경우는 분뇨를 수거하여 분뇨처리장에서 먼저 처리하고 다시 하수처리장으로 이송하여 재처리한다. 현재 전국에 190여개의 분뇨처리장이 있으며 수세식 화장실과 하수관거가 보급되면서 점차 줄어들 전망이다. 멀리 떨어져 개별 처리가 불가피한 경우에는 오수처리시설이나 정화조로 처리되며, 현재 전국에 410,000여개의 오수처리장과 2,500여개의 정화조가 운영되는 것으로 알려져 있다.

하수·분뇨 관리의 초기 목적은 공중위생과 생활환경 개선을 위한 것이었다. 이후 공공수역의 수질개선을 위해 처리 수준을 높이게 되었고, 최근에는 물 재이용을 위해 매우 정밀한 수준까지 처리를 하고 있다. 정책적 접근은 시설기준과 방류수 수질기준 등과 같은 처리시설의 설치·운영 기준을 정하고 규제하는 방식으로 이루어진다.

시설기준
방류수 수질기준

지금까지 추진해온 주요 정책은 하수관거와 하수처리장에 대한 처리시설 확충과 선진화다. 하수관거는 합류식에서 분류식으로 정비하고, 하수처리장은 보급을 확대하고 처리수준을 높이는 것이 정책방향이다. 또한 과거 유기물 제거를 주로 하던 시설에 인이나 질소와 같은 영양염류 제거 시설을 추가하는 등 하수처리장 고도화 사업을 적극 추진해 오고 있다. 처리 수준은 수질오염총량제와 연계하고, 특히 방류 수역 상태나 재이용 여부 등에 따라 처리수준을 높여가고 있다.

하수관거정비
처리수준향상
하수처리장 고도화
수질오염총량제

하수·분뇨 관리에 필요한 재원은 지방자치단체의 예산, 중앙정부의 보조금, 원인자 부담금으로 충당되며, 개별처리의 경우 배출자에게 전액 부과된다. 원인자 부담금은 1966년 하수도법이 제정되면서 처음 도입되었으며 지방자치단체의 조례에 따라 부과 요율이 결정된다. 하수관거와 하수처리장 건설에 필요한 경비를 보다 효율적으로 조달하기 위하여 민자유치 정책도 시행하고 있다. 건설에 필요한 경비 중 일부를 기업이 먼저 조달하고 운영과정에서 회수할 수 있도록 하는 제도다. 그 외에도 하수처리장 에너지 자립화 정책, 기후변화에 대비한 도시하수체계 구축 정책 등이 추진되고 있다.

보조금
원인자 부담금
민자유치정책

(4) 물 수요 관리 및 재이용 정책

물 수요 관리
절수기 보급
수도요금 현실화
노후관망교체
물 절약 생활화

상수도 공급 과정에서 발생하는 누수를 막고 물 사용량을 줄이며 재사용을 확대해 가는 정책이다. 지난 2007년 국가 물 수요관리 종합대책을 수립하고 절수기 보급, 수도요금 현실화, 노후 관망 교체, 물 절약 생활화 등을 추진하고 있다. 수요 관리 정책 효과로 지금까지 물 사용량이 줄어들고 있으나 우리나라 일인당 물 사용량이 선진국에 비해 여전히 많다. 지금까지 감소된 많은 부분은 노후 관망 교체를 통한 누수 방지에 의한 것으로 밝혀지고 있다. 보다 적극적인 노력과 참여가 필요한 분야다.

처리수 재이용
방류수 수질기준 강화
고도처리기술 실용화
물의 재이용 촉진 및
    지원에 관한 법률
조경용수
청소용수
농업용수
공업용수

물 부족 대책으로 물 수요 관리와 함께 처리수 재이용이 새롭게 부각되고 있다. 방류수 수질기준 강화와 고도처리기술 실용화로 하수처리장 방류수를 재이용하는 것이 가능해졌기 때문이다. 지난 2010년 '물의 재이용 촉진 및 지원에 관한 법률'을 제정하고 재이용 정책을 추진하고 있다. 우리나라에서 연간 배출되는 하수처리수는 약 68억톤으로 추산하고 있다. 이는 우리나라 모든 물그릇(다목적 댐, 생공용수 댐, 저수지 등) 용량의 50%가 넘는 양이다. 하수처리수 재이용 수질기준을 준수하면 조경용수, 청소용수, 농업용수, 공업용수 등으로 사용하는 데는 무리가 없다. 재이용을 통해 수자원 확보, 처리수 방류 감소, 에너지 절약 등 다양한 효과를 가져 온다.

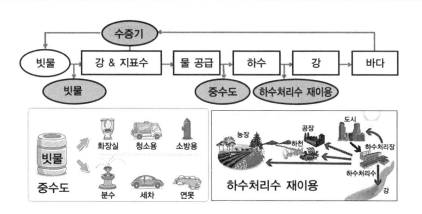

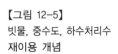

【그림 12-5】
빗물, 중수도, 하수처리수
재이용 개념

내용정리

1. 상하수도 정책의 주요 대상과 정책 목표를 설명해보자.
2. 상하수도 정책의 관련 법규를 열거해보자.
3. 상하수도 정책의 수단을 규제적, 경제적, 개입적, 호소적 등으로 나누어 사례와 함께 설명해보자.
4. 상하수도 시설 확충 및 정비 정책을 설명해보자.
5. 먹는 물 관리정책을 설명해보자.
6. 하수 분뇨 관리정책을 설명해보자.
7. 물 수요 관리 및 재이용 정책을 설명해보자.

읽어보기

〈수돗물 관리, 새로운 기술 도입해야〉

지난 22일은 지구촌에 도래한 물의 위기를 알리기 위해 유엔이 제정한 제13회 세계 물의 날이었다. 오염으로 병든 하천과 호수, 매년 반복되는 가뭄과 홍수, 물 부족과 낭비 등 수많은 물 문제에 직면해 있는 우리나라는 이날의 의미가 더욱 크다.

우리의 물 문제 중 지금 가장 심각한 전국에 만연한 수돗물 불신이다. 많은 국민들은 수돗물을 신뢰하지 못하며, 실제로 수질, 맛, 냄새, 색도 등에서 이상 현상을 경험하기도 한다. 최근 전국을 대상으로 한 설문 조사에서 70% 이상이 수돗물은 '식수로 부적합하다'고 답변했고, 수돗물을 그대로 마신다는 응답은 1.0%에 불과했다. 또한 정수기를 이용하거나 먹는 샘물을 마신다는 대답은 지난 2000년 이후 2~3배 이상 늘어나 수돗물 불신은 계속 확산되는 것으로 나타났다. 그뿐만 아니라 연간 수돗물 생산량의 14.8%인 9억여 톤이 누수되어 3,800억원 이상의 경제적 손실이 발생하는 것으로 추정하고 있다.

정부는 이러한 문제를 해결하기 위하여 여러 가지 대책을 강구하고 있다. 정수장에서 생산되는 수돗물의 수질을 인터넷으로 공개하고, 수돗물 감시 행정을 효율화하며 정수시설을 정비하는 등 많은 노력을 기울이고 있다. 또한, 노후 송수관으로 인한 누수와 수질악화를 방지하기 위하여 매년 많은 예산을 투자하여 이를 교체하고 있다.

이러한 노력은 수질개선과 불신해소에 다소 효과가 있을지 모르지만 근본적인 해결책이 되지 못한다. 깨끗하고 안전한 수돗물이 생산되어 공급된다 하더라고 사용자의 수도꼭지까지 가는 과정, 특히 건물의 물탱크와 옥내배관에서 수질이 오염되는 경우가 자주 발생한다. 그러나 물탱크와 옥내배관은 개인이 관리해야 할 사유재산이기 때문에 대부분 사각지대에 방치되어 있다.

최근 정부에서 방치된 사각지대를 해결하기 위해 노후 옥내배관과 물탱크를 교체하거나 세척하는 것을 지자체가 지원할 수 있도록 제도 보완을 추진하고 있다. 수돗물의 안전을 위하여 책임 이상의 희생을 하겠다는 것으로 매우 환영할 만하다. 그러나 건물 소유주의 자발적인 참여가 없으면 효과를 기대하기 어렵고, 참여하더라도 수돗물의 수질은 시공간적으로 항상 변화하기 때문에 지속적인 관리가 없으면 효과는 일시적이다.

근본적 해결을 위해서는 건물의 수도꼭지를 중심으로 한 실시간 관리가 이루어져야 한다. 최근 나노기술의 발달로 작은 수질감지센서 하나로 수돗물의 안전성을 확인할 수 있게 되었고, 대부분의 빌딩과 아파트 단지, 학교, 일반 주택에 이르기까지 인터넷 통신망이 연결되어 있기 때문에 실시간 관리가 가능해졌다. 건물에 유입되는 수도관과 주요 사용 지점에서 수질을 측정하여 인터넷 통신망으로 확인하고 수돗물의 안전성을 사용자에게 공개하여 불신을 해소시킬 수 있다. 이처럼 나노기술과 정보통신기술을 환경기술에 융합 적용하는 것이 지금의 수돗물 위기를 극복하는 방법이다.

이러한 기술을 효과적으로 적용하기 위해서는 제도개선이 뒷받침되어야 한다. 지금과 같이 수돗물의 생산에서부터 급수에 이르기까지 모든 과정을 지방자치단체에서 담당할 것이 아니라 일부를 민영화하는 방안이 추진되어야 한다. 지자체는 정수장에서부터 송수관까지 수돗물 생산과 공급을, 민간 기업이 수질감지센서와 통신망을 이용하여 급수과정을 관리하는 것이 효과적이다. 수도 사업 급수민영화는 대민서비스 증대, 환경산업 육성, 정부 불신 해소 등 다양한 파급 효과를 가져 올 수 있다.

수돗물은 과거에 사용하던 우물물에 비해 안전하고 편리하기 때문에 공급되기 시작했다. 전염병을 예방하고 건강을 증진시켜 인류 수명을 연장하는데 크게 기여하였다. 그러나 지금 많은 사람들은 오히려 과거 우물물에 불과한 먹는 샘물을 비싼 가격에 사먹고 있다. 그뿐만 아니라, 관리가 부실할 경우 위험성이 매우 큰 정수기를 고가에 구입하여 사용하고 있다. 이제 새로운 첨단기술 활용과 제도개선을 통하여 수돗물의 부활을 준비하여야 한다.

(한국일보 2005년 3월 24일)

제13장 기후대기

기후대기정책의 주요 대상과 정책 목표, 관련 법규, 정책 수단 등을 살펴보고, 온실가스 감축, 기후변화 적응, 대기질 감시 강화, 대기오염물질 배출시설 관리정책, 대책지역 지정관리, 교통환경정책, 동북아 대기환경 대책 등과 같은 주요 정책을 공부한다.

13.1. 주요 대상 및 정책 목표

기후대기 정책의 대상은 크게 온실가스 감축, 기후변화 적응, 대기환경보전, 그리고 배출원 관리 등으로 나눌 수 있다. 산업, 발전, 수송, 건물 등에서 발생하는 온실가스 배출현황 파악, 감축목표 설정, 감축시행, 그리고 기후변화 전망 및 적응대책 수립 등이 정책의 주요 대상이다. 또한 대기환경기준 설정, 대기환경현황 파악 및 대책 수립, 산업과 교통 그리고 건물 등에서 배출되는 대기오염물질 관리 등이 정책 대상이다.

온실가스 감축
기후변화 적응
대기환경 보전
배출원 관리

기후정책의 목표는 국가 온실가스 목표를 달성하고 기후변화 적응 역량을 강화하는 것이다. 우리나라가 설정한 2030년 온실가스 배출 전망치(BAU: Business As Usual) 대비 37% 감축을 실천 가능한 방법을 찾아서 달성하는 것이 정책 목표다. 또한 기후변화는 자연재해, 식량, 에너지 등 여러 분야에 영향을 줄 것이지만, 특히 환경분야에서 예상되는 환경성 질환, 수환경 관리, 생물 다양성 등에 미치는 영향을 최소화하는 것이 환경정책이다. 대기환경정책의 궁극적 목표는 맑고 깨끗한 대기환경을 달성·유지하는 것으로 대기오염물질 배출을 관리하여 환경성책기본법이 제시하는 대기환경기준을 준수하는 것이다.

13.2. 관련 법규

저탄소 녹색성장 기본법
온실가스 배출권의 할당
및 거래에 관한 법률
공해방지법
환경보전법
대기환경보전법
수도권 대기환경 개선에
관한 특별법

우리나라 기후정책의 근간은 2010년에 제정된 '저탄소 녹색성장 기본법'에 두고 있다. 저탄소 녹색성장에 필요한 기반을 조성하고 녹색기술과 녹색산업을 새로운 성장동력으로 활용하는 정책방향을 제시하고 있다. 또한 2012년에 이 법의 하위 법으로 제정된 '온실가스 배출권의 할당 및 거래에 관한 법률'에 따라 배출권 거래제도를 시행하고 있다.

대기환경정책은 지난 1963년 '공해방지법'이 제정될 때부터 주요 부분을 차지하게 되었다. 이후 1977년 '환경보전법'으로 이어졌으며, 1990년 다시 이 법이 6개의 법으로 나누어지면서 '대기환경보전법'이라는 개별법이 제정되어 지금까지 대기환경정책의 중심 법 역할을 하고 있다. 우리나라 수도권에 밀집된 인구, 산업, 교통 등으로 대기환경문제가 심화되자 수도권에 대한 별도의 대책이 필요하여 2003년 '수도권대기환경개선에 관한 특별법'을 제정하여 관리하고 있다.

〈표 13-1〉 기후대기정책 관련 법과 주요 내용 및 정책

환경법(제정년도)	주요 내용 및 정책
저탄소 녹색성장 기본법 (2010) (국무조정실)	저탄소 녹색성장 기반조성, 온실가스 감축, 자원순환 촉진, 기후변화 대응, 녹색 국토관리, 녹색생활 정착, 녹색경제 및 녹색산업 육성, 총량제한 배출권거래제,
온실가스 배출권의 할당 및 거래에 관한 법률(2012)	배출권거래제 및 할당기본계획 수립, 할당업체 지정, 배출권 할당 및 거래, 배출권 거래소, 배출권 거래시장 안정화, 배출권 보고 및 검증, 국제탄소시장 연계
대기환경보전법(1990)	대기오염총량규제, 배출부과금, 연료규제, 비산먼지 규제, 사업장 배출규제, 생활환경상 배출규제, 자동차·선박 배출규제, 자동차 온실가스관리, 황사대책
수도권 대기환경 개선에 관한 특별법(2003)	사업장 오염물질 총량관리, 총량초과과징금, 저공해자동차 보급, 특정경유차 관리, 배출가스저감장치 설치, 노후차량조기폐차 지원, 휘발성유기화합물 배출억제

13.3. 정책 수단

기후정책과 대기환경정책은 정책 수단에서 다소 차이를 보인다. 지금까지 사용해온 주요 기후정책 수단은 호소적 수단이다. 지구온난화로 인한 기후변화 시대를 알리고 녹색생활, 에너지 절약 등에 대한 홍보와 교육이 대부분을 차지했다. 최근에 와서 온실가스 배출권 할당과 거래제도가 시행되면서 규제적 수단과 경제적 수단이 활용되기 시작했다.

배출권 할당
배출권 거래제

대기환경정책은 전통적으로 배출규제, 연료규제, 시설규제 등과 같은 강력한 규제적 수단이 사용되어 왔다. 경제적 수단으로는 지난 1981년부터 배출부과금이 징수되기 시작했으며 1992년에는 환경개선부담금이 도입되었다. 개입적 수단은 대기정화시설을 설치하거나 지방자치단체의 중심으로 이루어지는 도로 물청소 등이 해당되며, 최근에 도입되기 시작한 전기차 보급이나 대중교통 지원 정책 등은 경제적 수단과 개입적 수단이 결합된 기후대기정책에 해당된다.

배출규제
연료규제
시설규제
배출부과금
환경개선부담금
대기정화시설
전기차 보급
대중교통 지원정책

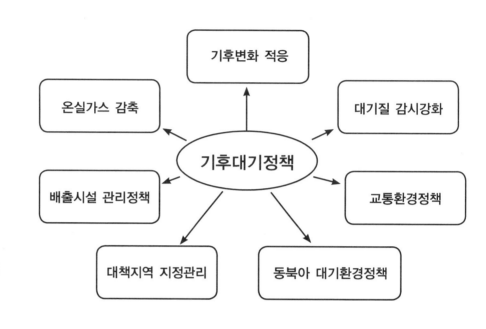

【그림 13-1】
기후대기 주요 정책

13.4. 주요 정책

기후대기정책은 산업, 에너지, 교통 정책 등과 매우 밀접하게 관련된 환경정책이다. 기후정책과 대기정책은 추구하는 목적에서 환경측면에서 차이가 있는 것처럼 보이지만 실제로는 동일하며 대부분의 경우 동시 효과(Co-Benefit)를 가져온다. 기후정책은 온실가스 감축을, 대기정책은 오염물질을 줄이는 것이다. 온실가스는 화석연료의 연소과정에서 발생하고 이때 대기오염물질을 동반하기 때문에 기후정책과 대기정책은 동일한 목적과 효과를 가져온다.

하지만 기후정책과 대기정책에서 항상 동시 효과를 가져오는 것은 아니다. 대표적인 사례가 디젤엔진 자동차다. 그림 13-2에서 보듯이 가솔린엔진은 점화 플러그의 전기불꽃에 의해 연소가 일어나는 반면 디젤엔진은 고압고온에서 연료를 분사하여 연소가 일어난다. 이러한 연소 과정의 차이로 디젤엔

기후정책
대기정책
동시효과
에너지정책

디젤엔진
가솔린엔진
이산화탄소
질소산화물
매연

진은 가솔린엔진에 비해 연비를 뛰어나지만 질소산화물과 매연 발생량이 매우 높다. 다시 말하면 디젤엔진은 이산화탄소배출량이 적어 기후정책에서는 유리하지만 질소산화물과 매연 배출이 많기 때문에 대기정책 관점에서는 불리하다. 기후정책이 강조되면서 이산화탄소 배출이 적고 매연저감 효과 개선으로 한 때 클린 디젤(Clean Diesel)로 불리기까지 했다. 하지만 디젤엔진은 직접 배출하는 매연과 질소산화물로 인한 광화학스모그 미세먼지 때문에 대기정책에서는 더티 디젤(Dirty Diesel)로 남아 있다.

기후정책
클린 디젤
대기정책
더티 디젤

기후정책과 대기정책은 에너지 정책과도 밀접한 관계를 갖는다. 국가 에너지 정책의 목적은 산업과 국민생활에 필요한 에너지의 효율적인 수급이다. 비용과 사용의 적합성, 수송, 저장, 기후, 환경 등 여러 측면을 고려하는 것이 에너지 정책이다. 여기서 수요 관리와 사용 에너지의 종류에 관한 정책은 기후대기정책에 직접적인 영향을 준다. 에너지 절약과 효율적 사용, 화석연료 대신 신재생에너지 사용 등은 기후대기 정책으로 귀결된다.

기후정책
대기정책
에너지정책

현재 우리나라에서 추진하고 있는 기후대기 정책을 분야별로 나누어서 설명하면 다음과 같다.

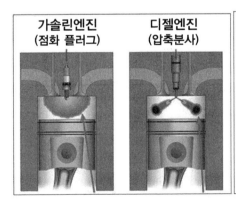
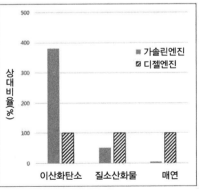

【그림 13-2】
가솔린엔진과 디젤엔진의 원리와 기후대책과 대기환경대책의 상반된 효과 (디젤엔진 배출량을 100%로 가정)

(1) 온실가스 감축

정부가 온실가스 감축을 위해 실효성 있는 정책으로 처음 도입한 제도는 온실가스 목표관리제다. 2009년부터 시작한 이 제도는 정부가 기업을 대상으로 감축목표치를 설정하고 달성하지 못할 경우 과태료를 부과하는 제도다. 기업별 감축목표치는 해당 기업의 과거 3년간 온실가스 배출 실적을 기준으로 이듬해 생산 증가 예상치 및 온실가스 감축 계수 등을 종합적으로 고려해 결정한다. 감축량을 할당받은 업체는 연말까지 목표 달성을 위한 구체적 이행계획을 제시하고 매년 이행 결과를 정부에 보고해야 한다.

목표관리제에서 한 단계 더 나아가 2015년부터 온실가스 배출권 거래제를 시행하고 있다. 배출권 거래제는 정부가 기업에 온실가스 배출 허용량을 부여하고 기업은 허용량 범위 내에서 생산 활동을 유지하고 온실가스 감축을 하는 것으로 하며, 만약 어떤 기업이 감축을 많이 해서 허용량이 남을 경우 감축을 적게 하여 허용량을 초과한 기업에게 판매할 수 있게 하는 제도다. 배출권 거래제도는 유럽연합(EU) 국가들은 지난 10년여 간 운영해 왔으며 전 세계 39개국에서 전국 또는 지역 단위로 시행하고 있다. 중국은 베이징, 충칭, 상해 등 7개 지역에서 시범 시행하고 2016년부터 전역으로 확대했다.

그 외 녹색생활 실천운동, 저탄소 건물과 녹색도시 보급, 탄소성적 표시제도 등도 시행하고 있다. 또한 저개발국가 온실가스 감축에 참여하는 청정개발체제(CDM: Clean Development Mechanism)를 활성화하는 정책도 추진 중이다.

(2) 기후변화 적응

기후변화 관련 또 다른 환경정책은 기후변화 적응 역량을 강화하는 것이다. 온실가스 감축은 기후변화 발생 원인을 줄이려는 대책이라면 적응 대책은 기후변화로 인한 피해를 줄이는 대책이다. 이 정책은 우선 기후변화 감시 예측 기능을 강화하고 기후변화에 취약한 노인, 장애인, 그리고 만성 질환자

온실가스 감축
목표관리제
배출권 거래제

녹색생활 실천운동
저탄소 건물 보급
녹색도시 보급
탄소성적 표시제
청정개발체제

등에 대한 건강피해 방지대책을 수립하는 것이다. 또한 기후변화로 인한 생태계 변화, 생물다양성 감소, 대기 및 수환경 변화 등을 모니터링하고 피해를 최소화하는 것이다. 현재 기후변화 적응 통합정보시스템을 구축하고, 지방자치단체와 공공기관 등이 스스로 기후변화 적응역량을 강화하고 이를 보고하는 제도도 시행하고 있다.

기후변화는 가뭄과 홍수, 태풍 등과 같은 기후재난을 비롯하여, 농업, 수산, 산림, 보건 등 국가 정책 전 분야에 영향을 미친다. 따라서 현재 범정부 차원에서 기후변화 적응정책이 이루어지고 있다. 기후변화 환경정책은 관련 부처와의 긴밀한 협력이 이루어져야 하며, 특히 국가 기상 및 수자원 정책과 공동 정책이 요구된다.

감시예측기능 강화
건강피해 방지대책
통합정보시스템 구축
적응역량 강화

(3) 대기질 감시강화

대기환경정책에서 기본적으로 필요한 것은 전국 대기현황을 파악하는 일이다. 우리나라는 1980년대 처음 대기오염물질을 관측하기 시작하여 지금까지 측정망을 계속 확대해왔다. 현재 국립환경과학원과 지방자치단체가 중심이 되어 전국에 390여개 측정소를 설치하여 감시하고 있다. 관측된 자료는 국가대기오염 정보관리시스템(NAMIS: National Ambient Air Information System)으로 수집하고 관리하며 일반인에게 공개하고 있다. 또한 피해분쟁지역이나 대기오염이 우려된 오염우심지역 등에는 대기 이동측정차량으로 측정하고 있다.

대기측정망
국가대기오염정보
 관리 시스템
피해분쟁지역
오염우심지역
대기 이동 측정

(4) 배출시설 관리정책

대기오염물질을 배출하는 시설을 규제하고 관리하는 노력은 환경정책 초기 단계부터 시작되었다. 1971년 '공해방지법' 개정 시 배출시설 인허가 제도를 도입하고 1977년 '환경보전법'을 제정하면서 더욱 강화하게 되었다. 하지만 배출시설에 대한 보다 체계적인 관리정책은 1980년대 이후에 시작되었다.

공해방지법
환경보전법

현재 시행되는 정책은 배출시설 설치 또는 변경 시 인허가 제도, 방지시설 설치 의무화, 배출허용기준 강화, 굴뚝원격감시체계(TMS: Tele-Metering System) 운영, 배출부과금 제도 등이다. 배출시설은 주로 제조시설에 적용하며, 대기오염물질을 배출하지 않거나 배출하더라도 일정 규모 미만인 시설은 제외한다. 배출시설은 방지시설을 의무적으로 설치해야 하며 배출허용기준을 준수해야 한다. 대형 배출사업장에 대해서는 TMS로 실시간 감시하고 있다. 배출허용기준을 벗어날 경우 초과 배출부과금을 적용하며 기준치 이내에도 기본부과금을 부과하고 있다. 배출부과금제도는 1981년에 처음 도입하였으며, 처음에는 초과부과금만 부과하였으나 1995년부터 기본부과금도 적용하게 되었다.

현재 대기환경보전법에 대해 배출허용 기준이 설정되어있으며, 법 개정을 통해 단계별로 강화해 나가고 있다. 기준을 강화할 때는 사전에 예고해야한다. 대기환경기준은 전국 모든 곳에 동일하게 적용되지만 배출허용기준은 지역에 따라 차등 적용한다. 대기오염이 심한 특별대책지역에 대해서는 특별배출허용기준을 설정하여 적용한다.

(5) 대책지역 지정 관리

대도시나 산업단지와 같이 오염원이 밀집되어 있는 지역은 배출되는 오염물질의 총량이 많기 때문에 대기환경기준을 유지하기 위해서는 별도의 대책이 필요하다. 현재 별도의 대책을 시행하는 지역으로는 특별대책지역, 수도권 대기관리권역, 그리고 대기환경 규제지역이 있다.

특별대책지역은 울산, 여천 등과 같은 산업단지를 대상으로 하고 있으며 '환경정책기본법'에 근거하고 있다. 수도권 대기관리권역은 서울, 인천, 경기 등 수도권 지역을 대상으로 하고 있으며 '수도권 대기특별법'에 근거하고 있다. 대기환경 규제지역은 수도권을 제외한 부산권, 대구권 등과 같은 대도시 지역으로 '대기환경보전법'에 근거하고 있다. 특별대책지역은 사업단지에서

배출시설 인허가제도
방지시설 설치의무화
배출허용기준 강화
굴뚝원격감시체계
배출부과금제도
기본부과금
초과부과금

대기환경기준
배출허용기준
특별배출허용기준

특별대책지역
수도권대기관리권역
대기환경규제지역

환경정책기본법
수도권 대기특별법
대기환경보전법

발생하기 쉬운 대기오염물질을 줄이는 것을 목적으로 지정되었으며, 수도권 대기관리권역과 대기환경 규제지역은 대기환경기준 초과 또는 초과 우려지역에 대한 대기질 개선을 목적으로 지정되었다.

대책지역 관리에 적용하는 정책 중 하나는 연료사용 규제다. 수도권 대기관리지역과 대기환경 규제지역과 같이 환경기준을 초과할 우려가 있는 지역에 대해서는 석탄류, 코크스, 나무, 기타 폐기물 등과 같은 고체연료 사용을 제한하고 있다. 대신에 저유황 연료, LNG(Liquified Natural Gas, 액화천연가스)와 LPG(Liquified Petroleum Gas, 액화석유가스)와 같은 청정연료 사용을 확대하고 황 함유기준도 강화하고 있다.

연료사용 규제
고체연료
청정연료

(6) 교통환경정책

자동차는 대기오염물질 주요 배출원 중 하나다. 배출가스에도 다양한 오염물질이 포함되어 있고 도로 지면으로부터 비산먼지도 발생시킨다. 또한 배출가스에 포함된 질소산화물은 대기 중에서 반응하여 오존이나 광화학스모그도 증가시킨다. 자동차로 인한 대기오염물질은 인구 밀집지역에서 집중 배출되고 배출원 이동으로 인해 넓은 범위로 퍼져나가기 때문에 타 배출원에 비해 일반 국민들의 건강에 미치는 영향이 상대적으로 크다. 여기에 온실가스 배출량도 상당 부분 차지한다. 교통환경정책은 크게 제작차 관리, 운행차 관리, 친환경교통체계 구축 등으로 나누어진다.

질소산화물
오존
광화학스모그
온실가스 배출량

제작차 관리는 자동차 생산 단계에서 대기오염물질 배출을 규제하는 정책이다. 오염물질 배출기준을 강화하여 효율적인 연소기술 개발, 저감장치 부착 의무화 등을 통하여 강화된 기준을 준수하는 차량만 시판을 허용하는 것이다. 제작차 관리 정책은 지금까지 매우 성공적이었다. 오늘 날 자동차 한 대가 뿜어내는 대기오염물질의 양은 지난 1970년대 같은 힘을 내는 차 한 대가 배출하는 량에 비해 1백 분의 1로 줄어들었다. 그리고 지금도 제작차 관리를 통하여 배출되는 대기오염물질이 계속 줄어들고 있으며 최근에는 온실가

교통환경정책
제작차 관리
운행차 관리
친환경교통체계

스 저감 정책도 함께 시행하고 있다. 제작차 관리를 위해 저감장치 장착 의무
화(삼원 촉매기, 경유차 매연저감장치 등), 배출가스 자가진단창치(OBD: On-Board Diagnosis) 장착 의무화, 결함확인 검사제도(Recall Test System) 등도 시
행하고 있다.

운행차 관리는 배출가스 검사제도, 배출허용기준 준수, 연료품질 관리, 공
회전 방지 등으로 이루어진다. 배출가스 검사제도는 등록 후 일정 기간이 지
난 차량에 대해 정기적으로 시행하는 정기검사와 사용 기간과 관계없이 노상
에서 시행하는 수시 점검이 있다. 운행차의 오염물질 배출상태를 점검하여
배출허용기준 준수여부를 확인하고 위반 시 수리 또는 폐차를 유도한다. 연
료품질 관리는 유사휘발유 사용금지나 연료첨가제 규제 등을 통하여 사용 연
료로 인한 유해물질 배출을 방지하는 것이다.

친환경교통체계(EST: Environmentally Sustainable Transport System) 구축은
선진 대도시를 중심으로 최근 주목받는 교통환경정책이다. 지하철, 버스 전
용차로, 환승주차장 등을 확대하여 대중교통을 편리하게 하고, 혼잡통행료
부과 및 카풀 장려 등을 통하여 승용차 도심 진입을 줄이는 것이다.

그 외에도 교통환경정책은 건설 차량으로 인한 대기오염물질 배출을 줄
이려는 시도를 하고 있다. 트럭이나 불도저 등과 같은 건설 차량에 매연저감
장치 설치를 의무화하고 건설현장에서 살수와 감속을 통한 비산먼지 감축 대
책도 시행하고 있다.

(7) 동북아 대기환경정책

우리나라 대기환경은 중국과 몽골의 영향을 크게 받는다. 황사, 미세먼지,
산성비 등 여러 가지 피해를 입고 있다. 지금까지 정책으로는 몽골 사막에 식
목사업을 추진하는 것과 미세먼지 예측의 정확도를 향상시켜 피해를 줄이는
것이 대부분을 차지했다. 앞으로 보다 효율적인 대책을 마련하기 위하여 한
중일 환경협력을 통하여 정보를 공유하고 공동 연구를 추진하고 있다. 현재

제작차 관리 정책
대기오염 저감장치
배출가스 자가진단장치
결함확인 검사제도

운행차 관리
배출가스 검사제도
배출허용기준 준수
연료품질 관리
공회전 방지
정기검사
수시검사

친환경교통체계
혼잡통행료 부과
카풀 장려

동북아 DSS(Dust and Sand Storm) 관측 센터를 한중일 협력으로 운영 중이다. 몽골식목 사업은 지금까지 많은 예산을 투자하고 있으나 전혀 효과가 나타나지 않고 있다. 이유는 황사발생 지역이 아닌 곳에 식목사업을 하기 때문이다. 앞으로 황사발생 지역에 인공강우나 수자원 공급 대책 등을 고려한 새로운 대책이 요구된다. 아울러 중국에서 유입되는 미세먼지와 유해물질 방지를 위해 한중일 환경협력을 통한 보다 적극적인 정책이 필요하다.

동북아 대기환경정책
한중일 환경협력
동북아 DSS 관측센터

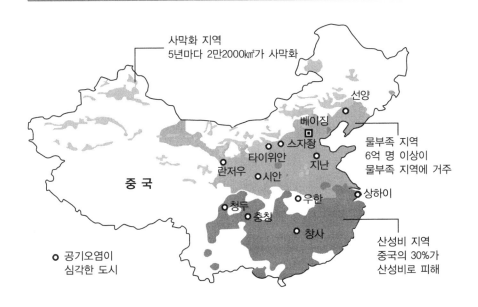

사막화 지역
5년마다 2만2000㎢가 사막화

선양

베이징

스자좡

타이위안

란저우

시안

지난

중 국

청두

우한

충칭

상하이

창사

공기오염이
심각한 도시

물부족 지역
6억 명 이상이
물부족 지역에 거주

산성비 지역
중국의 30%가
산성비로 피해

【그림 13-3】
중국의 환경문제
분포도

내용정리

1. 기후대기 정책의 주요 대상과 정책 목표를 설명해보자.
2. 기후대기 정책의 관련 법규를 열거해보자.
3. 기후대기 정책의 수단을 규제적, 경제적, 개입적, 호소적 등으로 나누어 사례와 함께 설명해
   보자.
4. 온실가스 감축 정책을 설명해보자.
5. 기후변화 적응 정책을 설명해보자.
6. 대기질 감시 강화 정책을 설명해보자.
7. 대기오염물질 배출 시설 관리 정책을 설명해보자.
8. 대책지역 지정 관리 정책을 설명해보자.
9. 교통환경정책을 설명해보자.
10. 동북아 대기환경정책을 설명해보자.

읽어보기

〈중국환경개선에 우리가 나서야 하는 이유〉

　근년 들어 중국에서 발생한 스모그가 편서풍을 타고 한반도를 자주 엄습하고 있다. 스모그에는 고농도 미세 먼지뿐 아니라 납·카드뮴·비소 등과 같은 맹독성 중금속이 함유되어 우리 국민의 건강 피해가 우려된다. 우리가 입는 피해도 문제지만 중국 내부의 환경오염은 매우 심각한 수준이다. 중국은 현재 도시 인구의 3분의 1이 오염된 공기를 마시고 있고, 그 결과 폐암이 사망 원인 1위다. 또 전 국토의 3분의 1에 산성비가 내리는 것으로 보고되고 있다.

　유엔환경계획(UNEP)은 세계 10대 대기오염 도시 중 인도의 라지코트를 제외한 9곳이 모두 란저우(蘭州), 충칭(重慶), 타이위안(太原) 같은 중국의 대도시라고 지적했다. 중국의 대기오염이 심한 이유는 에너지의 80%를 석탄 화력발전에서 얻기 때문이다. 중국은 현재 세계 최대 석탄 생산국이자 소비국으로 전 세계 석탄 유통량의 3분의 1을 차지하고 있다.

수질오염 또한 심각하다. 중국의 7대 강에 흐르는 물의 절반이 공업 용수로도 쓸 수 없다. 도시의 3분의 1이 하수를 처리하지 않고 강으로 보낸다. 인구의 4분의 1이 깨끗한 식수를 구할 수 없고, 도시에서 발생하는 쓰레기 중에서 위생 매립이나 소각되는 것은 20%도 되지 않는다.

미국·유럽·일본 같은 선진국도 산업화 초기에는 이런 과정을 거쳤다. 강과 호수에서 악취가 풍기고 거리에는 쓰레기가 넘쳐났다. 대기오염으로 일시에 몇 천 명이 사망하는 런던 스모그 사건(1952년) 같은 환경 재난도 발생했다. 하지만 지금 선진국의 공기는 다시 맑아졌고 강과 호수도 한결 깨끗해졌다.

산업화 초기에 악화되었던 환경이 회복되는 과정을 '환경의 유턴 현상'이라고 부른다. 유턴의 원동력은 환경 과학과 기술의 발달, 환경 개선에 투자할 수 있는 경제력 향상 등에서 찾을 수 있다.

중국은 현재 환경오염으로 국가총생산의 8~15%가 손실되는 것으로 추산된다. 여기에는 국민의 건강이나 고통 비용은 포함되지 않는다. 환경 손실을 모두 따지면 지금 중국의 경제성장은 마이너스라는 결론이다.

세계 환경 전문가들은 중국의 이러한 환경 현실을 정치적 이유에서 찾고 있다. 자유민주주의가 정착되지 않았기 때문이라는 것이다. 자유민주주의는 환경의 수혜자이자 피해자인 국민이 자유롭게 권리를 주장할 수 있고 선거로 민의(民意)를 전달할 수 있어서 강력한 환경 정책이 가능하다. 특히 자유민주주의는 모든 국민이 건강하고 쾌적한 환경에서 생활할 수 있는 환경권 보장을 국가 정책에서 최우선으로 삼는다. 그래서 자유민주주의 체제에서는 스스로 '환경 유턴'을 찾아간다.

하지만 중국의 정치 현실은 다르다. 지금으로서는 세계 각국이 중국의 환경 개선을 촉구하는 것이 최선의 방법이다. 특히 이웃하고 있는 우리의 역할이 매우 중요하다. 지난 2006년 4월 초 우리가 심각한 황사 피해를 보고 있을 당시, 베이징을 방문하여 환경 개선을 촉구한 사람은 미국 연방 환경보호청(USEPA)의 스티브 존슨 청장이었다. 중국에서 날아온 수은과 다이옥신 같은 오염 물질이 미국에 피해를 준다는 이유였다. 우리도 중국 환경오염으로 생기는 피해를 참아주고 침묵할 것이 아니라 문제 삼고 개선을 촉구해야 한다. 그것이 이웃 나라를 도와 환경을 함께 지키는 길이다.

(조선일보 2013년 2월 13일)

제14장 토양지하수

토양지하수 정책의 주요 대상과 정책 목표, 관련 법규, 정책 수단 등을 살펴보고, 토양지하수 환경감시, 사전오염 예방정책, 토양지하수 정화정책, 토양유실 방지정책 등과 같은 주요 정책을 공부한다.

14.1. 주요 대상 및 정책 목표

토양유실
토양오염
토양 생태계
지하수 오염
지하수 정화

토양지하수 정책의 주요 대상은 크게 토양 유실과 오염, 토양 생태계, 지하수 오염과 정화 등으로 나눌 수 있다. 토양 오염원과 유발 시설을 관리하고, 오염된 토양을 복원하며, 건강한 토양 생태계를 유지·관리하는 것이다. 또한 토양 오염으로 인한 지하수 오염 방지와 토양 복원과 함께 오염된 지하수를 정화하는 것도 정책 대상이다. 토양 유실의 경우 수환경정책에서 비점오염원 방지 대책과 연계하여 추진하고 있다.

정책의 목표는 생명이 살아 숨 쉬고 건강한 생태계가 유지되는 토양환경과 맑고 깨끗한 지하수를 보전하는 것이다. 토양 유실과 오염을 방지하여 산림, 농업, 축산, 기타 산업 등 여러 분야에서 지속가능한 국토이용이 이루어질 수 있게 하는 것이다. 토양유실을 방지함으로써 강과 호수, 그리고 연안 바다의 수환경 개선을 달성하는 것도 또 다른 정책 목표에 해당한다.

14.2. 관련 법규

토양환경정책은 1995년에 제정된 '토양환경보전법'에 근거하고 있다. 이법이 제정되기 이전에는 '수질환경보전법'과 '광산보안법'에서 주로 농지와 폐광산을 중심으로 토양오염을 규제했다. '토양환경보전법'이 제정되면서 전 국토를 대상으로 토양오염을 규제하는 법체계가 만들어졌다. 지하수정책은 1993년에 제정된 '지하수법'에 근거하고 있다. '지하수법'은 지하수 개발과 수량관리, 그리고 수질보전 등을 명시하고 있다. 지하수 환경정책은 '지하수법'에 일부 포함되어 있으며, 그 외 상하수도 정책에서 기술한 '먹는 물 관리법'과 '수도법'의 일부 조항이 관련되어 있다. 지하수는 현재 환경부, 국토교통부, 농림축산식품부 등 9개 부처가 14개 관련 법률에 따라 분산 관리하고 있다(표 14-2).

토양환경보전법
수질환경보전법
광산보안법
지하수법
먹는 물 관리법
수도법

〈표 14-1〉 토양지하수 정책 관련 법과 주요 내용 및 정책

환경법(제정년도)	주요 내용 및 정책
토양환경보전법(1995)	토양환경평가, 토양오염규제, 토양보전대책지역 지정 관리, 토양오염피해 무과실책임, 특정토양오염관리대상시설 신고, 오염토양 투기금지, 토양오염 위해성평가
지하수법(1993, 국토교통부) 수질보전 규칙(환경부령)	지하수의 조사 및 개발·이용, 지하수의 보전·관리, 수질측정망 설치, 지하수 수질기준, 오염방지시설 설치, 지하수오염유발시설, 오염지하수정화기준

〈표 14-2〉 지하수 관련 부처별 업무와 법률

부처	관장업무	관련법률
환경부	〈지하수 수질관리 총괄〉 지하수 수질기준 제정 지하수 수질오염방지 및 수질검사 먹는샘물 및 상수원용 지하수 관리	지하수법(환경부령) 먹는 물 관리법 수도법
국토교통부	〈지하수 수량관리 총괄〉 지하수관리 기본계획 수립 지하수 기초조사, 지하수 이용 관리 하천 인접지역 지하수 조사 공동주택 비상급수시설	지하수법 하천법 주택법
농림축산식품부	농·어업용 지하수 관리	농어촌정비법
안전행정부	온천 개발 및 관리, 민방위 비상급수시설 관리	온천법, 민방위기본법
국방부	군사목적의, 지하수시설 관리	국방군사시설사업에 관한 법률
교육부	학교음용수 수질관리	학교보건법
기획재정부	양조용 용수관리	주세법
문화체육관광부	물놀이형 유기시설	관광진흥법
보건복지부	식품관련 용수 수질관리, 목욕장 용수 관리	식품위생법, 공중위생관리법

14.3. 정책 수단

규제적 수단
토양환경기준
지하수 수질기준
토지이용규제
시설규제

    토양지하수정책의 핵심 수단은 규제적 수단이다. 법으로 정해진 토양환경기준과 지하수 수질기준에 전국 토양 및 지하수 관측 지점의 자료를 비교하여 규제하는 것이다. 또한 토양과 지하수를 오염시킬 수 있는 오염원과 건축물에 대해서도 사전에 입지 제한을 통한 토지이용규제와 시설규제를 한다.

경제적 수단으로는 '먹는 물 관리법'에서 시행되는 수질개선부담금 제도를 들 수 있다. 징수된 부담금으로는 토양지하수 오염 방지와 정화를 위해 재정 지원을 한다.

토양지하수정책에는 개입적 수단도 중요한 역할을 한다. 관측 자료가 토양환경 대책기준을 벗어나는 것이 확인될 경우 토양복원이나 지하수 정화사업 등과 같은 개입적 수단이 동원되기도 한다. 또한 전국 곳곳에 버려진 지하수 폐공 방지 사업, 폐광산 복원 등도 개입적 수단의 주요 사례다. 호소적 수단으로 토양오염 방지를 위해 과도한 농약이나 비료 사용 등을 자제하는 교육과 홍보를 실시하고 있다.

경제적 수단
수질개선부담금

개입적 수단
토양복원
지하수 정화
지하수폐공 방지
폐광산 복원

14.4. 주요 정책

선진국에서도 토양지하수정책은 물이나 대기 환경정책에 비해 비교적 늦게 시작되었다. 토양지하수 정책이 주목 받게 된 것은 미국에서 1970년대 후반에 발생한 러브커넬 사건 이후다. 우리나라에서도 1990년대에 와서 토양지하수에 관한 법이 만들어지고 체계적인 정책이 시작되었다.

다른 매체(물과 대기)에 비해 정책이 늦어지게 된 것이 환경문제가 비교적 늦게 발생한 점도 있지만 오염현상이 단기간에 가시화되지 않기 때문이다. 물이나 대기가 오염되면 즉시 피해가 발생하지만 토양의 경우는 오염이 상당히 진전되어 피해를 입은 후에야 인식하게 되는 시차성이 있다. 토양의 또 다른 특성은 오염으로 인한 피해가 구성 성분에 따라 피해가 다르게 나타난다는 점이다. 토양오염은 서식하는 생물상이나 지하수를 통해서 피해가 나타나는데, 예를 들어 토양에 점토질이나 유기물 함량이 높을 경우 오염물질이 토양입자에 흡착하여 생물상과 지하수에 영향을 적게 준다. 반대로 실트나 모래 함량이 높을 경우에는 오염물질이 생물상에 쉽게 흡수되고 지하수로 유출된다.

비가시성
시차성
이중성

토양지하수정책은 이러한 특성을 적절히 고려해 시행되고 있다. 주요 정책으로 토양지하수 환경감시, 사전오염 예방, 오염토양지하수 정화, 토양유실방지 등이 있다.

(1) 토양지하수 환경 감시

전국의 토양과 지하수 상태를 지속적으로 모니터링하고 토양환경기준과 지하수 수질기준을 준수 여부를 확인하고 관리하는 것이 주요 정책이다. 토양은 구성 성분에 따라 노출 생물체에 미치는 영향이 다르기 때문에 토양환경기준은 타 매체 기준치와는 달리 우려기준과 대책기준이라는 두 가지 값으로 주어진다. 우려기준은 오염으로 인해 문제발생 가능성이 있는 값에 해당하고 대책기준은 오염이 심각하여 정화가 필요한 값에 해당한다. 지하수 수질기준은 일반적으로 용도에 따라 먹는 물 수질기준, 농업용수기준 등을 따른다.

토양지하수는 오염으로 인한 피해가 가시적이지 않고 시차성이 있기 때문에 환경감시망과 관리체계가 강이나 호수, 대기 등과는 다소 차이가 있다. 지하수의 경우 현재 전국에 2,500여개 관측 지점에서 수질을 모니터링하고 있다. 지표수에 비해 흐름이 느리기 때문에 측정 시간 간격이 비교적 길다. 토양은 강, 호수, 지하수, 대기 등과는 달리 매년 다른 지점을 선정하여 관측한다. 토양은 한 지점에 머무르는 고체이기 때문에 측정 때마다 지점을 달리하면 훨씬 더 많은 곳을 조사할 수 있다.

현재 토양은 매년 전국에 3,000여개의 지점을 조사하고 있다. 또한 토양은 수질이나 대기질과는 달리 관측된 오염도가 곧 위해 정도를 의미하는 것이 아니다. 토양오염물질은 구성 성분에 따라 생물체에 영향을 주는 정도(생물이용도, Bioavailability)가 다르기 때문에 관측된 오염도에 토양 성분을 고려하여 위해성을 평가하게 된다.

토양지하수 환경감시
사전오염예방
오염토양지하수 정화
토양유실 방지

토양오염 우려기준
토양오염 대책기준

지하수 수질기준
먹는 물 수질기준
농업용수기준

토양관측망
지하수관측망
생물이용도
위해성 평가

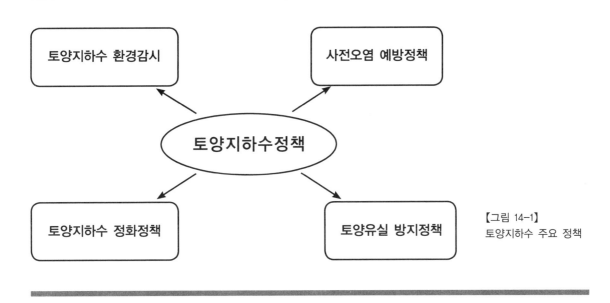

【그림 14-1】
토양지하수 주요 정책

(2) 사전오염 예방정책

토양지하수정책은 사전오염 예방정책에 역점을 두게 된다. 타 매체와 달리 한 번 오염되면 자연정화가 매우 어렵다. 이유는 산소공급이 이루어지지 않아 미생물 활동이 활발하지 않고 오염물질 토양입자 흡착되어 있으며 지하수 흐름도 매우 느리기 때문이다. 그래서 인공적인 정화 복원 작업도 타 매체에 비해 비용이 아주 많이 들어가게 된다.

사전오염 예방정책
유해물질 방치투기 금지
토양오염 신고제도
특정시설 관리제도
오염사고 책임복원

사전오염 예방정책으로는 유해물질 방치 및 투기 금지를 비롯하여 토양오염 신고제도, 특정시설 관리제도 등과 같은 정책이 시행되고 있다. 토양오염 신고제도는 토양으로 유입된 오염물질이 더 넓은 범위로 확산되는 것을 막기 위해 확인 즉시 지자체나 환경당국에 신고하도록 하는 제도다. 특정시설 관리제도는 석유류 제조 및 저장 시설, 유독물 제조 및 저장 시설, 송유관 시설, 기타 유해물질 저장 시설 등은 특별히 관리하고 정기적으로 누출검사, 토양 및 지하수 조사 등을 실시하는 것을 말한다. 이러한 시설을 가진 업체는 허가 시 만약 오염사고가 발생하였을 경우 책임 복원하겠다는 협약을 하고 환경보험 가입 의무를 지켜야하는 것을 명시하고 있다.

또한 골프장이나 농지 등에서 일어나는 토양오염을 방지하기 위하여 농약이나 기타 유해물질 사용을 제한하고, 특히 상수원 보호구역과 같이 비교적 빠른 시일 내에 피해가 나타날 수 있는 지역은 정기적으로 토양 잔류농약 검사를 실시한다. 지하수 오염을 방지하기 위하여 과거 사용하다 버려진 관정(폐공)이나 우물을 찾아 상부에는 보호공을, 하부에는 보호벽(케이싱)을 설치한다. 지금까지 전국에 5만여 폐공을 찾아 복구한 것으로 알려져 있다.

유해물질 사용제한
잔류농약 검사제도
잔류농약 검사
폐공 복구

(3) 토양지하수 정화정책

토양오염 대책기준을 초과하여 인체나 생태계에 피해를 야기할 수 있는 곳은 토양지하수 정화기술을 이용하여 복원한다. 증기 추출, 토양 세정, 미생물 배양 등과 같이 현장에서 정화하기도 하고 경우에 따라서는 오염 토양을 교체하거나 외부로 이동하여 정화하고 다시 투입하는 방법을 사용하기도 한다. 토양지하수 정화는 많은 비용이 들어가기 때문에 경우에 따라서는 외부 출입을 차단하고 자연정화를 기다리기도 한다.

토양지하수 정화정책
증기 추출
토양 세정
미생물 배양

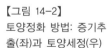

【그림 14-2】
토양정화 방법: 증기추출(좌)과 토양세정(우)

정화정책을 가장 활발하게 추진하는 곳이 폐광산이다. 우리나라에는 현재 4,682개의 휴폐광산이 있는데 유해중금속 등으로 인한 토양지하수 오염을 유발하고 있다. 광해방지사업단이 중심이 되어 휴폐광산을 정밀조사하고 복원을 추진하고 있다.

휴폐광산
광해방지사업단

(4) 토양유실 방지정책

토양에서 발생하는 또 다른 환경문제가 표토가 강우나 바람에 의해 지면에서 사라지는 토양유실이다. 우리나라는 경사가 심하고 집중 폭우가 자주 내리기 때문에 토양유실이 심하다. 유실된 토양은 강이나 호수, 그리고 바다 오염의 원인이 되기도 한다. 유실된 토양은 다시 되돌리기는 불가능하기 때문에 사전예방대책이 절실히 요구된다. 하지만 우리나라에서는 지금까지 수질오염방지를 위한 비점오염원 관리 차원에서만 정책이 이루어지고 있다. 미국의 경우 1930년대에 토양보전청(SCS: Soil Conservation Service)을 설치하여 토양유실 방지를 국가의 중요한 정책으로 시행하고 있다. 지속가능한 국토를 위해 보다 적극적인 방지대책이 필요한 분야다.

토양유실 방지정책
비점오염원 관리
토양보전청

【그림 14-3】
토양유실 방지법: 등고선 경작(좌)과 침식방지 농법(우)

내용정리

1. 토양지하수 정책의 주요 대상과 정책 목표를 설명해보자.
2. 토양지하수 징책의 관린 법규를 열거해보자.
3. 토양지하수 정책의 수단을 규제적, 경제적, 개입적, 호소적 등으로 나누어 사례와 함께 설명해보자.
4. 토양지하수 환경감시 정책을 설명해보자.
5. 사전오염 예방정책을 설명해보자.
6. 토양지하수 정화정책을 설명해보자.
7. 토양유실 방지정책을 설명해보자.

읽어보기

〈황사 무대책, 이대론 안 된다〉

예년에는 4월이나 되어서 오던 황사가 올해는 유난히도 일찍 찾아왔다. 한반도 최악의 봄철 환경 재앙인 황사는 하늘을 탁하게 하고 앞을 안 보이게 만드는 것은 물론 눈병, 피부병, 호흡기 질환 등을 유발한다. 삶의 질을 저하시키고 산업 활동에 피해를 주는 것이다. 최근에는 중국의 산업화로 중금속을 비롯한 각종 유독성 물질이 함유되어 건강에 큰 위협이 되고 있다.

황사의 발원지인 몽골과 중국의 사막화는 지난 몇십 년간 급속히 진행되어 왔다. 현재 몽골은 국토의 약 90%, 중국은 약 16%가 사막으로 변한 것으로 알려졌다. 특히 몽골은 1970년대에 비해 목초지 면적이 6만9000km² 나 줄고 서식 식물종도 4분의 1로 감소한 것으로 보고 됐다. 이곳에서 발생한 황사는 중국 대륙, 한반도, 일본 열도는 물론 멀리 미국 태평양 연안 지역까지 피해를 주고 있다.

사막화가 진행되면서 황사 발생 일수는 매년 늘어나고, 피해액도 2002년을 기준으로 약 20조 원에 달하는 것으로 조사됐다. 최근 몇 년간 황사 발생 시 관측된 미세먼지 농도를 보면 m³ 당 무려 2000μg을 넘기도 하며, 순간 최대 3311μg에 이른 적도 있다. 현재 우리나라의 미세먼지 환경기준이 m³ 당 150μg인 것과 비교하면 정말 심각한 수준이다.

몇 년 전부터 우리나라와 일본이 몽골을 도와 식수(植樹) 사업을 하고는 있지만 가시적인 효과는 거의 없다. 최근 몇몇 국회의원과 민간단체 대표가 몽골을 방문해 사막화 방지 사업 추진 협약을 체결하고 국가 간 협력 네트워크 토대를 마련하였다고 하지만 역시 효과를 기대하기는 어려울 것 같다. 지금으로서는 매년 심해지는 황사를 막을 마땅한 대책이 없는 셈이다.

그렇다고 이대로 수수방관할 수는 없는 일이다. 황사 대책은 오래전 비슷한 처지에 있었던 스칸디나비아 반도 국가의 산성비 사례에서 지혜를 얻을 수 있다. 이곳 산성비의 원인은 영국의 산업화였다. 산성비는 1950년대엔 심각한 수준에 이르러 무성하던 숲이 사라지고 하천과 호수의 물고기가 종적을 감추기 시작했다. 스웨덴, 노르웨이, 핀란드 등 이 지역 국가는 전 세계의 이목을 자신들의 산성비 피해로 끌어들였다.

스웨덴의 유엔 대사는 1968년 5월 제44차 유엔 경제사회이사회에서 국제환경회의를 제의하였고, 1972년 6월 5일에는 스웨덴 스톡홀름에서 세계 최초의 국제환경회의인 '유엔 인간환경회의'가 개최되었다. 이것을 계기로 세계의 이목이 집중되어 대대적인 지원이 이뤄졌으며, 그 성과는 오랜 기간에 걸쳐 서서히 나타나고 있다. 또한 이것은 국제사회가 환경 문제에 관심을 갖게 하는 데 결정적인 역할을 했다. 그동안 평화 유지, 식량, 보건 등을 위해 일해 온 유엔은 이를 계기로 세계 각국의 환경 문제에 깊숙이 관여하게 되었다. 같은 해 유엔총회에서 이를 기념하여 6월 5일을 '세계 환경의 날'로 제정하고 환경전문 기구인 유엔 환경계획(UNEP)도 설립하였다.

황사 역시 동북아시아 몇몇 국가와의 협의를 통해 해결될 문제가 아니다. 국제적인 환경 문제를 해결하기 위해 무엇보다 중요한 것은 전 세계의 관심과 지원을 끌어들이는 것이다. 이를 위해 최대 피해국인 남북한이 주축이 되어 이를 국제 문제로 만들고 협력과 지원을 구해야 한다. 그 시작이 될 수 있는 것이 남북 공동으로 유엔 사막화회의를 개최하는 것이다.

유엔 사막화회의는 1976년에 발족하여 사막화 현상에 대한 국제적 협력을 진행시키고 있는데, 우리나라는 1999년에 가입하였으나 활동은 미진하다. 이제 더욱 적극적인 참여와 활동으로 사막화의 심각성을 국제사회에 알리고 범세계적인 협력과 지원을 얻어내는 것이 동북아를 환경 재앙에서 구하고, 가해국이자 피해국이기도 한 중국과 몽골을 돕는 길이다. 아울러 이는 무모한 산업화에 혈안이 되어 있는 중국에 진정한 국가 발전과 번영이 무엇인지 알려주는 계기가 될 것이다.

(동아일보 2006년 3월 16일)

제15장 폐기물

폐기물 정책의 주요 대상과 정책 목표, 관련 법규, 정책 수단 등을 살펴보고, 감량화, 재사용 정책, 재활용 정책, 친환경 처리 정책, 수출입 폐기물 관리 정책 등과 같은 주요 정책을 공부한다.

15.1. 주요 대상 및 정책 목표

폐기물 적정관리
폐기물 발생억제
폐기물 재활용
폐기물 처리시설 설치
유해폐기물 규제

폐기물정책은 생활이나 산업에서 버려지는 물질을 관리하고 재사용하는 정책이다. 주요 대상은 폐기물 적정관리, 폐기물 발생 억제와 재활용 촉진, 폐기물 처리시설 설치 촉진, 유해폐기물 국가 간 이동 및 처리 규제 등이다. 폐기물 발생을 줄이고 발생한 폐기물은 수거, 운반, 처리 등을 인체 건강과 자연 생태계에 피해 없이 안전하게 하며, 가능하면 많은 폐기물을 재사용 또는 재활용하는 정책이다. 또한 유해폐기물을 해외로부터 수입하거나 수출할 경우 국제협약에 따라 적정 관리하는 것도 수출입이 많은 우리나라에서는 폐기물 정책의 큰 부분을 차지한다.

폐기물 정책은 여러 가지 목표를 추구하고 있다. 우선 생활과 산업에서 발생하는 폐기물을 적은 비용으로 친환경적으로 관리하는 것이다. 아울러 생

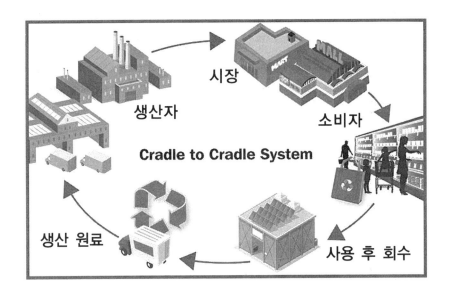

【그림 15-1】
자원순환 시스템
(Cradle to Cradle
System) 기본 개념

활, 산업체, 병원 등에서 발생하는 유해폐기물로부터 안전한 사회를 구축하는 것이다. 유해폐기물은 독성, 인화성, 폭발성, 그리고 부식성이라는 네 가지 특성으로 정의되며, 이는 환경재앙의 직접적인 원인이 될 수 있기 때문에 특별한 관리를 요한다. 폐기물 정책의 또 다른 목표는 우리가 사용하는 모든 자원이 계속해서 순환되고 버려지는 폐기물이 없는 사회로 가는 것이다.

유해폐기물
독성
인화성
폭발성
부식성

15.2. 관련 법규

폐기물 정책의 중심이 되는 법은 1986년에 제정된 '폐기물 관리법'이다. 이 법이 제정되기 전에는 생활폐기물은 1961에 도시행정을 위해 필요했던 '오물청소법'이 관리하고 산업폐기물은 1977년 제정된 '환경보전법'이 관리하고 있었다. '폐기물 관리법'은 생활폐기물과 산업폐기물을 법적으로 통합

폐기물 관리법
오물청소법
환경보전법

하여 관리에 효율성을 높이는 계기를 마련하였다.

1992년에는 폐기물 발생 억제와 재활용 촉진을 강화한 '자원의 절약과 재활용 촉진에 관한 법률'을 제정하였다. 같은 해 바젤협약이 발효되면서 이를 국내법으로 수용하기 위하여 '폐기물의 국가 간 이동 및 그 처리에 관한 법률'이 제정되었으며, 1995년에는 매립지, 소각장 등을 기피하는 NIMBY(Not In My Back Yard) 현상에 대처하기 위하여 '폐기물 처리시설 설치촉진 및 주변지역지원 등에 관한 법률'이 제정되었다. 2000년에 제정된 '수도권 매립지 관리공사의 설립 및 운영 등에 관한 법률'은 수도권 매립지 운영을 위한 것으로 적용 대상이 일정 지역(서울, 인천, 경기도)에 한정된다. 2003년에는 우리나라에 유난히 발생량이 많은 건설폐기물의 효율적 관리를 위해 '건설폐기물의 재활용촉진에 관한 법률'이, 2007년에는 '전기·전자제품 및 자동차의 자원순환에 관한 법률'이 제정됐다.

15.3. 정책 수단

폐기물정책은 전통적으로 개입적 수단을 중심으로 이루어졌다. 초기에는 정부가 생활에서 배출되는 폐기물을 수거하고 운반하여 처리하는 것이 핵심 정책이었다. 이후 생활 폐기물 배출량이 급속히 증가하고 산업체 유해폐기물 배출도 늘어나면서 규제적 수단과 경제적 수단이 필요하게 되었다. 폐기물정책에 적용되는 규제적 수단으로는 일회용품 사용 규제, 폐기물 방치 규제, 유해폐기물 배출 규제 등이 있다. 경제적 수단으로는 쓰레기 종량제, 폐기물 부담금제, 예치금제, 그리고 NIMBY 현상 해소를 위한 주민지원 제도 등이 있다. 교육과 홍보를 통한 호소적 수단으로 음식물 쓰레기 줄이기, 자원 절약 및 재활용 등을 널리 활용하고 있으나 기여도는 높지 않은 것으로 평가된다. 자원 재활용을 위해 친환경 제품 환경마크 인정제도와 같이 적극적인 호소적 수단을 사용하기도 하며, 나눔장터 장려제도와 같이 개입적 수단, 경제적 수단, 호소적 수단 등을 복합적으로 활용하는 사례도 있다.

자원의 절약과 재활용 촉진에 관한 법률
폐기물의 국가 간 이동 및 그 처리에 관한 법률
바젤 협약
폐기물처리시설 설치촉진 및 주변지역지원 등에 관한 법률
건설폐기물의 재활용촉진에 관한 법률
전기·전자제품 및 자동차의 자원순환에 관한 법률

규제적 수단
일회용품 사용규제
폐기물 방치규제
유해폐기물 배출규제

경제적 수단
쓰레기 종량제
부담금제
예치금제
주민지원 제도

호소적 수단
환경마크 제도
나눔장터 장려제도

〈표 15-1〉 폐기물정책 관련 법과 주요 내용 및 정책

환경법(제정년도)	주요 내용 및 정책
폐기물 관리법(1986)	폐기물관리 종합계획, 폐기물재활용 원칙, 재활용 폐기물 유해성기준 및 환경성평가, 쓰레기 종량제, 음식물쓰레기 종량제, 사업장 폐기물 관리, 처리시설 관리, 방치폐기물 처리, 수출입 폐기물 관리
자원의 절약과 재활용 촉진에 관한 법률(1992)	자원순환기본계획 수립, 자원절약, 폐기물 발생억제, 제품의 자원순환성 평가, 포장폐기물 발생억제, 일회용품 사용억제, 폐기물부담금, 폐기물 재사용 촉진, 재활용부과금, 에너지회수시설 설치·운영
폐기물의 국가 간 이동 및 그 처리에 관한 법률(1992)	폐기물 수출입자 책무, 폐기물 수출허가, 수출폐기물 운반, 폐기물 수입허가, 수입폐기물 인계·인수, 수입폐기물 운반 처리, 폐기물 수출입 항구 지정
폐기물처리시설 설치촉진 및 주변지역지원 등에 관한 법률 (1995)	폐기물처리시설 국토계획 반영, 산업단지 및 택지개발사업 폐기물처리시설 설치, 폐기물처리시설 입지 선정, 예상피해 분쟁조정, 주민지원, 주민편익시설 설치, 주민지원기금 조성, 지역주민 감시
수도권 매립지관리공사의 설립 및 운영 등에 관한 법률(2000)	수도권매립지 종합환경관리계획, 수도권매립지관리공사의 설립
건설폐기물의 재활용촉진에 관한 법률(2003)	건설폐기물 재활용기본계획 수립, 건설폐기물 정보관리체계 구축, 건설폐기물의 친환경적인 처리, 건설폐기물 처리시설, 순환골재의 품질기준 및 사용촉진, 방치폐기물 처리이행보증
전기·전자제품 및 자동차의 자원순환에 관한 법률(2007)	전기전자제품과 자동차 유해물질 사용제한, 폐전기폐전자제품과 폐자동차 재활용, 재활용 목표관리, 재활용의무생산자의 재활용의무량, 기후·생태계변화 유발물질 회수, 재활용부과금 및 회수부과금의 징수

15.4. 주요 정책

  폐기물정책은 크게 감량화, 재사용, 재활용, 그리고 친환경 처리 정책으로
나누어진다. 감량화(Reduce) 정책은 일회용품 사용규제와 같이 폐기물 발생
을 억제하려는 정책이다. 재사용(Reuse) 정책은 빈병 재사용 제도와 같이 폐

기물은 발생하더라도 재사용함으로써 처분해야 할 폐기물이 줄어들게 하는 것이다. 재사용 정책은 사후(발생 후) 감량화 정책으로 간주할 수 있다. 재활용(Recycle) 정책은 발생한 폐기물을 수집 운반하여 다시 자원으로 활용하는 것이다. 재사용은 빈병이나 헌옷과 같이 제품의 형태를 그대로 유지하면서 세척이나 수선으로 다듬어 사용하는 것이며, 재활용은 물리·화학·생물학적 공정을 거쳐 다시 원료로 가공해서 사용하는 경우를 말하는 것이다. 현재 재활용 공정을 통해 종이, 유리, 알루미늄, 철 등이 상당부분 새로운 원료로 재탄생하고 있다. 폐기물을 태워서 에너지를 얻어 사용하는 것도 일종의 재활용에 해당한다.

친환경 처리(Eco-Treatment)는 재사용이나 재활용이 불가능할 때 마지막 단계에 해당하는 것으로 매립이나 투기 등이 여기에 해당한다. 수출입 과정을 통해 국내 또는 국외에서 환경문제를 야기할 수 있는 폐기물을 국제협약에 따라 관리하는 것도 주요 폐기물정책 중 하나다. 주요 정책은 다음과 같다.

감량화
재사용
재활용
친환경 처리

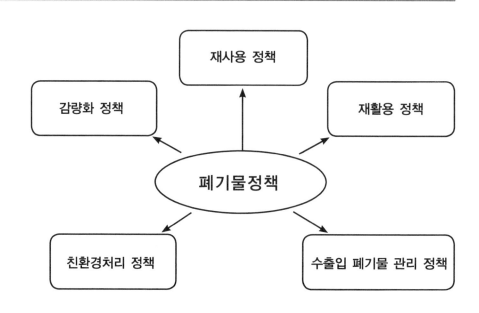

【그림 15-2】
폐기물 주요 정책

(1) 감량화 정책

감량화 정책은 폐기물의 발생을 줄이는 것이다. 이 정책은 1992년 '자원의 절약과 재활용 촉진에 관한 법률'이 제정되면서 본격적으로 시작되었다. 이 때 일회용품 사용 규제, 포장폐기물 발생억제, 폐기물 부담금 제도 등이 도입되었다. 일회용품 사용 규제는 일회용 컵, 용기, 쇼핑백, 광고물 등을 무상 제공하는 식당, 목욕탕, 도소매업, 금융업 등과 같은 업종을 대상으로 실시하기 시작했으며, 규제와 자율적 협력 등을 통하여 이루어지고 있다.

감량화 정책에서 큰 변화를 가져온 것이 쓰레기 종량제다. 가정과 사업장에서 발생하는 생활폐기물을 대상으로 배출하는 쓰레기 량에 따라 처리비용을 부과하는 제도로 1995년 1월 전국적으로 시행했다. 이 제도가 시행되기 이전에는 쓰레기 처리비용을 재산세나 건물면적 등을 기준으로 부과했기 때문에 배출량과는 무관했다. 하지만 쓰레기 종량제 봉투 값에 처리비용을 부과하기 때문에 배출량을 줄이면 비용을 줄이는 효과를 가져 온다. 경제적 수단에 해당하는 이 제도는 현재까지 발생 억제에 매우 성공적이라는 평가를 받고 있다. 음식물쓰레기는 오랜 기간 종량제에서 제외되었다. 쓰레기 배출량 측정 및 관리가 수분 함량과 악취 등으로 불편하고 어려웠기 때문이다. 하지만 강화된 런던 협약(96 의정서) 비준으로 2014년 음식물쓰레기 해양투기가 전면 금지되면서 2013년부터 음식물 쓰레기도 종량제를 시행하게 되었다.

사업장 폐기물 감량화 제도가 1996년 폐기물 관리법 제정과 함께 시작되었다. 이 제도는 생산 공정에서 발생되는 폐기물의 양을 줄이고 사업장 내 재활용을 통하여 배출량을 최소화하기 위한 것이다. 사업장의 폐기물 감량 실적과 추진 계획 등을 분석·평가하여 감량실적이 우수한 사업장에 각종 인센티브를 부여하고, 부진한 사업장을 대상으로 기술을 진단·지도하고 다양한 감량화 기법을 제공하여 효과적이고 자발적인 사업장 폐기물 발생억제와 재활용을 유도하고 있다.

제품의 설계 및 생산 단계에서부터 폐기물 발생을 최소화하기 위해 시작

감량화 정책
일회용품 사용규제
포장폐기물 발생억제
폐기물 부담금제

경제적 수단
일반쓰레기 종량제
음식물쓰레기 종량제
런던협약 96의정서

사업장폐기물
감량화 제도
폐기물 발생 억제
폐기물 재활용 유도

된 것이 에코디자인(Eco-Design)이다. 이 제도는 처음 산업체에서 자발적으로 시작하여 정부 정책으로 도입되었다. 2007년에 제정된 '전기·전자 제품 및 자동차의 자원순환에 관한 법률'은 설계 단계에서부터 감량화 및 재활용을 요구하고 있다. 에코디자인이 널리 사용되는 것이 포장 폐기물 발생억제다. 과대 포장을 친환경 포장 디자인으로 바꾸어 폐기물을 줄이려는 시도다. 포장 폐기물 발생억제 제도는 과대포장을 줄이기 위해 포장 횟수 및 공간 비율 규제를 통하여 이루어지고 있으며, 친환경적 재질로 포장하는 포장 재질 규제도 실시하고 있다.

폐기물 부담금 제도는 유해물질을 함유하고 있거나 재활용이 어려운 제품·재료·용기를 제조하거나 수입하는 자에게 부과하는 경제적 수단이다. 이 제도는 발생억제와 함께 폐기물 처리시설 설치와 재활용 활성화에 필요한 재원을 확보하는 효과를 준다. 폐기물 부담금은 1993년 징수를 시작한 이래 지속적으로 증가하고 있으며, 재활용 정책에서 설명하는 생산자 책임재활용제도를 시행하면서 회수하여 재사용하는 용기에 대해 면제해주고 있다.

(2) 재사용 정책

재사용 정책은 많은 부분이 감량화 정책과 함께 이루어지고 있다. 발생 자체를 억제하는 것과 발생하더라도 재사용하는 것은 같은 효과를 가져 오기 때문이다. 예를 들어 폐기물 부담금제, 쓰레기 종량제, 사업장 폐기물 감량화 제도 등도 재사용 정책의 일환으로 해석될 수 있다. 이러한 제도는 폐기물 발생을 억제하기도 하지만 재사용을 촉진하는 효과도 크다.

대표적인 재사용 정책에 해당하는 것은 폐기물 예치금 제도다. 이 제도는 일정 금액을 강제로 예치하고 회수했을 때 반환하는 것이다. 맥주병이나 콜라병과 같은 빈병을 대상으로 시작되었기 때문에 미국에서는 이 제도를 병법(Bottle Law)이라 부르기도 한다. 우리나라도 이 제도가 1987년 처음 시작될 때 빈병보증금제라는 이름으로 시작되었다. 지금은 빈병뿐만 아니라 금속

여백 주석:
에코디자인
친환경포장 디자인
포장횟수 규제
포장공간비율 규제
포장재질 규제

경제적 수단
폐기물 부담금제
생산자 책임재활용 제도

재활용 정책
폐기물 부담금제
쓰레기 종량제
사업장폐기물
감량화 제도

폐기물 예치금제
빈병 보증금제

캔, 화장품 용기 등 여러 품목에 적용되고 있다. 폐기물 예치금 제도는 처음에는 재사용을 목적으로 시작되었지만 지금은 폐기물 재활용에 더 큰 기여를 하고 있다.

전통적인 재사용 정책 중 하나는 나눔 장터 장려제도다. 사용한 생활용품을 필요한 자에게 무상 또는 싼 값에 제공하는 가게를 정부가 지원하는 정책이다. 과거에는 환경적 목적보다 경제적 이익 때문에 자연발생적으로 중고품 거래가 이루어졌으나, 지금은 수거와 유통 그리고 판매 과정에 들어가는 비용 때문에 운영에 많은 어려움이 있다. 지금은 환경과 서민 지원이라는 두 가지 측면을 고려한 정부 보조 정책이다. 나눔 장터 외에도 생활이나 산업체에서 배출되는 폐기물의 부품이나 용기 등을 재사용하는 정책이 추진되고 있다.

나눔장터 장려제도
부품 용기 재사용 정책

(3) 재활용 정책

재활용(Recycle)은 재사용(Reuse)이 불가능할 경우 재처리하여 자원으로 재생하는 경우를 말한다. 재사용은 나눔 장터에서 이루어지는 헌옷, 가구, 기타 생활용품, 그리고 폐기물 예치금 제도를 통한 빈병이나 화장품 용기 등과 같은 일부 품목에 대해서만 이루어지고 있다. 재활용 정책은 재사용에 비해 훨씬 더 많은 폐기물을 재순환하는 효과를 가져 온다.

재활용은 주로 재처리(Reprocessing) 기술에 의존한다. 폐지, 폐유리, 폐타이어, 폐윤활유, 고철, 폐플라스틱 등을 분리하여 자원으로 재생한다. 폐플라스틱과 같은 가연성 폐기물은 물질로 재생이 불가능한 경우에는 활성탄, 알코올, 경유, 가스 등과 같은 에너지원으로 재생한다. 현재 우리나라는 대략 종이 90%, 유리 75%, 폐타이어 75%, 금속캔 49%, 폐윤활유 73% 정도 재활용하고 있으며 재활용률이 지속적으로 증가하고 있다.

재활용 정책
재처리 기술
자원 재생
에너지 재생

재활용은 경제성이 매우 중요하다. 재활용 과정에 들어가는 비용을 줄여야하고 이를 상품화했을 때 품질 경쟁력도 요구된다. 최근 기술의 발달로 경제성과 품질 경쟁력이 향상되고 있지만 여전히 미흡한 경우가 많다. 경제성과 품질 경쟁력을 보완하기 위하여 강제적 규제를 동원한 재활용 정책이 필요하다. 특히 보완이 필요한 분야는 재활용 가능한 폐기물의 분리배출, 수거·운반 체계, 재활용 제품의 유통과 수요 창출 등이다.

1992년 '자원의 절약과 재활용 촉진에 관한 법률'이 제정되면서 재활용품 분리배출제도가 도입되고 재활용 산업 육성정책이 강화되었다. 공공건물, 상가, 학교 등에게 재활용품 분리배출을 의무화하고 영세한 재활용 산업체에 대해 장기저리융자 제도를 시행하였다. 또한 재활용 기술개발을 지원하고 재활용품 선별장과 같은 공공 재활용 기반시설 확충 사업도 실시하고 있다. 1997년부터 우수재활용품 품질인증(GR마크: Good Recycled)제도를 시행하고 있다. 이 제도는 품질이 우수한 재활용품에 대하여 국가가 성능을 보증해주는 제도다.

재활용 정책에 큰 변화를 가져 온 것은 2003년에 도입된 생산자책임 재활용 제도(EPR: Extended Producer Responsibility)다. EPR 제도는 생산자에게 자신이 생산한 제품이 사용 후 적절하게 재활용되거나 처분되는데 일정한 책임을 부여하는 것이다. 현재 독일, 프랑스, 영국 등 유럽 15개국과 일본, 호주 등에서 시행하는 제도로 생산자의 가장 중요한 책임은 좋은 제품을 생산하는 것이지만 자신이 생산한 제품이 수명을 다한 후에 재활용하고 처분하는 것도 또 다른 책임(Extended Responsibility)이라는 의미다. EPR 제도의 대상 품목은 TV, 냉장고, 에어컨, 세탁기 등과 같은 전자제품, 그리고 전지, 형광등, 자동차 타이어, 윤활유 등이고, 제도 도입 이후 지금까지 계속 확대해오고 있다. 2007년 '전기·전자제품 및 자동차의 자원순환에 관한 법률'이 제정되면서 EPR 제도는 더욱 활성화되었다.

폐기물 예치금 제도는 초기에는 재사용을 목적으로 시행되었으나 지금은 재활용에 크게 기여하는 정책이다. 예치금 제도 역시 생산자에게 제품 사용 이후 폐기물이 되었을 때 책임을 부여하기 때문에 넓은 의미에서 EPR 제도의 일종이다. 예치금 제도는 재사용 또는 재활용에 필요한 비용을 사전에 예치

재활용품 분리배출제도
재활용 산업육성
재활용품 품질인증제도

생산자 책임재활용 제도
폐기물 예치금제
재활용 부과금

【그림 15-3】
생산자 책임재활용제도
기본 개념

하고 후에 반환하는 방식인 반면 EPR 제도는 생산자에게 일정한 양의 재활용 의무를 부과하고 만약 이행하지 않을 경우 재활용 부과금을 부과하는 방식이다. 1992년 '자원의 절약과 재활용 촉진에 관한 법률'이 제정되면서 TV나 냉장고와 같은 전자제품에 대하여 예치금 제도를 실시하였다. 2003년에 EPR 제도가 시행되면서 해당 품목은 예치금 제도에서 EPR로 흡수되었다.

건설폐기물은 우리나라에 발생하는 전체 폐기물에서 큰 부분을 차지하기 때문에 이를 재활용하는 정책이 오래전부터 강조되어 왔다. 2003년에 와서 '건설폐기물의 재활용 촉진에 관한 법률'이 제정되면서 건설폐기물을 친환경적으로 재활용할 수 있는 제도적 기반을 마련되었다. 재활용 골재(순환 골재)로 천연골재를 대체할 수 있는 도로건설공사, 물류단지 개발공사, 하수관거 설치공사, 주차장 건설공사 등에 대하여 순환골재 사용 의무를 부과하여 수요기반을 마련하였다. 이러한 노력으로 현재 우리나라 건설폐기물 재활용률은 98%를 넘어서고 있다.

재활용 정책의 또 다른 한 분야는 폐자원 에너지화다. 지금까지 생활폐기물 소각시설에서 발생되는 소각열을 회수하거나 매립장에서 가스를 포집하여 사용해 왔다. 녹색성장이 전 지구적 이슈로 등장하면서 폐자원 에너

건설폐기물
순환 골재
천연 골재

폐자원 에너지화
폐기물 고체연료
바이오 가스화

지화는 새로운 재활용 정책으로 주목받고 있다. 가연성 폐기물을 이용하여 RDF(Refuse Derived Fuel: 폐기물에 함유된 불연성 물질과 수분을 제거한 후 만든 고체연료)를 생산하여 발전소 등에서 사용하고, 음식물폐기물이나 하수슬러지 등과 같은 유기성 폐기물로부터 메탄가스를 생산하는 바이오가스화 시설을 확충하는 정책도 폐자원 에너지화 정책 중 하나다.

(4) 친환경처리 정책

친환경처리 정책
유해폐기물 안전관리
방치폐기물 청소

앞서 설명한 폐기물 감량화, 재사용, 재활용, 에너지화 등이 폐기물 정책의 중심 부분이다. 이러한 과정을 통해서도 순환되지 않는 폐기물은 인체와 자연 생태계에 피해를 주지 않도록 안전하게 최종 처분해야 한다. 이처럼 순환되지 않는 폐기물을 안전하게 수집·운반하고 처분하는 것이 친환경처리 정책이다. 아울러 유해폐기물 안전관리, 방치폐기물 청소 등도 여기에 포함된다.

폐기물 처리업 허가제
사업장폐기물 배출
신고제
폐기물처리시설 관리제

친환경 처리 정책의 핵심은 폐기물 관리법에 정해진 폐기물 처리 기준과 원칙에 따라 생활 및 산업 폐기물을 처분하는 것이다. 폐기물 배출자, 수집·운반자, 처리자, 그리고 지방자치단체 등의 책무를 명확히 하고, 폐기물 처리업 허가제, 사업장 폐기물 배출 신고제, 폐기물처리시설 관리제 등을 시행하고 있다. 그 외 유해폐기물, 병원폐기물, 방치폐기물, 영농폐기물 등도 법률로 정해진 기준과 원칙에 따라 관리 및 처분하고 있다.

위생매립지
폐기물 적정처리시스템

우리나라에서 친환경 처리의 큰 변화는 1991년 수도권 매립지 준공과 함께 시작된 위생매립지 정책이다. 이후 전국에 사용 중이던 비위생매립지를 단계적으로 종료시키고 위생매립지로 전환시켰다. 2001년에는 폐기물 적정 처리시스템을 개발하여 운용함으로써 친환경 처리 정책에 새로운 발전을 가져왔다. 폐기물 적정처리시스템은 전국에서 발생하는 여러 종류의 폐기물에 대한 정보를 데이터베이스로 구축하고 폐기물의 특성에 따라 적정 수집·운반자와 처리자를 연결하는 전산시스템이다. 또한 폐기물의 적정처리 시설 확충, 안전하고 신속하며 편리하게 수집·운반·처리하는 기술 개발 등도 정책적으로 추진하고 있다.

(5) 수출입 폐기물 관리

우리나라는 바젤협약의 국내 이행을 위해 1992년 '폐기물의 국가 간 이동 및 그 처리에 관한 법률'을 제정하였다. 또한 1996년 OECD에 가입하면서 바젤 협약뿐만 아니라 OECD에서 정한 수출입 통제 폐기물도 엄격히 관리하고 있다. 현재 폐배터리, 슬러지, 브라운관 폐유리, 니켈카드뮴 전지 등 86개 항목을 수출입 허가 대상 폐기물로 정하고 환경 당국에 사전 신고와 허가를 받도록 하고 있다. 허가 대상에서 제외되어 있지만 해외에서 수입되어 국내에서 환경문제를 야기할 수 있는 석탄재, 폐합성 고분자화합물, 동식물성 잔재물 등 25개 품목을 수출입 허가대상 폐기물로 관리하고 있다.

수출입 폐기물 관리
바젤 협약
OECD 폐기물 규제

내용정리

1. 폐기물 정책의 주요 대상과 정책 목표를 설명해보자.
2. 폐기물 정책의 관련 법규를 열거해보자.
3. 폐기물 정책의 수단을 규제적, 경제적, 개입적, 호소적 등으로 나누어 사례와 함께 설명해보자.
4. 폐기물 감량화 정책을 설명해보자.
5. 폐기물 재사용 정책을 설명해보자.
6. 폐기물 재활용 정책을 설명해보자.
7. 폐기물 친환경 처리 정책을 설명해보자.
8. 수출입 폐기물 관리 정책을 설명해보자.

읽어보기

〈음식물쓰레기 종량제가 성공하려면〉

지난해 개정한 폐기물관리법이 1년간의 유예기간을 거쳐 6월부터 발효됨에 따라 음식물쓰레기 종량제가 본격적으로 시행되기 시작했다. 음식물쓰레기 분리배출 대상 144개 전국 지방자치단체(군지역을 제외한 시·구지역) 중 129개가 시행하고 있으며, 나머지 15개 지역은 하반기로 예정돼있다.

음식물쓰레기 종량제는 버린 만큼 처리비용을 지불하는 제도다. 1995년부터 시행하고 있는 쓰레기 종량제와 같은 원리다. 쓰레기 종량제는 시행 후 10년 동안 쓰레기 발생량이 23% 줄고 재활용률은 175%나 증가한 것으로 조사됐다. 연간 약 8조 400억원의 경제적 편익도 발생해 매우 성공적인 환경정책으로 인정받고 있다.

쓰레기 종량제가 이처럼 성공적이었음에도 불구하고 음식물에는 지금까지 적용하지 못했다. 가정이나 식당에서 예상되는 불편함과 부작용 때문이다. 하지만 2006년 발효된 런던협약에 따라 금년부터 음식물쓰레기 폐수의 해양배출이 전면 금지됨에 따라 특단의 조치를 취한 것이다. 이면에는 경제적 손실도 큰 부분을 차지하고 있다. 현재 하루 약 1만 4,000여 톤의 음식물쓰레기가 발생하고 있는데, 이는 만든 음식의 25%에 해당한다. 처리비용만 연간 약 8,000억에 달하고 식재료, 조리, 운반, 인력 등을 모두 감안하면 음식물쓰레기로 인한 손실은 연 20조원이 넘는다.

정부는 불편함과 부작용을 최소화하기 위해 전자태그(RFID), 칩·스티커, 전용봉투 등을 쓰레기 계량방법으로 내놓았다. RFID는 세대별 인식카드로 무게를 측정해서 수거함에 버리는 방법이며, 칩·스티커와 전용봉투는 편의점 등에서 칩이나 스티커, 봉투를 구입하여 처리비용을 납부하는 방법이다. RFID는 주로 아파트, 빌라 등과 같은 공동주택에, 칩·스티커나 전용봉투는 단독주택에 적용한다. 현행법상 생활쓰레기는 지자체 소관이어서 시·구가 지역사정에 맞춰 계량방법을 채택하고 요금도 부과하고 있다.

지금까지 시행결과를 보면 대부분 지자체에서 음식물쓰레기가 크게 줄어드는 것으로 나타나고 있다. 일부 아파트 단지의 경우 30~40%까지 줄어든 곳도 있다. 음식물쓰레기 20%만 감량해도 연간 1,600억원의 처리비용 절감과 5조원에 달하는 경제적 편익이 발생할 것으로 정부는 전망하고 있다.

하지만 이는 너무 낙관적이다. 벌써부터 불편함을 토로하는 가정도 많고 부작용도 나타나고 있다. 전용봉투나 칩·스티커는 냄새나고 해충이 서식하는 음식물쓰레기를 집안에 일정량을 모아야 하고, RFID도 여러 절차를 거쳐야 하는 불편함이 있다. 일부 가정이나 식당에서는 벌써부터 고가의 음식물쓰레기 건조기나 처리기로 감량하기도 하고 오물분쇄기로 갈아서 하수관에 버리기도 한다.

불편함도 문제지만 주목해야 할 것은 감량이 대부분 가정이나 식당의 자체 처리로 이루어진다는 점이다. 이 경우 정부 예상대로 20% 감량하더라도 연간 처리비용 1,600억원 절감으로 끝난다. 이 정도로는 전국 144개 지자체에서 겪는 여러 가지 불편함, 비용, 노력 등에 미치지 못할 수 있다.

종량제가 성공하기 위해서는 발생량을 줄여야 한다. 5조원의 경제적 편익을 달성하기 위해선 처리량이 아닌 발생량을 20% 줄여야 가능한 것이다. 우리의 식재료, 입맛, 영양, 건강 등을 만족시키면서도 쓰레기를 최소화하는 식단을 개발, 보급하고 실천해야 한다.

우리는 지금 유사 이래 가장 잘 먹는 시대에 살고 있다. 하지만 식품 자급률은 60%에 불과하며, 곡물만 분리하면 25%다. 경제협력개발기구(OECD) 회원국 가운데 거의 꼴찌 수준이다. 우리는 40%의 식재료를 수입하면서도 만든 음식의 25%를 쓰레기로 버리고 있다. 우리보다 잘사는 국가도 이렇게 많은 음식물쓰레기를 버리지 않는다. 이번 시행을 계기로 우리의 음식문화를 완전히 바꿔야 한다.

(한국일보 2013년 7월 3일)

제16장 생활환경

생활환경정책의 주요 대상과 정책 목표, 관련 법규, 정책 수단 등을 살펴보고, 소음진동 관리정책, 실내공기 관리정책, 악취 관리정책, 빛 공해 및 전자파 관리정책 등과 같은 주요 정책을 공부한다.

16.1. 주요 대상 및 정책 목표

실내공기
소음진동
악취
빛 공해
전자파

생활환경정책의 주요 대상은 건강하고 쾌적한 생활공간을 방해하는 요인들이다. 실내공기, 소음진동, 악취 등이 여기에 해당된다. 최근에는 인공조명에 의한 빛 공해 그리고 스마트폰이나 TV 등과 같은 전자기기들로 인한 전자파도 새로운 정책 대상이 되고 있다. 실내공기의 경우 지하철, 지하상가, 지하주차장과 같은 지하공간이나 도서관, 백화점, 터미널과 같은 다중이용시설, 그리고 아파트, 빌라와 같은 공동주택 등이 대상이다. 소음진동은 주로 도로, 철도, 공항, 건설공사장이, 악취는 매립지, 하수처리시설, 기타 악취유발 시설이 있는 공장 등이 대상이다.

생활환경정책의 목표는 건강하고 쾌적한 생활공간을 조성하는 것으로 헌법 제35조 1항에 명시된 환경권 보장과 직접적인 관련을 갖는다. 또한 생활환경은 소음이나 악취와 같이 민원이 많고 환경 분쟁이 자주 발생하는 분야이기 때문에 정책 목표 달성에 일반 국민들이 매우 민감하게 반응한다. 구체적인 정책 목표는 실내공기, 소음, 악취 등에 관한 기준치를 설정하고 이를 만족할 수 있도록 유지 관리하는 것이다. 또한 쾌적한 생활환경을 방해하는 원인을 원천 차단하기 위하여 건축자재, 소음발생, 악취배출원 등을 모니터링하고 관리하는 것이 정책이 추구하는 방향이다.

16.2. 관련 법규

생활환경정책은 관리 대상에 따라 법을 달리하고 있다. 소음·진동 관리는 1990년 '환경보전법'이 6개의 법으로 나누어지면서 제정된 '소음·진동관리법'에 근거하고 있다. 실내공기는 1996년 '지하생활공간 공기질 관리법'을 제정하여 지하역사와 지하상가 2개군을 대상으로 관리해 오다 2003년에 '다중이용시설 등의 실내 공기질 관리법'으로 개정하고 도서관, 의료기관, 찜질방 등 15개 군을 추가하여 총 17개 군을 관리하고 있다. 악취로 인한 민원이 계속되면서 2004년에 '악취방지법'을 제정하여 공장, 하수처리장, 매립지 등과 같은 악취시설을 관리하고 있다. 빛 공해는 2012년 '인공조명에 의한 빛공해방지법'이 제정되면서 보다 쾌적한 생활환경을 위해 가장 최근에 관리되기 시작한 항목이다.

환경보전법
소음진동관리법
실내공기질 관리법
악취방지법
빛 공해 방지법

16.3. 정책 수단

생활환경정책도 주로 규제적 수단에 의존하고 있다. 소음진동, 실내공기, 악취, 빛 공해 등 건강하고 쾌적한 생활공간을 유지하기에 적합한 기준을 정해두고 규제하고 있다. 생활공간뿐만 아니라 발생원 자체에 대한 기준도 정해두고 규제한다. 소음진동을 발생시키는 차량이나 건설장비에 대해 소음진

규제적 수단
생활공간 규제
발생원 규제

〈표 16-1〉 생활환경정책 관련 법과 주요 내용 및 정책

환경법(제정년도)	주요 내용 및 정책
소음·진동관리법(1990)	측정망 설치계획, 소음지도 작성, 공장·생활·교통·항공기 소음진동 관리, 공장 소음진동 배출허용 기준, 방음방진시설 설치, 층간소음기준, 이동소음 규제, 제작차 및 운행차 소음허용기준, 운행차 수시점검
다중이용시설 등의 실내 공기질 관리법(2003)	실내공기질 관리계획 수립, 유지기준 및 권고기준, 위해성평가, 오염물질방출 건축자재 사용제한, 신축공동주택 실내공기질 관리, 대중교통차량 실내 공기질 관리, 실내라돈관리, 취약계층 이용시설, 실내 환경관리센터
악취방지법(2004)	사업장 악취관리지역 지정, 악취배출허용기준, 악취 배출시설 설치신고, 악취방지시설 공동설치, 공공수역 악취방지, 생활악취 관리, 대상시설 악취검사
인공조명에 의한 빛 공해 방지법(2012)	빛공해방지계획 수립, 조명환경관리구역 지정, 빛 방사허용기준 준수, 조명기구 설치·관리 기준, 빛공 해환경영향평가

소음진동 발생원기준
배출허용기준
방사허용기준

동 발생원 기준을, 실내공기를 위해 건축 자재나 가구 등에서 배출되는 유해 화학물질과 악취배출시설에 나오는 악취물질에 대해서도 배출허용기준을 적용한다. 빛 공해 역시 인공조명에 대해 방사허용기준으로 규제하고 있다. 생활환경정책에서 경제적 수단이나 개입적 수단 사용은 비교적 드물며, 실내 공기질 관리를 위해 다중이용시설 소유자들에게 국가가 실시하는 교육을 의 무화하거나 층간소음을 줄이기 위해 적극적인 홍보를 하는 호소적 수단을 동 원하기도 한다.

16.4. 주요 정책

생활환경정책은 비교적 좁은 공간에서 느끼는 소음진동, 실내공기, 악취, 빛 공해, 전자파 등에 관한 것으로 타 환경정책에 비해 주민들이 직접 체감할

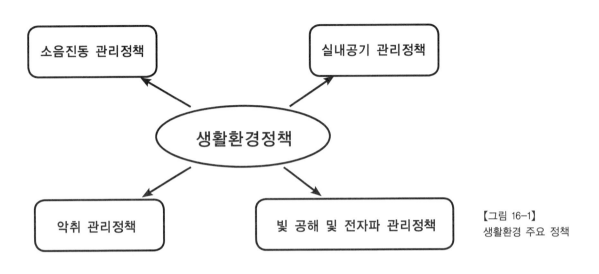

【그림 16-1】
생활환경 주요 정책

수 있는 요인들이 많다. 특히, 층간 소음이나 악취 등은 민원이 가장 많이 발생하고 실내공기는 환경성 질환을 직접적으로 유발하기 때문에 환경보건 정책과 밀접한 관련이 있다.

현재 우리나라에서 시행하고 있는 생활환경정책을 분야별로 나누어서 설명하면 다음과 같다.

층간소음 환경분쟁
악취민원

(1) 소음진동 관리정책

생활환경에서 진동 보다 소음 발생 빈도가 높기 때문에 소음진동 관리정책은 소음에 비교적 많은 관심이 집중되고 있다. 소음 관리정책은 발생원과 체감공간에 따라 생활소음, 교통소음, 공장소음, 항공기 소음 등으로 나누어 추진된다. 발생원은 다르지만 모든 소음의 관리 기준이 되는 것은 인체가 느끼는 체감 소음으로 이는 '환경정책기본법'에 소음환경기준으로 명시되어 있다. 소음환경기준은 국가가 달성해야 하는 목표로 야간(수면시간: 22:00~

소음진동 관리정책
생활소음
교통소음
공장소음
항공기소음

06:00)과 주간(활동시간: 22:00~06:00)으로 시간을 구분하고, 주거지역, 준주거지역, 상업지역, 공업지역 등 공간적으로 달리 주어진다.

소음환경기준을 달성하기 위하여 '소음진동관리법'에 따라 소음 발생원을 규제한다. 생활소음은 주거지역 주변에 있는 공사장, 사업장, 확성기 등이 주요 발생원이며, 적용기준은 규제기준으로 발생원에 대해 아침저녁(05:00~07:00, 18:00~22:00), 주간(07:00~18:00), 야간(22:00~05:00)으로 나누어지고 지역과 발생원(확성기, 사업장)에 따라 적용 값이 달라진다. 교통소음의 경우 한도기준으로 관리하고 있다. 규제기준은 초과 시 강제 규제가 가능하지만 한도기준은 피해를 받는 자에게 대책이 필요하다고 판단되는 수준을 말한다. 한도기준 초과 시 방음시설을 설치하거나 시도지사가 원인자에게 대책 수립을 요청할 수 있다. 또한 병원이나 학교 등과 같이 소음을 특별히 규제해야 할 필요가 있는 곳을 교통소음 규제지역으로 지정하여 속도제한, 우회명령 등 필요한 조치를 할 수 있다. 항공기 소음은 야간 이 착륙을 금지하고 한도기준으로 관리하고 있다. 공장소음은 주거지역과 입지 격리, 저소음기계류 사용, 발생원 차단, 방지시설 설치 등으로 관리한다.

공동주택의 층간소음은 환경 분쟁의 주요 원인이 되고 있다. 생활수준이 향상되면서 쾌적한 주거환경에 대한 욕구 증대로 기준을 강화해오고 있다. 건축물에 대해 바닥 충격음 차단성능기준을 정해 주택법으로 관리하고 있다. 층간 소음기준은 그림 16-1과 같이 시간(주간과 야간)과 음원의 형태(고체음과 기류음)에 따라 달리 주어진다. 고체음은 바닥 충격음과 같은 물체의 충돌로 발생하는 음으로 1분 등가 소음도(1분 동안 평균한 값)로 소음기준이 주어지며 기류음은 목소리나 나팔 등과 같이 공기 이동에 의해 나는 소리로 5분 등가 소음도와 최고소음도로 기준이 주어진다.

소음환경기준
소음발생원기준

규제기준
한도기준
교통소음 규제지역

주택법
고체음
기류음
에너지등가소음도

【그림 16-2】
주야간에 따른 음원
형태별 층간소음기준과
방지 대책

(2) 실내공기 관리정책

현대인들은 대부분의 시간을 실내에서 생활하기 때문에 실내공기 관리정책은 인체 건강에 중요한 영향을 미친다. 실내공기오염은 주택, 사무실, 자동차 등 다양한 공간에서 나타나며 환기가 원활하지 않을 경우 높은 농도의 오염물질 축적도 발생할 수 있다. 특히 지하철, 지하상가, 지하주차장 등과 같은 지하공간은 세심한 실내공기질 관리가 필요하다.

현재 우리나라는 4개 부처가 각각 다른 법령에 따라 서로 다른 항목과 기준으로 실내공기 관리를 하고 있다. 환경부는 다중이용시설 등의 실내 공기질 관리법에 따라 다중이용시설(지하역사, 어린이집 등 21개 시설군)을 그리고 보건복지부는 공중위생관리법에 따라 공중이용시설(공공청사, 공연장, 예식장, 실내체육시설 등)을 관리하고 있다. 또한 교육부는 학교보건법에 따라 학교 실내공간을, 고용노동부는 산업안전보건법에 따라 작업장과 사무실 공간을 관리하고 있다.

실내공기 관리 방법은 총 10개 항목을 유지기준 5개(미세먼지, 이산화탄소, 포름알데히드, 총부유세균, 일산화탄소)와 권고기준 5개(이산화질소, 라

실내공기 관리정책
실내공기질 관리법
공중위생관리법
학교보건법
산업안전보건법

유지기준
권고기준

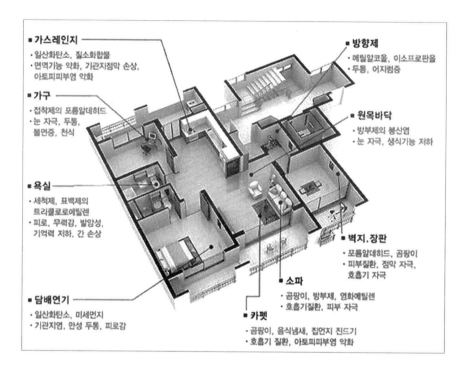

가스레인지
· 일산화탄소, 질소화합물
· 면역기능 약화, 기관지점막 손상,
  아토피피부염 악화

가구
· 접착제의 포름알데히드
· 눈 자극, 두통,
  불면증, 천식

욕실
· 세척제, 표백제의
  트리클로로에틸렌
· 피로, 무력감, 발암성,
  기억력 저하, 간 손상

담배연기
· 일산화탄소, 미세먼지
· 기관지염, 만성 두통, 피로감

방향제
· 메틸알코올, 이소프로판올
· 두통, 어지럼증

원목바닥
· 방부제의 분산염
· 눈 자극, 생식기능 저하

벽지.장판
· 포름알데히드, 곰팡이
· 피부질환, 점막 자극,
  호흡기 자극

소파
· 곰팡이, 방부제, 염화메틸렌
· 호흡기질환, 피부 자극

카펫
· 곰팡이, 음식냄새, 집먼지 진드기
· 호흡기 질환, 아토피피부염 악화

【그림 16-3】
실내오염 발생원과 유
해성

돈, 휘발성 유기화합물, 석면, 오존)로 나누어 법으로 정해진 기준치를 준수하
도록 하는 것이다. 유지기준은 위반 시 제재 조치를 취한다. 건축자재, 마감
재, 냉난방 장치, 사무기기 등과 같은 실내공기 오염물질 발생원에 대하여 기
준치 이상 배출하는 것은 규제한다. 특히 포름알데히드나 휘발성 유기화합물
등을 기준치 이상 배출하는 건축자재는 다중이용시설에 사용하는 것을 금하
고 있다. 신규 공동주택은 건축 후 실내공기를 측정하여 법으로 정해진 기준
을 통과한 후 입주를 허용하고 있으며, 적용 대상을 점점 확대해 가고 있다.

(3) 악취 관리정책

쾌적한 생활환경에 대한 욕구 증가로 악취에 대한 민원이 계속 증가하고 있다. 2004년에 제정한 '악취방지법'에 근거하여 사업장 악취에 대한 규제, 생활악취 방지, 대상시설 악취검사 등을 실시하고 있다. 또한 악취 문제를 야기하는 산업단지나 축산단지 등을 악취관리 지역으로 지정하여 특별 관리하고 있다. 악취를 실시간으로 보다 정확하게 관측하기 위해 측정방법을 개선하고 탈취기술을 개발하여 실용화하는 정책을 시도하고 있다.

악취 관리정책
악취관리법
악취관리지역

(4) 빛 공해 및 전자파 관리정책

불필요하거나 필요 이상의 인공조명이 인체나 자연생태계에 피해를 주는 현상을 말하는 빛 공해는 2012년 '인공조명에 의한 빛 공해 방지법'이 제정되면서 체계적인 정책이 추진되기 시작했다. 인체를 비롯하여 생태계, 농작물 등에 주는 피해를 방지하고 에너지 낭비를 줄이는 것이 목적이며 주요 내용은 빛 공해가 심각한 지역을 조명환경관리구역으로 지정하고 빛 방사허용기준을 준수하도록 하는 것이다. 조명환경관리구역은 토지용도에 따라 4종(자연환경보전지역, 농림지역, 주거지역, 상업지역)으로 구분하여 빛 방사허용기준을 차등화하고 있다.

빛 공해 관리정책
빛 공해 방지법
조명환경관리구역
방사허용기준

스마트 폰, 컴퓨터, TV, 전자레인지, 의료기기 등과 같은 전자제품 사용이 늘어나면서 전자파가 새로운 생활환경 유해인자로 대두되고 있다. 또한 송변전 설비, 고속철도, 전철 등도 전자파를 방출하고 있다. 전자파에 장기간 노출되면 체온변화와 생체리듬이 깨져 질환으로 발전될 가능성이 높아진다. 특히 어린이, 노약자, 환자 등과 같은 민감 계층은 인체 흡수율이 높고 유해성이 나타나는 것으로 알려져 있다. 현재 우리나라는 전자파 인체보호기준은 '전파법'에 따라 방송통신위원회 고시로 정해져 관리되고 있다. 앞으로 건강하고 쾌적한 생활환경 관리 차원에서 보다 많은 연구가 요구되는 환경정책이다.

전자파 관리정책
전파법
전자파 인체보호기준

내용정리

1. 생활환경정책의 주요 대상과 정책 목표를 설명해보자.
2. 생활환경정책의 관련 법규를 열거해보자.
3. 생활환경정책의 수단을 규제적, 경제적, 개입적, 호소적 등으로 나누어 사례와 함께 설명해보자.
4. 소음진동 관리 정책을 설명해보자.
5. 실내공기 관리 정책을 설명해보자.
6. 악취 관리 정책을 설명해보자.
7. 빛 공해 및 전자파 관리 정책을 설명해보자.

읽어보기

〈주택환경문제 선진국서 배우자〉

지난해 정부가 마련한 주택 환경개선을 위한 정책들이 곧 시행에 들어간다. 주요 정책은 새집증후군과 다중이용시설 등에 관련된 실내공기오염 규제와 깨끗하고 안전한 수돗물을 공급하기 위한 건축물의 수도관 관리에 관한 것이다.

실내공기오염 규제는 '다중이용시설 등 실내공기질 관리법'을 개정하여 마련한 것으로 핵심 내용은 규제 대상을 불특정 다수가 이용하는 17개 시설로 확대하고, 새집증후군의 원인이 되는 포름알데히드를 비롯한 대표적 6개 항목에 대한 기준을 정한 것이다. 특히 100가구 이상의 공동주택 건축시 시공자가 사전에 대표 유해항목들을 측정하고 입주자에게 알리도록 했다.

건축물의 수도관 관리는 '수도법'을 개정한 것으로 수도사업자인 지방자치단체가 옥내 급수관을 관리·감독하며, 노후 배관이나 물탱크의 교체 비용까지 지원할 수 있도록 한 것이다. 현재 지자체는 건축물 경계선 밖의 수도관까지만 관리하고, 옥내 급수관은 건물주 책임으로 돼있는데, 앞으로는 지자체가 건물주의 동의를 얻어 아파트 등 주택 내부의 급수관에 대해 검사, 교체·갱생·세척을 권고하고 일부 교체비용도 지원할 수 있게 됐다.

정부가 이러한 정책을 마련한 것은 일단 환영할 일이다. 거주자의 건강에 중요한 영향을 미침에도 불구하고 지금까지 사각지대에 방치된 것을 정부가 적극적으로 관리하려는 시도로 상당한 개선 효과가 기대된다. 그러나 이것만으로는 주택의 환경문제를 모두 해결하기는 어려울 뿐만 아니라, 지자체에 불필요한 예산 부담을 안기는 등 각종 부작용이 우려된다. 특히, 사유재산인 물탱크나 옥내 급수관을 지자체가 직접 관리 감독할 경우 불필요한 간섭과 마찰이 우려된다.

미국을 비롯한 주요 선진국의 경우 주택의 환경문제는 이미 1970년대 후반에 커다란 사회적 이슈가 되었다. 실내공기오염뿐만 아니라 녹슨 수도관 피해, 그리고 주변 토양의 유독성 화학물질 누출 등이 보고되었고, 이로 인해 거주자들이 호흡기 질환, 피부병, 암, 신장질환, 백혈병 등으로 고통 받거나 기형아가 출생하는 등 심각한 문제가 발생하였다.

결함주택증후군(Sick House Syndrome)으로 불리는 주택에서 발생하는 이 모든 환경문제를 선진국에서는 주택거래에 환경인증제를 도입하여 해결하고 있다. 주택을 사고팔 때 전문기업에 의뢰해 실내공기오염, 소음강도, 물탱크나 수도관의 노후정도, 주변 토양오염 상태 등 관련된 사항을 과학적으로 분석한 환경인증서를 첨부하게 하여 소비자를 보호하고 주택 본래의 가치인 인간의 생활건강성이나 쾌적성 등을 알려주는 제도이다. 정부가 예산과 인력을 들여가며 간섭한 것이 아니라 시장에 맡겨 문제를 해결하고 환경산업을 육성하는 효과도 얻었다.

우리나라에서는 결함주택증후군이 새집증후군으로 축소 번역되어 마치 새집에서만 나타나는 실내공기오염으로만 인식되어 있다. 정부대책 또한 공동주택의 새집에서 나타나는 공기오염에만 국한시켜 두고 있다. 그리고 주택의 노후 수도관과 물탱크로 인하여 수돗물 안전성이 문제되자 지자체가 사유재산을 관리하도록 한 것이다. 이것은 정부가 세금으로 개인집의 밥그릇이나 수저까지 검사하고 닦아준다는 비난을 면하기 어려우며, 그렇다고 주택의 환경문제가 완전히 해결될 수 있는 것도 아니다.

근본적인 해결을 위해서는 주택거래에 환경인증제를 도입하여야 한다. 현재 우리나라에서도 이와 유사한 제도가 기업간 부동산 거래에서 자체적으로 이루어지고 있다. 공장이나 대형 건물을 사고 팔 때 전문기업에 의뢰하여 환경안전성을 평가하여 대책을 세우고 가격 결정에 포함하고 있다. 정부는 이를 제도화하고 세금 혜택과 같은 활성화 방안을 강구하며 향후 모든 부동산 거래에 확대 적용해 나가야 한다. 정부는 세금으로 많은 인력을 확충하여 개인의 사유재산까지 간섭할 것이 아니라 시장에 맡겨 스스로 관리하도록 하는 것이 바람직하다.

(한국경제신문 2006년 6월 12일)

제17장 환경보건

> 환경보건정책의 주요 대상과 정책 목표, 관련 법규, 정책 수단 등을 살펴보고, 환경성 질환 예방, 유해화학물질 안전관리, 생활화학물질 오남용 방지, 특정 미량오염물질 관리, 기타 환경유해물질 대책 등과 같은 주요 정책을 공부한다.

17.1. 주요 대상 및 정책 목표

환경성 질환
생활화학물질
잔류성 유기화학물질
내분비계 장애물질
석면
라돈
나노물질
화학물질 유출사고

환경보건정책의 주요 대상은 아토피, 천식, 알레르기성 비염 등과 같은 환경성 질환과 오남용 시 인체 건강에 직접적인 영향을 미치는 다양한 생활화학물질이다. 그리고 잔류성 유기화학물질(POPs: Persistent Organic Pollutants), 내분비계 장애물질(EDCs: Endocrine Disrupting Compounds, 환경호르몬), 석면, 라돈, 나노물질(Nano-Particles) 등도 건강에 중요한 영향을 미치기 때문에 환경보건정책의 주요 대상 물질이다. 산업체 화학물질 유출사고 또한 인근 주민들의 건강에 심각한 피해를 야기하고 사망에 이르게 하기 때문에 환경보건정책의 관리 대상에 해당된다.

환경보건 정책의 첫 번째 목표는 환경성 질환으로부터 국민건강을 보호하는 것이다. 아울러 생활화학물질 안전관리, 화학사고 및 화생방 테러 예방,

그리고 기타 유해물질로부터 인체노출 최소화 등도 정책의 목표다. 새로운 유해환경인자를 찾고 대응책을 강구하는 것도 정책 목표 중 하나다.

17.2. 관련 법규

환경보건정책은 대상에 따라 여러 개의 법으로 나누어 관리된다. 중심이 되는 법은 2008년에 제정된 '환경보건법'으로 환경성 질환 조사와 대책, 인체 위해성 평가 등을 다루고 있다. 유해화학물질 관리와 화학물질 누출 사고 등은 '유해화학물질관리법'에 의해 다루어지고 있다. 이 법은 1963년에 제정된 '독물 및 극물에 관한 법률'이 1990년에 확대 개정된 것이다. 다이옥신이나 PCB 등과 같은 난분해성 유기오염물질은 2007년에 제정된 '잔류성 유기오염물질 관리법'으로 관리된다. 이 법은 우리나라가 비준한 스톡홀름 협약을 국내법으로 수용하기 위해 제정되었다. 오랜 기간 건축자재로 사용되어온 석면으로 인해 건강피해가 발생하면서 지난 2011에 제정된 '석면안전관리법'과 생활에 사용되는 화학물질의 오남용을 막기 위해 2013년에 제정된 '화학물질의 등록 및 평가 등에 관한 법률'도 환경보건정책에 기여하고 있다.

> 환경보건법
> 유해화학물질관리법
> 잔류성 유기오염물질
>   관리법
> 스톡홀름 협약
> 석면안전관리법
> 화학물질의 등록 및
>   평가 등에 관한 법률

17.3. 정책 수단

환경보건정책의 수단은 타 분야 정책 수단과 다소 차이를 보인다. 타 분야는 대부분 규제적 수단에 주로 의존하고 있지만 환경보건정책은 규제적 수단보다 개입적 수단이 주가 된다. 정부가 환경보건 조사를 통하여 환경성 질환 현황을 파악하고 취약 지역과 계층에 대한 대책을 수립한다. 또한 잔류성 유기화학물질(POPs), 내분비계 장애물질(EDCs, 환경호르몬), 석면, 라돈, 나노물질 등 건강 위해물질 현황을 파악하고 필요에 따라 노출을 최소화하는 예방 사업을 추진하기도 한다. 경제적 수단으로 환경기금(석면피해구제기금)을 조성하고 유해화학물질 사고에 대비하여 환경보험제도를 시행하며 석면

> 환경보건조사
> 건강위해물질
> 환경기금
> 환경보험

안전관리를 위한 재정지원도 한다. 유해성 화학물질이나 생활화학물질을 생

산·운반·저장·사용 등에 대해서는 매우 엄격한 규제적 수단을 사용한다. 또
한 환경보건 취약계층, 취약지역, 라돈이나 석면 등에 노출 위험이 높은 주민
들에게 환경성 질환 예방에 관하여 홍보와 교육과 같은 호소적 수단을 사용
하기도 한다.

〈표 17-1〉 환경보건정책 관련 법과 주요 내용 및 정책

환경법(제정년도)	주요 내용 및 정책
환경보건법(2008)	환경보건종합계획 수립, 환경유해인자 위해성평가 국민환경보건 기초조사, 환경성질환 배상책임, 환경보건지표 개발, 어린이 활동공간 위해성 관리, 어린이 용품 유해물질관리, 어린이 위해성 정보제공
화학물질 관리법(1990)	화학물질 통계조사 및 정보공개, 유해화학물질 취급기준, 유해화학물질 안전관리, 유해화학물질의 제조·수입 중지, 화학사고 특별관리지역 지정, 화학물질 종합정보시스템 구축·운영, 화학사고의 대비 및 대응
잔류성 유기오염물질 관리법(2007)	잔류성유기오염물질 제조·수출입·사용 금지 또는 제한, 일일허용노출량 및 환경기준 설정, 배출허용기준 및 배출시설 설치기준 준수, 잔류성유기오염물질 함유 폐기물 처리, 잔류성유기오염물질 함유 기기 관리
석면안전관리법(2011)	석면관리 기본계획 수립, 석면함유제품 관리, 석면함유가능물질 관리, 자연발생석면 관리, 자연발생석면 관리지역 지정, 석면비산방지시설 설치, 건축물 석면 관리, 석면해체 사업장 주변환경 관리, 석면환경센터 지정
화학물질의 등록 및 평가 등에 관한 법률(2013)	화학물질 등록, 유해성심사 및 위해성평가, 유독물질 지정, 허가물질 지정, 제한물질 또는 금지물질 지정, 화학물질 정보제공, 위해우려제품 관리, 유해화학물질 함유제품의 신고, 제품 안전기준·표시기준, 제품 함유 화학물질 정보제공, 화학물질 정보처리시스템 구축·운영, 녹색화학센터 지정·운영

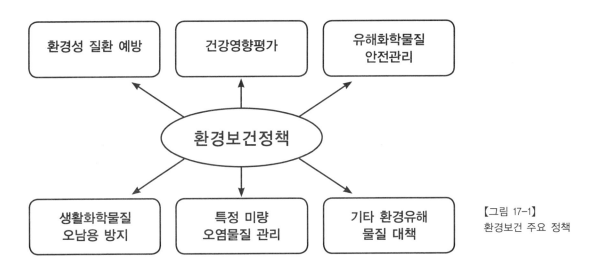

| 환경성 질환 예방 | 건강영향평가 | 유해화학물질 안전관리 |

환경보건정책

| 생활화학물질 오남용 방지 | 특정 미량 오염물질 관리 | 기타 환경유해 물질 대책 |

【그림 17-1】
환경보건 주요 정책

17.4. 주요 정책

환경보건정책은 환경문제로부터 국민들의 건강을 지키는 것으로 모든 환경정책의 최상위 정책이라 할 수 있다. 물, 대기, 토양, 생활환경 등 여러 매체와 공간에 존재하는 오염물질이 국민건강에 주는 영향과 피해를 감시하고 예방 대책을 세우기 때문에 다른 여러 분야의 환경정책과 통합적 접근이 필요하다. 특히 먹는 물, 대기, 실내공기, 생활유해물질 등과 같은 환경정책과 매우 밀접한 관련을 갖는다.

현재 우리나라에서 시행하고 있는 환경보건정책을 분야별로 나누어서 설명하면 다음과 같다.

(1) 환경성 질환 예방

환경성 질환 조사 및 감시체계를 구축하고 피해자를 구제하며 예방 대책을 수립하고 시행하는 것이 주요 정책이다. 예방 정책은 환경보건법에 근거하여 유해물질의 범위를 정하고 위해성을 평가하며 인체 노출을 최소화하는 것이다. 특히 어린이, 노령인구, 환자, 산모 등과 같은 민감 계층과 산업단지, 폐광지역, 시멘트 공장 등과 같은 취약 지역을 안전하게 관리하기 위한 특별 대책을 수립하는 것이다. 또한 기후변화가 병원성 미생물, 해충, 유해물질 거동 등에 미치는 영향을 예측하고 이에 따른 환경성 질환 예방 대책을 수립한다. 유해가스, 중금속, 라돈, 석면 등으로 인한 환경성 질환을 비롯하여 아토피, 천식, 비염 등에 전문성을 갖춘 종합병원을 환경보건센터로 지정하여 예방과 치료를 효과적으로 하는 정책도 시행하고 있다.

환경성 질환 예방
환경성 질환 감시체계
환경성 질환 피해자 구제
환경보건법
환경성 질환 특별대책
기후변화
환경보건센터

(2) 건강영향평가

건강영향평가(Health Impact Assessment)는 개발 사업이 지역주민의 건강에 미치는 영향을 사전에 예측하고 대책을 마련하는 제도다. 원래 환경영향평가 제도를 통해 개발 사업이 생활환경분야 위생 및 공중보건에 미치는 영향을 예측하고 저감 대책을 수립하도록 해오고 있으나 환경영향평가는 주민

건강영향평가
환경영향평가
환경보건법

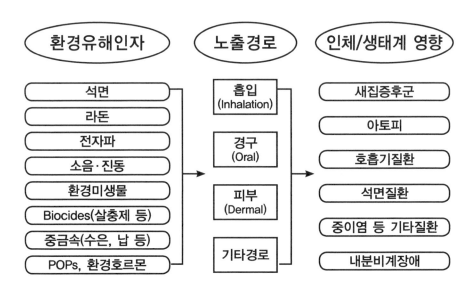

【그림 17-2】
환경유해인자 노출경로
와 인체 영향

건강보다 자연환경 위주로 이루어지기 때문에 이를 분리하여 보다 구체적으로 시행하도록 제도화한 것이다.

선진국에서는 환경위해 시설로 인한 지역주민 건강피해가 가시화되면서 건강영향평가를 오래전부터 시행해왔으나 우리나라는 2010년 환경보건법을 개정하여 중요한 환경보건정책으로 제도화했다. 주요 평가대상사업은 산업단지 및 공장, 화력발전소, 폐기물 매립시설, 지정폐기물 처리시설, 소각시설, 분뇨처리시설, 가축분뇨처리시설 등이며, 이러한 사업으로 인해 발생될 것으로 추정되는 대기 및 수질 오염물질을 평가대상물질로 지정하고 있다.

(3) 유해화학물질 안전관리

전 세계 유통되는 화학물질은 약 10만종에 달하고, 매년 2,000여종이 새로이 개발되어 생산·시판되고 있다. 우리나라는 현재 약 4만종의 화학물질이 사용되고 매년 400여종이 새롭게 나오는 것으로 알려져 있다. 이 물질들은 유독물, 관찰물질, 취급제한물질, 취급금지 물질, 사고대비물질, 그리고 일반물질로 분류된다. 일반물질을 제외한 나머지 군은 1991년에 제정된 유해화학물질 관리법에 따라 관리된다. 그 외 여러 종류의 화학물질이 용도에 따라 담당부처와 법률을 달리하면서 관리되고 있다(표 17-2).

유독물질
관찰물질
취급제한물질
취급금지물질
사고대비물질
일반물질

매년 새롭게 생산 또는 수입되는 신규화학물질은 유해성 심사를 거쳐 분류되고 관리된다. 유해화학물질은 만약 환경에 누출될 경우 인체와 자연생태계에 심각한 영향을 주는 환경재난으로 이어질 수 있기때문에 목록기재제도(Manifest system)를 통하여 제조, 유통, 사용, 처분까지에 이르는 전과정을 정부가 기록 관리한다. 사고대비물질에 대해 방재계획을 수립하고 화학물질 사고대응 정보시스템(CARIS: Chemical Accident Response System)을 구축하여 사고 시 화학물질의 특성과 해독 방법, 이동확산 범위를 신속히 예측하여 대책을 알려준다.

목록기재제도
화학물질사고대응
정보시스템

<표 17-2> 유해화학물질 관련 부처별 업무와 법규

부처	관장 업무	법률
환경부	〈유해화학물질〉 유해화학물질로 인한 사람의 건강 및 환경보호	유해화학물질관리법 잔류성 유기오염물질 관리법
고용노동부	〈건강장해물질〉 산업재해예방 및 근로자 안전보건 유지·증진	산업안전보건법
농림축산식품부	〈농약·비료·사료〉 농약, 비료, 사료의 품질향상과 수급관리	농약관리법, 비료관리법, 사료관리법
보건복지부	〈의약품, 마약류〉 의약품의 적정관리를 통한 국민건강 향상 〈식품첨가물〉 식품으로 인한 위해방지 및 식품영양의 질적 향상 〈화장품〉 화장품의 안전관리	약사법, 마약류관리에 관한 법률 식품위생법 화장품법
안전행정부	〈위험물, 화약류〉 위험물로 인한 위해를 방지, 화약류 등으로 인한 위험 방지	위험물 안전관리법, 총포·도검·화약류 단속법
산업통상지원부	〈고압가스 화학무기〉 고압가스로 인한 위해방지	고압가스 안전관리법
미래창조과학부	〈방사성물질〉 원자력이용과 안전관리	원자력법
산업통상자원부	〈공산품 중 유해물질〉 소비제품 안전확보	품질경영 및 공산품 안전관리법

(4) 생활화학물질 오남용 방지

일상생활에서 사용되는 일반화학물질도 오용과 남용으로 인체에 피해를 줄 수 있기 때문에 모든 화학물질은 관리되어야 한다. 그뿐만 아니라 중금속 이나 유해화학물질을 함유한 생활용품이 수입되거나 국내에서 제조되어 시판·사용되는 과정에서 인체에 피해를 줄 수도 있다. 생활화학물질과 유해화학물질 함유 생활용품으로부터 국민건강을 보호하고 환경피해를 방지하기 위하여 2013년 '화학물질의 등록 및 평가 등에 관한 법률(화평법)'을 제정하고 관련 정책을 추진하고 있다. 또한 국가 화학물질정보시스템(NCIS: National Chemical Information System)을 구축하여 사용하는 모든 화학물질에 관한 정보를 일반인에게 공개하고 있다.

화학물질의 등록 및
평가 등에 관한 법률
국가화학물질정보
시스템

(5) 특정 미량오염물질 관리

잔류성 유기오염물질(POPs), 내분비계 장애물질(EDCs), 나노물질(Nano-Particles) 등은 특별한 관리가 필요하다. 잔류성 유기오염물질은 자연계에서 분해되지 않고 동식물 체내에 축적되는 물질로 특히 사람과 같은 먹이사슬 상위 단계에서는 높은 농도로 축적된다. 2001년에 채택된 스톡홀름 협약은 현재 다이옥신, PCB, DDT 등 21종을 명시하고 사용금지 또는 제한적 사용을 요구하고 있다. 우리나라는 2002년에 비준하였으며 2008년에 이를 국내법으로 수용하기 위해 '잔류성 유기오염물질 관리법'을 제정하여 특별 관리하고 있다.

잔류성 유기오염물질
내분비계 장애물질
나노물질

내분비계 장애물질은 환경호르몬으로도 불리는 물질로 내분비계의 정상 기능을 방해할 뿐만 아니라 사람에게 생식기능 저하, 기형, 성장장애, 암 등을 유발하고 다른 생물종에게도 위협이 될 수 있다. 다이옥신, PCB, DDT 등 일부 항목은 잔류성 유기오염물질로도 분류되며 우리나라는 세계야생생물기금(WWF: World Wildlife Fund)이 분류한 67종을 특별 관리하고 있다.

스톡홀름 협약
잔류성 유기오염물질
관리법
환경호르몬
야생생물기금

나노물질은 자연생태계와 인체에 미치는 영향이 정확히 규명되지 않은 상태에서 최근 사용량이 급증하고 있다. OECD와 함께 유통되는 나노물질의 인체 안정성을 조사하고 국가 인벤토리를 구축하는 등 대책을 세우고 있다.

(6) 기타 환경유해물질 대책

인체 유해성이 높고 과거 환경재난의 원인물질로 알려진 수은, 납, 카드뮴 등과 같은 독성 중금속에 대해 유엔환경계획(UNEP)은 특별 관리를 요구하고

있다. 수은은 오래전부터 유해성이 알려져 있지만 여전히 다양하게 사용되고 있으며 휘발성 중금속이기 때문에 인체 노출이 쉽다. UNEP의 주도로 2013년 '수은 규제를 위한 미나마타 협약(Manamata Convention on Mercury)'이 체결되었으며, 납과 카드뮴에 대한 국제적 관리도 진행 중이다. 우리나라는 국제사회와 공동으로 제조, 수입, 유통, 사용, 폐기 등 전 과정에 걸친 체계적인 관리 대책을 준비하고 있다.

　　과거 슬레이트 지붕, 방화용 건축자재 등으로 널리 사용되어온 석면의 인체 유해성이 알려지면서 환경보건정책에서 중요한 물질로 다루어지고 있다. 석면은 규산염 광물류로 백석면, 갈석면, 청석면 등이 있으며, 전 세계 연간 400만톤이 생산되고 있으며 이중 백석면이 95% 이상 차지하고 있다. 우리나라는 석면 피해가 보고되면서 2009년에 석면사용을 대부분 금지시켰다. 그동안 국내에서 사용된 석면(약 200만톤으로 추정)에 의한 건강피해자를 구제하기 위해 2010년 '석면피해구제법'을, 사용되고 있는 석면 함유 건축물 등의 안전관리를 위해 2011년 '석면안전관리법'을 제정하였다. 또한 2007년부터 정부관계부처합동으로 석면광산, 석면공장, 재개발·재건축 석면, 농어촌 석면주택 등에 관한 종합대책을 마련하여 추진하고 있다.

【그림 17-3】
석면이 사용된 주요 건축 자재와 인체 유해성

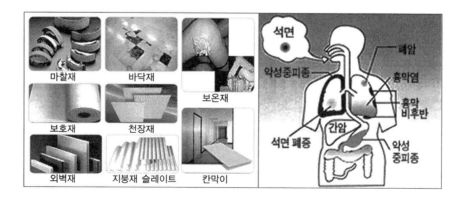

내용정리

1. 환경보건정책의 주요 대상과 정책 목표를 설명해보자.
2. 환경보건정책의 관련 법규를 열거해보자.
3. 환경보건정책의 수단을 규제적, 경제적, 개입적, 호소적 등으로 나누어 사례와 함께 설명해보자.
4. 환경성 질환 예방 정책을 설명해보자.
5. 건강영향평가 제도의 도입과정과 주요 평가대상 사업을 설명해보자
6. 유해화학물질 안전관리 정책을 설명해보자.
7. 생활화학물질 오남용 방지 정책을 설명해보자.
8. 특정 미량오염물질 관리 정책을 설명해보자.
9. 기타 환경유해물질 정책을 설명해보자.

읽어보기

〈미군은 고엽제 유해성 알고 묻었다〉

1960년대 베트남전 최대 환경이슈였던 고엽제 문제가 지금 우리 땅에서 다시 제기되고 있다. 최근 미국 애리조나 주의 한 방송사에서 3명의 전직 주한 미군들이 1978년 경북 칠곡에 있는 미군기지 캠프캐럴에 고엽제 '에이전트 오렌지'가 든 55갤런 드럼통 250개를 땅에 묻었다고 증언했고, 미8군 기록문서와 주변 지역의 토양오염 조사결과 등을 통해 사실로 드러나고 있다.

수많은 고엽제 드럼통이 지난 30여 년간 우리 땅에 묻혀있었다는 것은 충격적이다. 하루빨리 우리 정부와 주한 미군은 매립 전모를 소상히 밝히고 오염된 토양과 지하수를 정화해야 한다. 특히 이번 일은 주한미군지위협정(SOFA) 개정이나 미군기지 반환과 같은 양국 현안에 매우 중요한 영향을 미칠 수 있기 때문에 호혜주의에 입각해 원만하게 해결돼야 한다.

우리 정부가 간과하지 말아야 할 점은 '매립 당시 미군이 고엽제가 심각한 환경문제를 유발하는 다이옥신을 함유하고 있다는 사실을 알고 있었느냐'이다. 이는 양국협상과 비용부담 결정에 핵심 역할을 할 뿐만 아니라 맹독성 물질 매립이라는 환경범죄의 경중을 가리는 척도가 된다. 그리고 이것은 미군의 고엽제 사용 역사를 통해 추측해 볼 수 있다.

미군의 고엽제 사용은 2차 세계대전부터 시작됐다. 대형 무기를 바탕으로 하는 미국식 전쟁 방법에는 밀림이 큰 장애물이었다. 그래서 미군은 1944년과 1945년의 태평양 뉴기니아 전투에서 밀림 제거용 제초제를 사용했다. 베트남전에서는 초기에 에이전트 그린, 핑크, 퍼플 등으로 불리는 제초제를 소규모로 사용해오다, 1965년부터 에이전트 오렌지라고 불리는 효능이 뛰어난 제초제를 개발해 대량 살포하기 시작했다.

에이전트 오렌지는 2, 4, 5-T와 2, 4-D라는 두 가지 화학물질이 50 대 50의 비율로 혼합된 것으로 이를 담았던 통이 오렌지색이어서 붙여진 이름이다. 베트남전에 참전한 우리 군인들은 밀림에 살포하면 잎이 마른다고 해서 고엽제라 불렀다.

미 공군은 산하에 랜치핸드라는 전담 부대를 두고 베트남 전역에 7200만ℓ의 고엽제를 살포했고, 그 결과 전쟁에서 큰 성과를 거두었다. 하지만 다이옥신이라는 맹독성 물질로 인해 엄청난 환경재앙을 초래했다. 다이옥신은 고엽제의 반을 차지하는 2, 4, 5-T 제조 과정에서 생성되는 불순물이다. 살포 당시에는 다이옥신의 맹독성이 알려지지 않았고 고엽제에 포함된 것도 몰랐다.

고엽제의 문제점을 처음 제기한 것은 1966년 미국과학자협회였다. 베트남에 고엽제를 대량 살포하면 인간과 자연에 엄청난 재앙을 가져올 것이라고 경고했다. 1967년에는 대통령 과학자문위원회에 고엽제 사용 금지 청원서를 제출했다. 그후 미국 정부는 고엽제의 유해성을 조사하기 시작했고, 1970년 4월 베트남에서 고엽제 사용을 전면 금지하겠다고 발표했다. 베트남 주둔 미군에 남아 있던 518만ℓ의 고엽제는 1972년 고온의 소각로를 설치한 배를 이용해 공해상에서 처분했다.

우리나라 비무장 지대에도 1968년과 1969년 2년 동안 고엽제 8만ℓ가 살포된 사실이 1999년 언론에 공개됐다. 당시 비무장지대를 통한 북한 무장공비 침투가 잇따르자 주한 미군이 우리 정부의 지원 하에 살포했고 7만여 명의 우리 군인이 동원된 것으로 알려져 있다.

이런 사실에 비춰볼 때 당시 다량의 고엽제가 주한 미군기지에 들어와 있었고, 1978년에 매립이 이뤄졌다면 고엽제 유해성이 과학적으로 규명된 이후이며 미군이 이를 알고 있었다는 결론에 도달한다. 베트남에서는 남겨진 고엽제를 공해상에서 소각 처분하면서 우리나라에서는 드럼통을 그대로 땅에 묻었다는 사실은 정말 이해하기 어렵다.

(한국경제신문 2011년 5월 30일)

제18장 환경경제

환경경제정책의 주요 대상과 정책 목표, 관련 법규, 정책 수단 등을 살펴보고, 환경산업육성 정책, 산업 친환경정책, 친환경 상품생산 및 소비촉진 정책 등과 같은 주요 정책을 공부한다.

18.1. 주요 대상 및 정책 목표

환경경제정책은 국가 모든 산업과 국민의 소비생활 등을 대상으로 하고 있다. 특히 환경산업은 국가 환경 전반에 영향을 미칠 뿐만 아니라 경제성장동력으로 활용될 수 있기 때문에 환경경제정책의 가장 중요한 부분을 차지한다. 또한 국가의 모든 산업이 필연적으로 자원소모, 폐기물 배출, 환경오염 등을 동반하기 때문에 이를 친환경적으로 변화시켜 나가는 것도 환경경제정책의 주요 대상이다. 여기에 친환경 상품생산 및 소비촉진, 에너지와 자원 절약 등도 정책의 대상에 해당된다.

국가산업전반
국민소비생활
환경산업
친환경상품 생산
친환경상품 소비
에너지자원 절약
환경일자리

환경경제정책의 목표는 환경산업을 경제성장의 동력으로 활용하고 환경과 경제가 상생하는 사회로 가는 것이다. 환경기술을 개발하고 산업을 육성하여 환경개선을 이룩하고 환경기술 강국으로 도약하며 해외진출과 수출을 확대해 가는 것이다. 또한 녹색소비를 장려하여 녹색제품 시장을 개척하고 환경일자리를 창출하는 것도 정책의 목표다. 환경경제 정책의 궁극적인 목표는 저탄소·자원순환·자연공생 사회를 향해 국민경제의 지속가능한 발전을 도모하는 것이다.

18.2. 관련 법규

환경기술 및 환경산업 지원법
녹색제품 구매촉진에 관한 법률
지속가능발전법
저탄소 녹색성장 기본법

환경경제정책은 1994년 '환경기술 및 환경산업 지원법'이 제정되면서 체계적으로 시행되기 시작했다. 환경기술 및 환경산업 육성, 환경기술의 실용화, 환경기술·정보의 보급 등 다양한 정책이 시작되었다. 친환경상품 소비촉진과 시장 확대를 목적으로 2004년에 제정된 '녹색제품 구매촉진에 관한 법률'도 환경경제 정책의 주요 법이다. 또한 '지속가능발전법(2007년)'과 '저탄소 녹색성장 기본법(2007년)'도 여러 부처가 함께 추진하는 포괄적인 환경경제정책 관련법이다. 산업 친환경정책은 매우 다양한 환경법이 관련된다. 왜냐하면 산업체는 직간접으로 물, 기후대기, 토양, 폐기물 등 여러 분야에서 환경규제를 받게 되고 이로 인해 환경 친화적인 형태로 변모해가기 때문이다.

〈표 18-1〉 환경경제정책 관련 법과 주요 내용 및 정책

환경법(제정년도)	주요 내용 및 정책
환경기술 및 환경산업 지원법(1994)	환경산업 육성계획 수립, 환경기술개발 및 실용화, 한국환경산업기술원 설립·운영, 신기술인증과 기술검증, 우수환경산업체 지정지원, 환경기술정보 보급, 녹색환경지원센터 지정운영, 환경성적표지 인증
녹색제품 구매촉진에 관한 법률(2004)	녹색제품 구매촉진 지원, 공공기관의 녹색제품 구매의무 녹색제품 정보관리체계 구축·운영, 녹색제품의 해외교역 확대, 녹색구매지원센터 설치·운영

18.3. 정책 수단

환경경제정책의 중심이 되는 환경산업 육성정책은 주로 경제적 수단과 개입적 수단에 의존하고 있다. 정부는 환경기술을 개발하기 위해 연구비를 지원하고 기술 실용화를 추진하고 시장을 개척하는 등 매우 적극적이고 강도 높은 경제적 수단과 개입적 수단을 사용해왔다. 친환경 상품생산 및 소비촉진 정책 역시 경제적 수단과 개입적 수단이 중요한 역할을 하고 있다. 특히 소비촉진을 위해 공공기관에서 친환경 상품 사용을 의무화하고 사용 시 재정적 혜택을 부여하고 있다. 또한 교육과 홍보를 통한 호소적 수단으로 국민의 생각과 행동을 변화시켜 친환경상품 소비촉진을 유도하고 있다.

국가 산업 전 분야에 대한 친환경정책은 규제적 수단이 가장 큰 기여를 하고 있다. 생산 시설에 발생하는 폐수와 폐기물, 그리고 대기오염물질 배출 등에 대한 규제가 모든 산업을 친환경적으로 변화시키고 나아가 환경산업 발전도 가져오고 있다. 아울러 친환경기업 지정과 같은 환경협정 제도를 통하여 변화를 가속화하고 있다. 환경협정은 규제적, 경제적, 호소적 등 여러 수단을 복합적으로 사용하여 기업 스스로 친환경적으로 변화하게 하는 자율환경관리 제도다.

환경기술개발 지원
환경기술 실용화
환경산업시장 개척
친환경상품생산소비
환경협정
자율환경관리

18.4. 주요 정책

환경경제정책은 크게 환경산업 육성정책, 산업 친환경정책, 친환경 상품생산 및 소비촉진 정책, 그리고 에너지 및 자원 절약 정책 등으로 나누어진다. 에너지와 자원 절약은 환경과 경제의 상생을 추구하는 환경경제 정책이지만 앞서 설명한 기후정책과 폐기물 정책에서 주도적으로 추진된다. 현재 우리나라에서 추진하고 있는 환경경제 정책은 다음과 같다.

환경기술연구개발
환경기술산업화

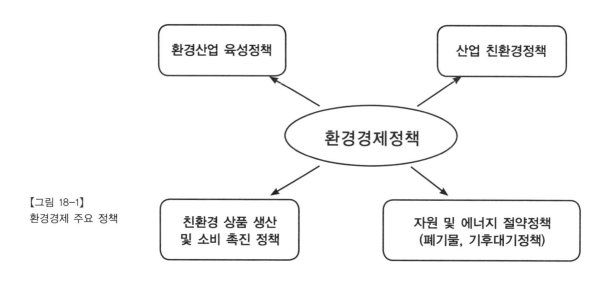

【그림 18-1】
환경경제 주요 정책

(1) 환경산업 육성정책

환경산업을 육성하기 위해 환경기술 연구개발 지원제도를 시행하고 있다. 환경기술 수요 조사를 통해 지원 분야를 선정하여 우수 연구과제를 지원하고 결과를 산업화하고 있다. 특히 세계 환경시장이 급속히 성장하고 있기 때문에 산업육성과 해외 진출에 정책의 역점을 두고 있다. 분야별 주요 환경시장은 상하수도를 중심으로 하는 물 산업, 폐기물 적정 관리를 통한 자원 재활용, 그리고 청정에너지 분야 등이다(그림 18-2). 세계 시장에 나갔을 때 기술적 경제적 우위를 점할 수 있는 분야를 선택하고 이를 집중 육성하고 있다.

물 산업
자원 재활용
청정에너지

새롭게 개발된 기술의 실용화를 높이기 위해 환경 신기술 인정 및 기술 검증 제도를 시행하고 있다. 정부가 공신력 있는 검증 제도로 신기술을 인증하면 소비자는 믿고 선택할 수 있다. 또한 입찰 경쟁에서 가점을 주는 것을 제도

환경신기술인정제도
환경기술검증제도

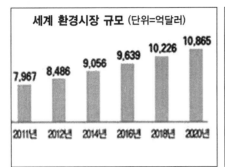

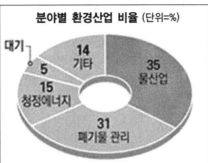

【그림 18-2】
세계 환경시장 규모와
분야별 환경산업 비율
(자료 EBI: Enviromental
Business International)

화하여 실용화를 촉진하고 신기술 환경산업을 육성한다.

전국 5대 권역에 환경산업종합기술지원센터를 설립하여 지역별 환경산업화를 촉진하고 시장 활용도를 높이고 있다. 환경산업 수출 강국으로 도약하기 위해 환경산업 해외진출을 지원하고 있다. 이를 위하여 정부 주도하에 새로운 수출 시장을 개척하고 권역별 수출 전략을 추진하며 환경기업의 해외진출을 지원하는 인프라를 구축하고 있다. 수출전략국가 현지에 공공기관이 먼저 사무실을 열고 시장정보를 수집하여 제공하고 수출에 필요한 지원을 하고 있다.

환경산업 육성자금, 재활용산업육성자금 등으로 환경산업에 대해 장기저리융자를 해주는 환경산업 금융지원 제도를 운영하고 있다. 최근에는 환경산업 실증화 단지를 조성하여 환경기술을 산업으로 연결하기 위해 실증화 단계까지 정부가 지원 육성하는 제도를 추진하고 있다.

환경산업종합기술
지원센터
환경산업해외진출

환경산업 육성자금
재활용산업 육성자금
환경산업 실증화 단지

(2) 산업 친환경정책

모든 산업을 친환경적으로 변화시키기 위해 정부와 기업 간 환경협정에 해당하는 친환경기업(녹색기업) 지정제도를 시행하고 있다. 제품설계, 원료 조달, 생산공정, 사후관리 등 상품 자체와 생산의 전과정에 대하여 자원과 에너지 절약, 폐기물 및 오염물질 배출 감축 등과 같은 주요 환경 사항을 검토하고 자체 평가하게 한 다음, 정부가 이를 검증하여 친환경기업으로 지정한다.

친환경기업으로 지정되면 기업은 스스로 환경을 관리하고(자율환경관리), 정부로부터 환경규제에 대한 인센티브를 받게 되며, 대외 이미지 개선 등 여러 가지 부가적 효과를 얻게 된다. 지금까지 친환경기업 지정제도를 통하여 많은 산업이 비교적 빠른 시간에 변모하고 있는 것으로 평가받고 있다. 이는 산업체 내부의 환경문제는 기업 스스로가 가장 잘 알고 개선방법 또한 쉽게 찾을 수 있기 때문이다.

산업 친환경정책의 일환으로 기업이 환경개선에 필요한 자금을 장기 저리로 융자해 주는 환경개선 금융지원제도를 시행하고 있다. 이를 통해 기업은 오염물질 배출을 줄이고 동시에 환경산업 육성하고 일자리를 창출하는 효과를 얻을 수 있다.

(3) 친환경 상품생산 및 소비촉진 정책

친환경 상품생산 및 소비촉진을 위해 친환경 상품(녹색제품) 인증제도를 시행하고 있다. 정부가 자원과 에너지 절약, 환경오염예방, 인체유해성 저감, 재활용성 등을 평가하여 친환경 상품으로 인증한다. 친환경 상품으로 인정되면 홍보와 교육, 워크숍, 공공기관 인센티브, 산업체 구매협약 장려 등을 통하여 구매를 촉진하게 한다. 또한 환경성적(탄소성적 인증표지, 친환경 인증표지 등)을 상품에 부착하여 소비자가 확인하여 구입할 수 있도록 하는 환경라벨링제도도 시행하고 있다.

그뿐만 아니라 제품 설계 단계에서부터 환경성(재활용 용이, 에너지 자원

산업 친환경정책
친환경기업 지정제도
환경규제 인센티브
환경협정
자율환경관리

환경개선 금융지원제도
환경산업 육성

친환경 상품 인증제도
탄소성적 인증표지
친환경 인증표지
환경라벨링제도

절약, 오랜 내구성, 유해성 저감 등)을 고려하는 에코디자인을 개발하고 보급을 확산시키는 정책도 추진하고 있다. 아울러 재활용 용품 보급가게(녹색구매 지원센터), 친환경 상품 판매 가게 등을 홍보하는 녹색매장 장려제도, 친환경 구매에 포인트를 주는 녹색가드 보급, 친환경 건축물(에너지 절약 등) 인증제도도 시행하고 있다.

에코디자인
녹색매장 장려제도
녹색카드
친환경건축물 인증제도

환경표지제품 마크

우수재활용(GR)제품 마크

【그림 18-3】
우리나라 친환경 제품 마크와 우수재활용 제품 마크, 그리고 세계 각국의 환경마크

내용정리

1. 환경경제 정책의 주요 대상과 정책 목표를 설명해보자.
2. 환경경제 정책의 관련 법규를 열거해보자.
3. 환경경제 정책의 수단을 규제적, 경제적, 개입적, 호소적 등으로 나누어 사례와 함께 설명해
   보자.
4. 환경산업 육성 정책을 설명해보자.
5. 산업 친환경정책을 설명해보자.
6. 친환경 상품 생산 및 소비 촉진 정책을 설명해보자.

읽어보기

〈신재생 에너지의 전성기는 올 것인가?〉

　기후변화로 신재생 에너지가 새롭게 주목을 받고 있다. 태양전지, 풍력발전, 생물연료, 조력발
전 등과 같은 신재생 에너지들이 기존의 화석연료를 대체하려는 채비를 하고, 이제 곧 전성기가 도
래하기를 기대하고 있다.

　신재생 에너지에 관한 연구개발 사업의 대부분은 1970년대에 발생한 제1차 석유파동 직후에
시작되었다. 1973년 10월에서 1974년 1월 사이에 국제 석유가격이 4배로 폭등하자 미국을 비롯한
주요 에너지 소비국들은 위기의식에 휩싸여 막대한 연구 자금을 신재생 에너지 개발에 쏟아 부었
다. 그러나 생산비용이 화석연료에 비해 너무 비싸고 석유가격이 안정되자 연구개발을 향한 열정
은 금방 식어버렸다.

1979년에 제2차 석유파동이 닥치자 에너지 전문가들은 거의 만장일치로 신재생 에너지의 전성기가 도래할 것으로 예상했다. 당시 배럴당 30-40 달러에 달한 국제유가는 계속 오를 것이고 곧 100달러를 넘을 것이며, 이정도 가격이면 신재생 에너지가 화석연료와 경쟁이 될 수 있다고 판단했다. 그러나 결과는 반대의 상황이 벌어졌다. 1980년대 이후 유가는 계속 오르기는커녕 배럴당 10달러로 가파르게 하락했다. 1990년대 말에 와서 유가가 다시 배럴당 25-30달러로 오르기는 했지만 이것은 20년 전에 예상한 수준에는 한참 못 미치는 것이었다.

지금 신재생 에너지는 과거와는 또 다른 상황에 직면해 있다. 유엔 기후변화협약으로 온실가스 감축이 발등에 불이 되었고 그동안 기술의 발달로 재생가능에너지 생산비 또한 꾸준히 감소하고 있다. 그러나 신재생 에너지의 전성기가 가까운 시일 내 도래할 것으로 판단하는 것은 무리다. 그 이유는 국제협약이 강제성이 없고 기술의 발달로 화석연료의 청정사용이 가능해지고 있으며 원자력의 안전성도 크게 향상되었기 때문이다. 여기에 셰일 가스의 등장으로 세계 에너지 시장의 대변화가 일어나고 있다.

그뿐만 아니라, 신재생 에너지 또한 환경문제로부터 완전히 자유로울 수 없다. 친환경 에너지로 인정받고 있는 풍력발전이나 태양전지, 생물연료도 경제성과 실제 규모를 비교해 보면 크게 환영받을 만한 대안이 못된다. 예를 들어, 원자력이나 화력발전소 하나 정도의 전력을 생산하려면 엄청난 규모의 땅이 필요하다. 바람이 많거나 강렬한 태양이 내리쬐는 산 몇 개를 깎아야 같은 양의 전력을 얻을 수 있다는 계산이다. 또한 대규모 풍력발전은 조류 보호에 문제가 되고 태양열 전지판에는 비소, 카드뮴, 갈륨과 같은 맹독성 중금속이 들어가는 것도 있으며 수명이 15~25년 정도이기 때문에 폐기할 때 또 다른 환경문제를 야기할 수 있다. 생물연료는 지구상의 물 부족을 더욱 심화시킬 것이라는 예측이 나오고 있다. 바이오디젤이나 알코올 등을 생산하기 위하여 많은 량의 농업용수가 필요하고, 이를 확보하는 과정에서 또 다른 환경문제를 야기한다는 것이다.

신재생 에너지는 현재 전 세계 에너지 공급의 85% 이상을 차지하고 있는 화석연료나 원자력을 대체할 수 있는 것은 아니다. 그러나 그것이 갖는 독특한 장점과 친환경성으로 인해 에너지 기여율은 계속 증가할 전망이다. 가까운 장래에 유망할 것으로 보이는 기술은 태양전지, 소수력발전, 풍력발전, 생물연료 등이다. 태양전지는 멀리 떨어져 있는 섬이나 마을에, 소수력발전은 건설적지가 있는 곳, 풍력발전은 바람이 잘 부는 곳, 생물연료는 지속적이고 충분한 생물자원이 있는 곳에 적합하다. 신재생 에너지는 작은 섬이나 사막, 강의 삼각주, 고산지대 등 송전에 취약한 곳과 같은 에너지 틈새시장을 파고들어 그 영역을 점점 확대해 나가는 것이 바람직한 전략이다.

Principle of Environmental Policy and Law

제III부
국제협력과 전망

제19장 유엔과 환경

유엔이 환경문제에 관여하게 된 동기와 유엔인간환경회의 개최 과정을 살펴보고, 유엔인간환경회의 결과, 우리나라에 미친 영향, 세계 환경의 날 제정, 유엔환경계획 설립과 주요 활동 등을 공부한다.

19.1. 유엔과 환경의 만남

유엔 창립
스웨덴
노르웨이
스칸디나비아 반도
헨리크 입센

1945년에 창립된 유엔의 초기 목적과 임무는 국제 평화와 안전을 유지하고 경제·사회·문화적 협력을 추구하는 것이었다. 특히 전 세계 모든 인류의 자유, 인권, 기아, 식량, 보건 등에 많은 노력을 기울였다. 창립 이후 20여 년 동안 유엔은 환경에 관심도 없었고 관여도 하지 않았다.

유엔이 환경에 관심을 갖기 시작한 것은 환경문제가 국제적인 이슈로 등장할 무렵이다. 이러한 움직임이 처음 나타난 곳은 스웨덴이나 노르웨이와 같은 스칸디나비아 반도 국가들이다. 이 국가들은 오래전부터 영국이나 독일과 같은 인접 국가에서 발생한 대기오염으로 심각한 피해를 겪고 있었다.

우리에게 '인형의 집'으로 잘 알려진 노르웨이의 세계적인 극작가 헨리크 입센(Henrik Ibsen)이 이상을 찾아 헌신하다 쓰러지는 목사 블랑을 주인공으로 한 '블랑(Brand)'이라는 작품을 보면 "영국의 소름끼치는 석탄 구름이 몰려와 온 나라를 까맣게 뒤덮으며 신록을 더럽히고 독을 섞으며 낮게 떠돌고 있다"라는 대목이 나온다. 이 작품은 1866년 발표한 것으로 이는 이미 19세기 중반에도 영국의 오염된 대기가 바다를 건너 스칸디나비아 반도 국가에 피해를 주고 있었음을 말해준다.

이러한 피해가 더욱 심각하게 받아들여진 것은 1950년대부터 스칸디나비아 반도의 숲과 호수에 이상 징후가 나타나기 시작하면서 부터다. 산성비로 인하여 무성하던 숲이 사라지고 강과 호수의 물고기가 종적을 감추기 시작했다. 이러한 피해를 경험하면서 스칸디나비아 반도 국가들은 그 해법의 하나로 이를 국제 문제로 삼기 시작했다. 1968년 5월, 제44차 유엔경제사회이사회에서 스웨덴의 유엔 대사인 아스트 롭은 국제환경회의를 제의했다. 당시 스웨덴은 북유럽 국가 중 산성비의 피해가 가장 심각했던 국가로 호수 9만개 중 약 4만개가 생물이 살 수 없는 죽음의 호수로 변해가고 있었다. 스웨덴은 이러한 문제로 1967년 세계 최초로 독립된 환경행정조직인 환경보호청을 설립했다. 이는 1970년에 설립된 미국의 연방환경보호청이나 영국의 환경청에 비해 3년이나 앞선다.

산성비
유엔경제사회이사회
스웨덴 환경청
미국 연방환경보호청
영국 환경청

19.2. 유엔인간환경회의

1972년 6월 5일 스웨덴의 스톡홀름에서 '하나뿐인 지구(Only One Earth)'라는 슬로건을 내걸고 세계 최초의 국제환경회의, '유엔인간환경회의(UNCHE: The United Nations Conference on the Human Environment)'가 개최되었다. 유엔환경총회라고도 불리는 이 회의에는 총 113개국 대표 1,500여명이 참석하였으나 구소련과 동유럽 대표는 참석하지 않았다. 국가 대표뿐만 아니라 세계보건기구(WHO: World Health Organization)를 비롯한 3개 유엔산하기구와 민간단체 대표도 참석하는 당시로는 초대형 국제회의였다. 6월 16일까지 개최된 이 회의는 대기·수질·토양은 물론 산성비 등으로 인한 인접 국가 간 환경

유엔인간환경회의
세계보건기구
산성비

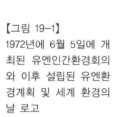

【그림 19-1】
1972년에 6월 5일에 개최된 유엔인간환경회의와 이후 설립된 유엔환경계획 및 세계 환경의 날 로고

문제, 해양오염, 야생동식물의 국가 간 거래, 개발과 환경보전의 조화, 과학과 기술, 환경문제에 관한 교육 등 당시의 환경 전반에 관한 주제를 폭넓게 다루었다.

이 회의에서 7개의 선언문과 26개의 원칙으로 구성된 '유엔인간환경선언(The United Nations Declaration on the Human Environment)'이 채택되었다. 7개 선언문에는 '인간은 환경을 창조하고 변화시킬 수 있는 존재인 동시에 환경의 형성자임을 인정하고 인간환경이 인간의 복지와 기본적 인권, 나아가 생존권 자체의 본질임을 규정하며, 인간환경의 갈등은 현 인류의 존립마저 위태롭게 할 수 있을 만큼 위험수위에 도달하였기에 이러한 문제를 해결하지 않고서는 더 이상의 발전은 의미가 없다'라고 인정하고 있다. 26개의 원칙에는 '인간은 품위 있고 행복한 생활을 가능하게 하는 환경 속에서 자유, 평등 그리고 적정 수준의 생활을 가능하게 하는 생활조건을 향유할 기본적 권리를 가지며, 현세대 및 다음세대를 위해 환경보호 및 개선에 대한 엄숙한 책임을

유엔인간환경선언
인간 생존권
환경권

진다'라고 말하고 있다.

또한 109개 항목에 달하는 권유형 행동계획을 채택하였다. 주요 항목으로는 환경보전을 위한 인간 거주지역의 계획 및 관리, 천연자원관리(동식물·미생물을 포함한 유전자원 보존을 위한 기관의 설치 등), 유해물질의 제조·사용·폐기에 관한 자료의 국제적 등록제도의 설치계획, 방사성 물질의 배출에 대한 국제 등록제도의 개발, 세계보건기구(WHO)를 중심으로 식품·대기·수질에 관한 환경기준, 인체의 허용한도 설정 등이 있다.

특별히 중요한 내용은 이 회의에서 범지구적 차원의 환경문제를 다룰 유엔기구인 유엔환경계획(UNEP: United Nations Environment Program)을 설치하여 환경기금을 조성하는 것에 합의한 것이다. 같은 해 12월에 개최된 제27차 유엔총회는 유엔환경계획 설립을 추인하고, 세계 각국에 환경의 소중함을 알리기 위해 유엔인간환경회의가 개최된 6월 5일을 세계 환경의 날(World Environment Day)로 선포하였다.

당시 우리나라는 유엔 회원국이 아니었음에도 불구하고 정부 대표가 이 회의에 참석하였고 국내 언론에도 크게 보도되었다(그림 19-1). 유엔인간환경회의는 우리나라에 큰 영향을 주었다. 우리나라는 1973년 유엔환경계획에 창립 회원국으로 가입하였으며, 세계 환경의 날 기념행사도 민간단체의 주도로 매년 개최하였다. 또한 1973년에 산림녹화기본계획을 수립하여 식목사업을 본격적으로 추진하였으며 자연보호운동도 전개하였다. 1978년과 1980년에 각각 국립환경연구소와 환경청을 설립하고, 1980년 헌법 개정에 환경권을 명시한 것도 유엔인간환경회의의 파급 효과였다.

행동계획
인간 거주지역
천연자원관리
유해물질
방사성 물질
세계보건기구

유엔환경계획
환경기금
유엔총회
세계 환경의 날

산림녹화계획
자연보호운동

【그림 19-2】
유엔인간환경회의에 관한 국내기사와 세계 환경의 날 기념행사 자료

19.3. 유엔환경계획

유엔환경계획(UNEP)은 유엔인간환경회의에서 채택된 행동지침의 수행을 위해 설립되었으며, 본부는 아프리카 케냐 나이로비에 위치하게 되었다. 본부를 아프리카에 두기로 한 것은 당시 이곳에서 환경파괴로 인한 심각한 사막화가 진행되고 있었기 때문이었다.

지금까지 유엔은 이 기구를 통하여 환경 분야에서의 국제적 협력촉진과 지식증진을 도모하고 지구환경상태를 점검해 오고 있다. 조직은 집행이사회, 사무총장이 이끄는 사무국, 관리이사회, 환경기금, 그리고 유엔 내에서 환경 관련 활동을 조정하기 위한 조정위원회 등으로 구성되어 있다. 사무국과 관리이사회는 국제연합의 정규예산으로 운영되나, 그 밖의 주요 활동 재원은 각국 정부의 자발적인 기부금으로 충당된다. 관리이사회는 아프리카 16개국, 아시아 13개국, 중남미 10개국, 서유럽 기타 13개국, 동유럽 6개국의 지역 배분을 통해 총 58개국으로 구성되며 임기는 3년이다.

유엔환경계획
유엔인간환경회의
케냐 나이로비

국제환경협력
환경지식증진
지구환경상태
집행이사회
사무총장
관리이사회
환경기금
조정위원회

유엔환경계획의 활동은 환경보전, 생태계, 환경과 개발, 환경재난과 자연재해, 에너지, 지구관찰, 환경관리 등과 같은 다양한 분야를 포함하고 있으며, 주로 환경감시, 환경평가, 환경과 관련한 과학기술적 업무를 수행하고 있다. 매년 세계 각국의 인구증가, 도시화, 환경과 자원에 관한 영향분석 및 환경생태에 대한 보고서를 작성하고, 5년마다 지구 전반에 대한 환경추세 종합보고서를 발간한다. 지구환경감시시스템(Global Environmental Monitoring System)과 세계자원정보 데이터베이스를 구축해두고 있으며 국제환경정보조회시스템을 통하여 수질·대기·화학물질 등 환경 및 자원에 관한 정보를 세계 각국에 제공하고 있다. 또한 국제유해화학물등록제도를 운영하여 유해화학물질의 국제적 사용 및 교역에 관한 정보를 수집하고 분석하기도 한다.

환경보전
생태계
환경과 개발
환경재난
자연재해
에너지
지구관찰
환경관리

유엔환경계획의 중요한 역할 중 하나는 국제적인 환경 이슈를 세계 각국에 알리는 일이다. 국제사회에 환경과 관련된 문제를 제기하여 국제정치적 결정과정이 이를 다룰 수 있도록 의제화하며 동시에 해결 가능한 가이드라인도 제시한다. 또한 유엔 내 여러 기구들의 환경 관련 업무를 조정하거나, 다른 유엔 기구가 프로젝트를 입안할 때 환경요소를 고려하도록 개입하는 역할도 한다.

환경생태보고서
환경추세종합보고서
지구환경감시시스템
자원정보데이터베이스
환경정보조회시스템
유해화학물질등록제도

유엔환경계획은 설립된 이후 지금까지 지구 곳곳에서 일어나고 있는 환경문제를 해결하기 위하여 다양한 활동을 전개해 왔으며 많은 성과를 이룩했다. 기후변화, 오존층 파괴, 사막화, 해양환경, 수자원, 생물 다양성, 유해폐기물 국가 간 이동, 유독성화학물질 국가 간 거래 등과 같은 국제적 또는 전 지구적 이슈에 관해 조사와 연구를 수행하고 국제회의를 개최하며, 국제협약을 통해 대책을 강구하고 있다. 1987년에는 오존층을 파괴하는 물질에 대한 '몬트리올 의정서'를 채택하고 오존층 보호를 위한 국제협력을 추진했다. 또한 지난 1988년에는 세계기상기구(WMO: World Meteorological Organization)와 공동으로 기후변화에 관한 정부 간 패널(IPCC: Intergovernmental Panel on Climate Change)을 구성하여 금세기 최고 환경이슈인 기후변화 대책을 위해 노력하고 있다.

기후변화
오존층 파괴
사막화
해양환경
수자원
생물다양성
유해폐기물
유독성화학물질

몬트리올 의정서
세계기상기구
기후변화 정부 간 패널

내용정리

1. 1972년 유엔인간환경회의 개최 배경을 알아보자.

2. 유엔인간환경회의에서 논의된 주요 환경이슈가 무엇인지 설명해보자.

3. 유엔인간환경선언문과 행동계획의 주요 내용은 무엇인지 알아보자.

4. 유엔인간환경회의 주요 결과물은 어떤 것이 있었는지 설명해보자.

5. 유엔환경계획의 조직을 설명해보자.

6. 유엔환경계획의 주요 활동을 알아보자.

7. 기후변화에 관한 정부 간 패널(IPCC)의 설립 배경과 목적을 설명해보자.

읽어보기

〈유엔인간환경선언문〉

유엔인간환경회의는 1972년 6월 5일부터 12일까지 스웨덴의 수도 스톡홀름에서 회합하고 인간환경의 보전과 향상에 관하여 세계의 모든 사람을 고무하고 인도하기 위한 공통의 사상과 원칙의 필요성을 인식하고 다음과 같이 선언한다.

● **7개 선언문**

1. 인간은 물질적인 요구를 충족시키고 지적. 도덕적 그리고 사회적 및 정신적 성장을 위한 기회를 제공하는 환경의 창조자인 동시에 환경의 형성자이다. 이 지구상에서 인간이 이루어낸 기술의 급속한 발전은 이제 인간으로 하여금 과거에는 없었던 거대한 규모로 환경을 변화시킬 수 있는 능력을 획득하게 하였다. 자연 그대로의 인간환경과 인위적인 인간환경은 다 같이 인간의 복지, 기본적 인권, 나아가서는 생존권 그 자체의 향유를 위해서 필요 불가결한 것이다.

2. 인간환경의 개선과 향상은 온 세계를 통하여 인간의 복지와 경제적으로 영향을 미치는 중요과제이며 전 세계 국민의 간절한 염원인 동시에 모든 정부의 의무다.

3. 인간은 끊임없이 경험을 쌓으면서 발전과 창조를 계속하고 있다. 현대에 있어서 환경을 변혁시킬 수 있는 인간의 능력을 현명하게 사용하기만 하면 전 인류에게 개발의 혜택과 생활수준을 향상시키는 기회를 가져올 수 있으나 잘못 사용하거나 경솔하게 활용한다면 인간존재와 인간환경에 예기치 않는 위해를 가져올 수 있다. 우리들은 지구상의 많은 지역에서 인위적 피해가 증대하고 있다는 것을 알고 있다. 즉, 물. 대기 토양과 생물들이 위험수준에 도달하여 생태학적 균형을 깨뜨리는 큰 혼란, 다시 보충될 수 없는 자원의 파괴와 고갈 그리고 생활 및 작업환경에서 인간의 육체적. 정신적. 사회적 건강에 해로운 극심한 피해를 들 수 있다.

4. 개발도상국가에서 대부분의 환경문제는 저개발로 인하여 야기된다. 무수한 사람들이 적당한 의식주와 교육, 건강 및 위생의 혜택을 받지 못한 채 최저생활 수준에도 훨씬 미치지 못하는 삶을 이어나가고 있다. 따라서 모든 개발도상국가들은 환경보전 및 개선의 중요성과 필요성을 명심하면서 그들의 개발을 추진하지 않으면 안 된다. 또한 같은 목적을 위하여 선진산업국가들은 그들과 개발도상국가들 간의 격차를 해소시키도록 노력하지 않으면 안 될 것이다. 선진산업국가의 환경문제는 산업발전과 기술개발에 밀접한 관련이 있다.

5. 인간의 자연증가는 계속해서 환경보전에 문제를 제기한다. 그러나 적절한 정책을 채택하고 시행하면 이 문제들을 해결할 수 있다. 이 세상 만물 중에 인간은 최고로 귀중한 존재다. 사회적 발전을 추진하는 것도, 과학과 기술을 발전시키는 것도, 그리고 여러 가지 작업을 통해서 끊임없이 인간환경을 변형시키는 것도 인간이다. 사회적 발전과 생산 및 과학기술의 향상에 따라 인간의 환경개선 능력은 날이 갈수록 증가하고 있다.

6. 우리 인류는 이제 역사상의 전환점에 도달하였다. 우리 인류는 세계 어디에서나 환경의 영향에 더욱 깊은 사려와 주의를 하면서 행동할 때가 되었다. 무지하거나 무관심하면 인류는 스스로의 생명과 복지의 기반이 되고 있는 지구환경에 대하여 돌이킬 수 없는 큰 해를 끼치게 된다. 현재와 미래의 세대를 위해서 인간환경을 보호하고 개선한다는 것은 이제 인류의 지상목표가 되었으며 그 목표는 인류의 평화와 범세계적인 경제 및 사회발전이라는 확고하고도 기본적인 목적 아래 이 양자를 조화시키면서 추구해 나가는 것이다.

7. 이러한 환경목표를 달성하기 위하여 시민과 사회 그리고 기업과 단체가 모든 위치에서 책임을 떠맡고 다 같이 공통된 노력으로 공정히 분발할 것이 요망된다. 지방정부와 중앙정부는 그 관할의 범위 내에서 대규모의 환경개선과 그 실시에 관하여 최대한의 책임을 진다. 개발도상국가들이 환경 분야에서 그들의 책임을 수행하고 이를 지원하기 위해 자원을 조달하는 데에는 국제적 협조가 필요하다. 점차로 확대되어 가는 환경문제는 지역적이거나 지구적인 것이며 또한 국제적 영역에 영향을 미치는 것이므로, 국가 간에 광범한 협력과 국제기구에 의한 공통의 이익을 위한 행동이 요망된다. 본 인간환경회의는 지구의 모든 인류와 후손들의 번영을 위하여 각국 정부와 국민들에게 인간환경의 보전과 개선을 위한 공통의 노력을 요청하는 바이다.

● 26개 원칙

(1) 인간은 품위 있고 행복한 생활을 가능하게 하는 환경 속에서 자유·평등 그리고 적절한 생활 조건을 향유할 기본적 권리를 가지며, 현세대 및 다음 세대를 위해 환경의 보호 개선에 엄숙한 책임을 진다. (인종차별, 인종분리, 차별대우, 식민 정책 등 규탄)

(2) 대기, 물, 토양, 동·식물군 등의 천연자원은 현재와 미래를 위하여 세심한 계획, 적절한 관리를 통하여 보호되어야 한다.

(3) 주요 재생 가능한 자원을 계속 재생산하기 위하여 지구의 능력은 유지되어야 하며, 가능한 한 회복 또는 개선되어야 한다.

(4) 인간은 야생생물 및 그 서식처를 보호하고 현명하게 관리할 막중한 책임이 있다. 따라서 야생생물을 포함한 자연의 보존은 경제개발 계획에서 중요한 위치를 차지하여야 한다.

(5) 지구상의 재생산이 불가능한 자원은 고갈되어서는 아니 되며 그것으로부터 얻어지는 이익은 전 인류가 공유하여야 한다.

(6) 자정 능력을 초과할 정도의 고농도의 유독물질 또는 기타 물질의 배출 및 열의 방출이 생태계에 심각하고도 돌이킬 수 없는 피해를 끼치지 않도록 하여야 한다.

(7) 세계 각국은 해양오염을 방지하기 위하여 가능한 모든 조치를 취해야 한다.

(8) 경제개발과 사회개발은 인간의 바람직한 생활과 노동 환경을 유지하기 위해서 필요불가결한 것이며 또한 생활의 질적 향상을 위한 조건을 확보하기 위해서도 필수적인 것이다.

(9) 자연재해와 저개발 상태에서 발생하는 환경상의 결함은 중대한 문제를 야기하고 있다. 이와 같은 결함은 개발도상국가 자체의 국내적인 노력과 충분한 재정적 및 기술적인 대외 원조에 의하여 가장 잘 시정될 수 있다.

(10) 개발도상국들은 경제적 요건과 생태학적 조건을 동시에 고려해야하기 때문에 물가안정과 생활필수품 및 원료의 구입은 환경 관리상 필요 불가결하다.

(11) 모든 국가의 환경대책은 개발도상국의 현재와 미래의 개발가능성을 향상시키는 것이어야 하며 결코 이에 악영향을 미치거나 모든 사람의 보다 나은 생활조건의 달성을 방해하여서는 안 된다. 또한 국가 및 국제기구는 환경대책을 시행할 때 예상되는 국내 및 국제간의 경제적 영향에 대하여 적절한 합의에 도달하기 위한 사전 조치를 취해야 한다.

(12) 모든 개발도상국의 개발계획에 대해 환경보호 조치를 취함으로써 발생하는 비용에 대하여는 선진산업국은 원조를 제공할 필요가 있다.

(13) 보다 합리적인 자원의 관리와 환경질 향상을 위하여 모든 국가는 그들의 개발계획에 종합적인 환경보전 시책을 적용하여야 한다.

(14) 합리적인 계획은 개발과 환경보전 간의 모순을 최소화하기 위하여 필요불가결한 수단이다.

(15) 환경에 미치는 악영향을 피하고 모든 국민의 사회적, 경제적, 그리고 환경적 이익을 최대한 확보하기 위해서는 계획적인 인간주거 및 도시 대책이 적용되어야 한다. (식민주의 및 인종차별주의 포기)

(16) 인구증가율이나 인구 과밀화로 인하여 환경 및 개발에 악영향을 미칠 지역 또는 인구의 과소로 인간 환경의 향상과 개발에 지장을 가져오는 지역들에서는 기본적 인권을 침해하는 일이 없도록 관계 정부가 적절한 인구정책을 시행해야 한다.

(17) 모든 국가는 환경의 질을 향상시키고 환경자원을 계획·관리 또는 규제하는 책무를 전담하기에 적절한 국가기관을 두어야 한다.

(18) 과학과 기술은 경제 및 사회발전에 있어서 환경문제의 해결과 인류공동의 선을 추구하기 위해서 활용되어야 한다.

(19) 환경문제에 대한 개인, 기업 및 지역사회가 취하여야 할 책임있는 행동과 선진 녹색문명을 확대하기 위하여 환경교육이 반드시 필요하다.

(20) 환경문제에 관한 국가 내 또는 여러 국가 간의 과학적 연구개발은 모든 국가가 장려하고 특히 개발도상국가에서 촉진되지 않으면 안 된다. 환경에 관한 기술은 개발도상국들이 경제적 부담 없이 광범위하게 보급되는 조건으로 활용할 수 있어야 한다.

(21) 모든 국가는 유엔헌장 및 국제법의 원칙에 의거하여 자국의 자원을 환경정책에 따라 개발할 주권을 보유함과 동시에 자국 관할권 범위를 넘어서는 지역에는 피해를 야기하는 일이 없도록 할 책임이 있다.

(22) 모든 국가는 자국의 관할권 범위 내에서의 활동이 자국 관할권 외의 지역에 미칠 오염, 기타의 환경피해의 희생자들에 대한 책임 및 보상에 관한 국제법을 보다 진전시키도록 협력하지 않으면 안 된다.

(23) 모든 나라는 독자적인 환경기준을 수립하여야 한다.

(24) 환경보전 및 개선에 관한 국제문제는 대소를 막론하고 모든 국가가 평등한 입장에 입각한 협조정신으로 다루어야만 한다. 이와 같은 협조에는 모든 국가의 주권과 이익을 충분히 고려하여야 한다.

(25) 모든 나라는 국제기구가 환경보호와 개선을 위하여 협조적이고 능률적이며 강력한 역할을 행할 수 있도록 지원·보장하여야 한다.

(26) 인간과 환경은 핵무기 및 대량살상 무기로부터 안전하게 보장되어야 한다. 모든 국가는 관계 국제기구의 테두리 내에서 그러한 무기의 제거와 완전소멸에 신속한 합의가 이루어지도록 노력하지 않으면 안 된다.

제20장 국제환경회의와 협약

지금까지 유엔의 주요 환경활동을 공부한다. 유엔이 개최한 주요 환경회의(리우 환경정상회의 등), 국제환경협약(런던협약, 생물다양성 협약, 사막화 방지협약, 기후변화협약 등), 의정서(몬트리올 의정서, 교토 의정서 등)를 살펴본다.

20.1. 유엔의 주요 환경 활동

유엔인간환경회의
당사국 회의
환경선언
국제환경회의
국제환경협약
환경의정서
유엔환경정상회의

유엔은 1972년 6월 유엔인간환경회의를 개최한 이후 지금까지 다양한 활동을 전개해 왔다. 환경이슈에 따라 관련 당사국 회의(COP: Conference of Parties)를 개최하고 세계 각국에 메시지를 전달하는 환경선언을 채택하기도 하였다. 1980년대 이후 지구환경문제가 심화되면서 국제환경회의와 협약은 보다 빈번하게 이루어지고 있으며 이행 사항을 구체적으로 명시한 의정서(Protocol)를 채택하여 실효성을 강화해오고 있다. 특히 1992년에는 창립 이후 처음으로 브라질 리우에서 세계 각국의 정상이 참석하여 지구의 환경문제를 논의하게 되었고, 이후 매 10년마다 유엔환경정상회의를 개최하고 있다.

유엔의 주요 환경 활동은 다음과 같다. 지금까지 체결된 주요 국제환경협약은 20.2절에, 의정서는 20.3절에 정리하였다.

(1) 사막화방지회의

유엔환경계획 본부가 위치한 케냐 나이로비에서 1977년 세계 최초의 사막화방지회의(UNCCD: UN Convention to Combat Desertification)가 개최되었다. 이 회의에서 사막화를 막기 위한 대책으로서 사막화 방지 행동계획(Plan of Action to Combat Desertification : PACD)을 수립하였다. 또한 6월 17일을 세계 사막화 방지의 날(World Day to Combat Desertification)로 제정하였다. 사막화 방지를 세계적인 환경 이슈로 알리는데 기여했지만 별다른 실효성을 거두지 못하였다. 이 회의는 후에 1994년 파리 사막화방지 협약 채택으로 이어졌다.

(2) 나이로비 선언

나이로비 선언은 스톡홀름 유엔인간환경회의 10주년을 기념하여 1982년 5월 10일부터 18일까지 케냐의 나이로비에서 개최된 유엔환경계획 관리이사회의 특별모임인 세계국가공동체(World Community of States)의 명의로 이루어졌다. 이 선언에서 105개국의 대표들은 인간과 환경의 조화의 중요성을 재인식하였고, 스톡홀름 인간환경선언과 행동계획에 대한 지지를 재확인하였으며 세계 환경을 보전하고 개선하기 위하여 전 세계적, 지역적 그리고 국내적으로 노력을 강화해야 한다고 선언했다.

(3) 세계자연헌장

1982년 유엔총회는 스톡홀름 유엔인간환경회의 10주년을 기념하며 세계자연헌장을 선언했다. 헌장의 이념은 세계자연보전연맹(IUCN: International Union for Conservation of Nature and Natural Resources)이 1975년 자이레 회의에서 작성한 초안에 기초하고 있다. 자연헌장은 5개의 원칙(①자연존중, ②지구상 모든 종들의 생존가능성의 비타협성, ③전제한 두 원칙에서 배제되는 지역이 없어야 함, ④생태계와 유기체들은 최적의 지속가능한 생산성이 유지되도록 관리되어야 함, ⑤전쟁으로 인한 파괴로부터 자연은 보호되어야 함)을 채택하고 있다.

(4) 브룬트란트 보고서

브룬트란트 보고서
환경과 개발에 관한
세계위원회
우리 공동의 미래
지속가능발전

1983년 노르웨이 정부는 1972년의 스톡홀름 유엔인간환경선언 정신을 계승하면서 지구환경문제를 보다 전문적이고 효율적으로 다룰 수 있는 환경위원회를 유엔에 설치할 것을 제안했고, 제38차 유엔총회는 이를 받아들였다. 이렇게 설립된 '환경과 개발에 관한 세계위원회(WCED: World Commission on Environment and Development)'는 위원회를 제안한 당시 노르웨이 수상 브룬트란트(Gro Harlem Brundtland)가 이끌었다. 위원회는 1986년 공식 활동을 마치고 1987년에 '우리 공동의 미래(Our Common Future)'라는 보고서를 제출했다. 일명 브룬트란트 보고서(The Brundtland Report)라 불리는 이 보고서는 환경적으로 건전하고 지속가능한 발전(ESSD, Environmentally Sound and Sustainable Development)이 세계 인류가 가야할 길이라고 제시하고 있다.

(5) 기후변화 정부 간 패널

유엔환경계획
세계기상기구
기후변화 정부 간 패널
기후변화

유엔환경계획은 세계기상기구(WMO)와 공동으로 기후변화를 분석하기 위해 1988년 기후변화 정부 간 패널(IPCC: Intergovernmental Panel on Climate Change)을 설립하였다. 유엔 산하 정부 간 협의체로 된 IPCC의 목적은 각국의 과학자 및 기술·경제·정책론자들이 모여 기후변화에 관한 유용한 과학정보를 분석하고 기후변화가 환경 및 사회경제적 측면에 주는 영향을 평가하며, 이에 대한 대응전략을 수립하기 위한 것이다. 인간이 배출한 온실가스로 인한 기후변화와 관련된 과학적·기술적·사회경제학적 정보를 제공한다.

【그림 20-1】
유엔 기후변화에 관한
정부 간 패널(IPCC)
조직과 역할

(6) 유엔환경개발정상회의

1992년 6월 브라질 리우데자네이루에서 유엔환경개발정상회의(UNCED: United Nations Conference on Environment and Development)가 개최되었다. 이는 114개국 정상, 183개국 정부대표, 3만여 명의 환경전문가 및 민간환경단체 대표 등이 참석한 인류 최대의 규모의 환경회의로, 1972년 스톡홀름 유엔인간환경회의 이후 가장 중요한 의미를 갖는다. 특히 지구의 환경문제를 국제협력을 통해 해결하기 위해 세계 최초로 정상들이 모인 회의였기 때문에 리우 유엔환경정상회의라 부르기도 한다. 기후변화, 생물다양성 감소, 사막화, 물 부족 등이 주요 의제였으며, 기후변화협약, 생물다양성보존협약 등을 채택하고 3월 22일을 세계 물의 날(World Water Day)로 선포하였다.

부룬트란트 보고서가 제안한 '지속가능발전'을 세계 전략으로 채택하였으며, 지구환경문제에 대한 종합적 기본 규범체제 마련한 '리우환경선언'을 선포하고 세부 실천계획인 '의제 21'에 합의하였다. 리우선언은 스톡홀름 유엔인간환경선언을 재천명하고 지구환경과 개발의 조화를 위한 27개 원칙을 명시하고 있다.

유엔환경개발정상회의
리우 유엔환경정상회의
기후변화
생물다양성 감소
사막화
물 부족

기후변화 협약
생물다양성 협약
세계 물의 날
지속가능발전
리우환경선언
의제 21

【그림 20-2】
1992년 개최된 유엔환
경개발회의와 로고,
그리고 이후 제정된
세계 물의 날

(7) 세계지속가능개발정상회의

세계지속가능개발
정상회의
화학물질 사용억제
빈곤퇴치
세계화 환경영향
자연자원 보전
재원과 기술 이전

2002년 8월 남아공 요하네스버그에서 세계지속가능개발정상회의(WSSD: World Summit for Sustainable Development)가 개최되었다. 106개국의 정상을 포함 189개국 정부대표, 환경전문가 및 민간환경단체 등 6만 5천여 명이 참가하였으며, 주요 의제는 화학물질 사용억제, 빈곤퇴치, 세계화로 인한 환경영향, 자연자원 보전, 지속가능개발을 위한 재원과 기술 이전 등이었다. 1992년 리우 유엔환경정상회의에서 채택한 '의제 21'의 성과를 평가하고 미래의 실천목표와 구체적 실천 방안을 논의하였으며 리우회의 10주년을 기념해 열렸다고 해서 리우+10 유엔환경정상회의로도 불린다. 지속가능개발을 위한 요하네스버그 선언과 화학물질 사용 억제와 빈곤퇴치 등을 골자로 한 이행계획을 채택했다.

리우+10 유엔환경정상
회의
요하네스버그 선언

【그림 20-3】
2002년 개최된 세계지속가능개발정상회의와 로고, 그리고 이를 주관한 당시 유엔 사무총장 코피 아난

(8) 유엔지속가능발전정상회의

2012년 6월 브라질 리우데자네이루에서 유엔지속가능발전정상회의(UNCSD: United Nations Conference on Sustainable Development)가 개최되었다. 121개국 정상을 포함 187개국 정부대표, 환경전문가 및 민간환경단체 등 5만여 명이 참가하였으며, 리우회의 20주년에 열렸다고 해서 리우+20 유엔환경정상회의로도 불린다. 1992년 리우환경정상회의에서 세계 전략으로 선언하고 세부 계획을 통해 실천해온 지속가능발전에 대한 지난 20년 동안의 변화를 평가하였으며, 지속가능발전과 빈곤퇴치를 위한 녹색경제(Green Economy)와 이를 위한 제도적 장치(Institutional Framework) 강화를 주요 의제로 채택했다.

회의 결과를 '우리가 원하는 미래(The Future We Want)'라는 성명으로 발표하였으며, 여기에는 사막화, 수산자원 고갈, 환경오염, 불법 벌목, 생물 멸종, 지구온난화 등을 지구에 대한 위협요인으로 명시하고, 기후변화의 주범인 온실가스 배출량을 줄이고 자원의 효율성을 높이면서 사회적 통합을 지향하는 새로운 경제모델인 녹색경제로의 이행을 강력하게 촉구했다.

유엔지속가능발전정상회의
리우+20 유엔환경정상회의
녹색경제
제도적 장치 강화
우리가 원하는 미래

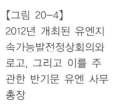

【그림 20-4】
2012년 개최된 유엔지속가능발전정상회의와 로고, 그리고 이를 주관한 반기문 유엔 사무총장

20.2. 국제환경협약

지난 1972년 런던협약을 시작으로 지금까지 다양한 국제환경협약이 체결되었다. 국제환경협약(Convention)은 앞서 기술한 국제환경회의(Conference)와는 차이가 있다. 국제환경회의는 비교적 장기간에 걸쳐 환경 전반에 관해 논의하고 포괄적인 선언을 채택하는 것이 일반적이다. 반면에 국제환경협약은 다소 짧은 기간 동안 하나의 주제에 관해 협상을 하고 비교적 구체적인 국제적인 약속을 맺는다. 지금까지 체결된 주요 국제환경협약은 다음과 같다.

국제환경협약
국제환경회의

(1) 런던 협약

1972년 12월 영국 런던에서 '폐기물 및 기타 물질의 투기에 의한 해양오염방지에 관한 협약(Convention on the Prevention of Marine Pollution by Dumping of Wastes and Other Matters)'이 채택되었고 1975년 8월 발효되었다. 개최지 명에 따라 약칭으로 '런던 협약(London Convention)'으로 불린다. 자국의 내해를 제외한 모든 해양에서의 선박, 항공기, 인공해양구조물로부터의 폐기물 및 기타 물질의 투기를 규제 대상으로 한다. 최초의 국제환경협약으로서의 의미

런던협약
해양오염방지협약

는 있으나 협약 위반에 대한 제재 등 강제 조항 미비로 불법 투기방지에 한계
가 있었다. 우리나라는 1993년에 비준했다.

이후 해상투기 오염원의 증대 및 협약 이행 규정 미비로 인한 협약의 효율
성 문제가 제기됨에 따라 1996년 10월 개정의정서(96 의정서)를 채택하였다.
'96 의정서'는 종래의 투기 금지 물질을 규정하는 'Negative System'에서 허용
된 물질 외에는 투기하지 못하는 'Positive System'으로 규제방법을 전환하고,
런던협약 적용에서 배제되었던 내해에 대해서도 의무를 부과하는 등 규제를
강화하였다. 우리나라는 2009년 '96 의정서'에 비준했고, 그 영향으로 그동안
서해와 동해에 투기해 오던 하수슬러지와 가축분뇨를 2012년부터 중단하였
고 2014년부터 음식물쓰레기를 포함한 모든 폐기물 해양투기를 전면 금지하
게 되었다. 우리나라는 런던협약 96의정서 비준으로 인해 음식물종량제를 실
시하게 되었다.

런던협약 96의정서
Negative System
Positive System
음식물쓰레기 종량제

(2) 워싱턴 협약

1973년 3월 미국 워싱턴에서 '멸종 위기에 처한 야생 동·식물의 국제거래
에 관한 협약(CITES, Convention on International Trade in Endangered Species of
Wild Fauna and Flora)'이 채택되었다. 개최지 명에 따라 약칭으로 워싱턴 협
약(Washington Convention)이라고 불린다. 야생동식물의 멸종과 국제거래에
관한 논의는 1960년 제7차 세계자연보전연맹(IUCN) 총회에서 시작되었으며
1963년 총회에서는 '희귀한 또는 멸종위기에 처한 야생동식물종의 수출, 이
동, 수입의 규제를 위한 국제협약'을 촉구하기 위한 결의가 통과되었다. 1972
년 스톡홀름 유엔인간환경회의에서 이 협약 채택을 위한 사전 논의가 있었
다. 1975년에 발효되었으며 우리나라는 1993년에 비준했다.

워싱턴 협약
CITES
야생동물 국제거래
세계자연보전연맹
유엔인간환경회의

(3) 유엔해양법 협약

'유엔해양법 협약(UNCLOS: United Nations Convention on the Law of the
Sea)'은 1982년 12월 자메이카의 몬테고 베이에서 개최된 제3차 유엔해양법회

의에서 채택되었다. 4개 부분(영해 및 접속 수역에 관한 협약, 공해(公海)에 관한 협약, 어업 및 공해의 생물자원 보존에 관한 협약, 대륙붕에 관한 협약)으로 구성되어 있으며, 이 중 생물자원 보존에 관한 협약이 환경협약에 해당된다. 우리나라는 1996년에 비준했다.

(4) 바젤 협약

1989년 3월 '유해폐기물의 국가 간 이동 및 처리에 관한 국제협약(Basel Convention on the Control of Transboundary Movements of Hazardous Wastes and Their Disposal)'이 채택되었다. 스위스 바젤에서 개최된 국제회의에서 채택되었기 때문에 바젤협약(Basel Convention)이라고 불린다. 1976년 이탈리아 세베소 사건 때 증발한 폐기물 41배럴이 1983년 프랑스의 한 마을에서 발견되면서 국제적인 문제가 되었고, 이후 1987년 6월 이집트 카이로에서 '유해폐기물의 환경적으로 건전한 관리를 위한 카이로 지침과 원칙'이 채택되었다. 이를 바탕으로 바젤협약이 채택되었으며 1992년 6월 발효되었다. 주요 목적은 유해폐기물에 대한 국제적 이동의 통제와 규제이며, 유해폐기물과 기타 폐기물의 처리에 있어서 건전한 관리의 보장과 유해폐기물의 수출·수입 경유국 및 수입국에 사전통보를 의무화하고 있다. 우리나라는 1994년에 비준했다.

(5) 생물다양성 협약

1992년 6월에 열린 리우 환경정상회의에서 생물종의 멸종위기를 극복하기 위해 '생물다양성 협약(Convention on Biological Diversity)'이 채택되었다. 협약의 목적은 생물다양성 보전, 다양한 생물다양성 자원의 지속적인 이용, 유전자원의 상업적 이용이나 그 밖의 활용으로 창출된 이익을 공평하고 균등하게 분배하는 것이다. 주요 내용으로 생물다양성 보전과 지속가능한 이용을 위한 방법과 보상 혜택, 유전자원 이용에 관한 조절 및 통제, 생명공학 기술을 비롯한 기술의 이용과 기술 이전 등이 있다. 우리나라는 1994년에 비준했다.

(6) 기후변화 협약

1992년 6월에 열린 리우 환경정상회의에서 채택되었다. 공식 명칭은 '기후변화에 관한 유엔 기본협약(United Nations Framework Convention on Climate Change)'으로 인간이 기후체계를 교란시키는 것을 막는 차원에서 온실가스의 대기 중 농도를 안정시키는 것이 주요 목적이다. 대표적인 규제대상 물질은 이산화탄소, 메탄가스, 프레온가스 등이다. 협약 내용은 기본원칙, 온실가스규제, 재정지원 및 기술이전, 특수 상황에 처한 국가에 대한 고려 등으로 구성되어 있다.

이 협약은 사전예방원칙에 입각하고 있다. 되돌릴 수 없는 심각한 피해의 위험이 도사리고 있을 때 과학적으로 완전한 확실성이 부족하다는 이유로 대응책을 미루어서는 안 된다고 명시하고 있다. 또한 세계 모든 나라가 참여해야 하지만 각국에 차별화된 책임을 부과하는 원칙에 따라 선진국들이 기후변화에 대응함에 있어서 선도적 역할을 해야 할 임무를 부여하고 있다. 아울러 개발도상국에 특별한 요구와 지속가능한 개발의 의무를 부여하고 있다.

기후변화 협약
온실가스 감축
사전예방원칙

(7) 사막화방지 협약

1992년 6월에 개최된 리우 유엔환경정상회의는 심각한 가뭄이나 사막화의 피해를 입은 국가, 특히 아프리카의 사막화방지를 위해 유엔총회가 정부 간 협상위원회를 설립할 것을 권고하였다. 이에 따라 협상위원회가 구성되고 5차례에 걸친 협상 결과, 1994년 6월 프랑스 파리에서 사막화방지협약(Convention to Combat Desertification)이 채택되었다. 공식명칭은 '심각한 한발 또는 사막화를 겪고 있는 아프리카 국가 등 일부 국가들의 사막화방지를 위한 유엔 협약(United Nations Convention to Combat Desertification in Those Countries Experiencing Serious Drought and/or Desertification, Pariticularly in Africa)'이다. 1977년에 케냐 나이로비에서 개최된 유엔사막화방지회의가 실효성 있는 결과를 가져온 것이다.

사막화방지 협약
유엔사막화방지 회의
아프리카 국가

【그림 20-5】
유엔의 3대 국제환경협약: 생물다양성 협약, 기후변화 협약, 그리고 사막화방지 협약

이 협약은 기상이변과 산림황폐 등으로 심각한 한발이나 사막화의 영향을 받고 있는 국가들의 사막화를 방지하여 지구환경을 보호하는 것을 목적으로 한다. 주요 내용은 사막화 피해를 입고 있는 개발도상국에 사막화방지에 필요한 지식과 기술을 제공하는 것이다. 1996년에 발효되었으며 우리나라는 1999년에 비준했다.

(8) 로테르담 협약

로테르담 협약
사전통보승인
유해화학물질
농약수입규제

1998년 9월 네덜란드 로테르담에서 '특정 유해화학물질 및 농약의 국제교역시 사전 통보 승인 절차에 관한 로테르담협약(Rotterdam Convention on the Prior Informed Consent Procedures for Certain Hazardous Chemicals and Pesticides in International Trade)'이다. 약칭으로 로테르담 협약으로 불리며, 특정 유해화학물질과 농약이 인류의 건강과 환경에 나쁜 영향을 미치는 것을 방지하기 위하여 정보교환을 촉진하고, 수출입에 관한 각국의 절차를 규정한 것이다. 협약에 따라 유해화학물질, 농약 수입 규제, 국내 규제 조치를 유엔사무국에 통보하고 수출할 때 관련 자료와 수출통보서를 수입국에 제공해야 한다. 또한 적어도 2개 지역이나 국가에서 판매금지나 제한되는 유해화학물질과 살충제는 수입국가의 명시적인 승인이 없는 한 수출할 수 없으며 국내 생산도 중지한다. 2004년 2월에 발효되었으며 우리나라는 2003년에 비준했다.

【그림 20-6】
유해 3대 협약 로고:
유해폐기물 바젤 협약,
유해화학물질 로테르담
협약, 잔류성유기 오염
물질 스톡홀름 협약

(9) 스톡홀름 협약

2001년 5월 스웨덴 스톡홀름에서 '잔류성 유기오염물질에 대한 스톡홀름 협약(Stockholm Convention on Persistent Organic Pollutants)'이 채택되었다. 약칭으로 스톡홀름 협약으로 불리며, 잔류성 유기오염물질(POPs: Persistent Organic Pollutants)로 인해 초래되는 인체 및 환경에 대한 위해를 감소시키기 위하여 만들어졌다. POPs는 환경 중에서 분해되기 어렵고, 생물 체내 또는 극지 등에 축적되기 쉽고, 사람의 건강과 생태계에 유해성이 있는 화학물질로, 이 협약은 다이옥신, 디디티, 퓨란, 알드린, 클로로단, 디엘드린, 엔드린, 헵타클로르, 미렉스, 톡사펜, 폴리염화비페닐, 헥사클로로벤젠 등 12(일명 Dirty Dozen)종을 지정하고 있다. 이들에 대한 제조·사용금지와 제한, 비의도적 생성물질의 배출 삭감, POPs를 함유한 폐기물과 사용후 남은 물질의 적정처리 등을 의무화하고 있다. 2004년에 발효되었으며 우리나라는 2002년에 비준했다.

스톡홀름 협약
잔류성 유기오염물질
Dirty Dozen

(10) 미나마타 협약

2013년 10월 일본 미나마타에서 '수은에 관한 미나마타 협약(Minamata Convention on Mercury)'이 채택되었다. 약칭으로 미나마타 협약으로 불리며, 수은으로 인해 초래되는 인체 및 환경에 대한 위해를 감소시키기 위하여 제안되었다. 수은은 '미나마타 병'으로 알려진 심각한 질환을 유발시키며 기체

미나마타 협약
수은 규제
미나마타 병

상태로 장거리를 이동하는 특성이 있어 국제적인 공동대응의 필요성이 지속적으로 제기되어 왔다. 미나마타 협약은 수은의 생산부터 사용·배출·폐기까지 전과정에 걸쳐 국제적인 관리를 요구하고 있다. 수은 원자재 교역이 제한되고 수은첨가제품은 2020년 이후 단계적으로 제조 및 수·출입이 금지된다. 2016년 발효 예정이며 우리나라는 현재 국회 비준을 준비 중이다.

20.3. 환경의정서

의정서(Protocol)는 국제회의의 기록이나 회의 당사자가 승인한 의사록을 의미한다. 또 국제협약에 대한 부속 합의서 역할도 하며 약식의 국제협약을 의미하기도 한다. 환경의정서는 대부분 국제환경협약을 통해 약정한 공문서 또는 부속 합의서에 해당한다. 의정서 역시 국제협약과 같이 일정 비율의 참여국들이 자국에서 국회 동의 등을 통하여 비준한 이후에 효력이 발생한다. 지금까지 체결된 주요 환경의정서는 다음과 같다.

(1) 헬싱키 의정서

유럽과 북미의 산성비 국제 이동을 규제하기 위하여 1985년 7월 핀란드 헬싱키에서 '황 배출 감축을 위한 헬싱키 의정서(Helsinki Protocol on the Reduction of Sulphur Emissions)'가 채택되었다. 1979년 스위스 제네바에서 '월경성 대기오염에 관한 협약(CTAP: Convention on Transboundary Air Pollution)'이 체결되었으나 강제 조항 결여로 산성비 국경이동 규제에는 실패했다. 하지만 헬싱키 의정서로 유럽 25개 국가와 캐나다가 1993년까지 황산화물 배출 30% 감축에 합의했으나 미국과 영국, 그리고 폴란드는 이에 반대했다. 1987년에 발효되었으며 1994년 오슬로 의정서에서 추가 감축에 합의했다. 우리나라에는 해당되지 않는 조약이다.

(2) 몬트리올 의정서

오존층 파괴 물질에 관한 몬트리올 의정서(Montreal Protocol on Substances that Deplete the Ozone Layer)가 1987년 9월 캐나다 몬트리올에서 채택되었다. 1974년 로우랜드와 몰리나 교수가 제기한 오존층 파괴문제가 1980년대 초에 현실로 나타남에 따라 1985년 오존층 보호에 관한 비엔나 협약이 체결되었고, 이 때 실효성 있는 의정서가 나왔다. 의정서에서는 염화불화탄소의 단계적 감축, 비가입국에 대한 통상제재, 1990년부터 최소한 4년에 한 번 과학적·환경적·기술적·경제적 정보에 입각하여 규제수단을 재평가하도록 하였다. 1989년 발효되었으며 우리나라는 1992년에 비준했다. 1992년 런던 의정서와 1994년 코펜하겐 의정서로 이어지면서 추가 감축이 이루어졌다.

몬트리올 의정서
비엔나 협약
염화불화탄소 감축
런던 의정서
코펜하겐 의정서

(3) 소피아 의정서

산성비 원인물질인 질소산화물의 월경성 이동을 규제하기 위한 소피아 의정서(Sofia Protocol concerning the Control of Emissions of Nitrogen Oxides or their Transboundary Fluxes)이 1988년 10월 불가리아 소피아에서 채택되었다. 목적은 1994년까지 질소산화물의 연간 방출량 또는 국경이동을 1987년 수준으로 유지하는 것이었다. 내용에는 발전소 시설과 차량의 배기가스 방출 등 고정 및 이동 오염원을 포괄적으로 다루고 있다. 일부 유럽 국가들은 이 의정서의 내용으로 충분하지 않다고 하여 1989년부터 10년 내에 질소산화물의 배출량을 30% 삭감할 것을 선언했다. 하지만 대부분의 국가들이 삭감 목표를 지키지 못했다. 스페인과 이탈리아는 질소산화물 배출이 1987년과 1993년 사이에 오히려 각각 41%와 8% 증가했다. 1991년에 발효되었으며 우리나라는 해당되지 않은 조약이다.

소피아 의정서
산성비
질소산화물 배출 감축

(4) 교토 의정서

교토 의정서(Kyoto Protocol to the United Nations Framework Convention on

Climate Change)는 1997년 12월 일본 교토에서 개최된 기후변화협약 제3차 당사국 총회에서 채택되었다. 1995년 3월 독일 베를린에서 개최된 기후변화협약 제1차 당사국총회에서 논의가 시작되었으며, 의정서 채택까지 온실가스의 감축 목표와 감축 일정과 개발도상국의 참여 문제로 심한 대립을 겪기도 했지만, 2005년 2월 16일 공식 발효되었다. 의무이행 대상국은 오스트레일리아, 캐나다, 미국, 일본, 유럽연합(EU) 회원국 등 총 38개국이며 각국은 2008~2012년 사이에 온실가스 총배출량을 1990년 수준보다 평균 5.2% 감축을 목표로 했다.

감축 대상 가스는 이산화탄소, 메탄, 아산화질소, 불화탄소, 수소화불화탄소, 불화유황, 여섯 가지다. 의무이행 당사국의 감축 이행시 신축성을 허용하기 위하여 배출권거래, 공동이행, 청정개발체제 등과 같은 제도를 도입하였으며, 1998년 11월 부에노스아이레스에서 개최된 제4차 당사국총회에서는 신축적인 제도 운용과 관련한 작업을 2000년까지 완료한다는 부에노스아이레스 행동계획이 채택되었다. 교토의정서 채택의 의의는 무엇보다도 선진국들에 대해 강제성 있는 감축 목표를 설정하였다는 점과 온실가스를 상품으로서 거래할 수 있게 하였다는 점이다. 우리나라는 당시 국제구제금융(IMF: International Monetary Fund)의 도움을 받는 경제위기 상태에 있다는 이유로 감축 대상에서 제외되었다.

(5) 카르타헤나 의정서

'바이오안전성에 대한 카르타헤나 의정서(The Cartagena Protocol on Biosafety)'가 2000년 1월 캐나다 몬트리올에서 개최된 특별당사국총회에서 생물다양성협약의 부속 합의서로 채택되었다. 관련 첫 회의를 1992년 콜롬비아 카르타헤나에서 했기 때문에 명칭을 카르타헤나 의정서로 하게 되었다. 본 의정서는 유전자변형생물체(LMO, Living Modified Organisms)의 국가 간 이동을 규제하는 최초의 국제협약으로서 LMO를 국가 간에 이동할 때 생길 수 있는 위험과 환경과 인체에 미칠 수 있는 위해를 방지하고자 채택되었다. 주요 내용을 살펴보면, LMO를 수입할 때 사전 통보하고 승인을 받는 절차, 사

교토 의정서
기후변화 협약
온실가스 감축
부에노스아이레스
　행동계획

이산화탄소
메탄
아산화질소
불화탄소
수소화불화탄소
불화유황

카르타헤나 의정서
생물다양성 협약
유전자변형 생물체
사전통보승인
사전예방원칙
위해성 관리

전예방원칙, 위해성 평가, 위해성 관리, LMO의 운반·저장·이용 방법의 표시, 바이오안정성 정보센터의 운영 등에 대한 사항을 규정하고 있다. 2003년에 발효하였으며 우리나라는 2007년에 비준했다.

(6) 나고야 의정서

나고야 의정서
생물다양성 협약
유전자원 접근 및
이익 공유
국립생물자원관
국립생태원

나고야 의정서는 2010년 10월 일본 나고야에서 개최된 제10차 생물다양성 협약 당사국 총회(COP10: Conference Of Parties 10)에서 채택되었다. 공식 명칭은 '유전자원 접근 및 이익 공유에 관한 나고야 의정서((Nagoya Protocol on Access to Genetic Resources and the Fair and Equitable Sharing of Benefits Arising from their Utilization to the Convention on Biological Diversity)로 1992년 생물다양성 협약의 부속 합의서다. 의정서에는 생물 유전자원을 이용하는 국가는 그 자원을 제공하는 국가에 사전 통보와 승인을 받아야 하며 유전자원의 이용으로 발생한 금전적, 비금전적 이익은 상호 합의된 계약조건에 따라 공유해야 한다는 내용(ABS: Access and Benefit-Sharing)을 담고 있다. 2014년 10월에 발효되었고, 우리나라는 국립생물자원관과 국립생태원을 설립하고 국내 생물 유전자원을 지속적으로 발굴하여 의정서에 대비하고 있으며, 비준은 2016년 현재 준비 중이다.

【그림 20-7】
유엔 3대 환경의정서:
몬트리올, 교토, 나고야

내용정리

1. 1972년 유엔인간환경회의 이후 지금까지 있었던 유엔의 주요 환경 활동을 열거해 보자.
2. 1992년 리우 환경정상회의를 포함한 세 번의 환경정상회의 개최 과정과 주제를 설명해보자
3. 1972년 런던협약 이후 지금까지 체결된 아홉 번의 국제환경협약을 시간 순으로 설명하고 이 중 환경협약이 주가 아니었던 협약을 알아보자.
4. 국제환경문제를 해결하는데 지금까지 중요한 역할을 한 의정서를 열거하고 관련 사항을 설명해보자.
5. 1992년 리우 환경정상회의에서 채택된 국제환경협약을 알아보자.
6. 바젤협약, 로테르담 협약, 스톡홀름 협약을 비교해보자.
7. 세계 3대 국제환경협약이 무엇인지 알아보자.
8. 지금까지 채택된 주요환경 의정서를 설명하고 관련 환경협약을 알아보자.

읽어보기

〈환경과 개발에 관한 '리우' 선언〉

모든 국가·사회의 주요 분야와 모든 사람들 간의 새로운 차원의 협력을 창조함으로써 공평한 범세계적 동반자 관계를 수립하고 환경 및 개발체제의 통합을 위해 지구의 통합적·상보보존적인 성격을 인식하면서 다음과 같이 선언한다.

1. 모든 인간은 자연과의 조화를 이룬 건강하고 생산적인 삶을 향유할 자격과 권리를 갖고 있다.
2. 모든 나라는 자국의 자원을 개발할 수 있는 주권을 가지며, 다른 나라의 환경에 피해를 끼치지 않도록 할 책임을 진다.
3. 현존세대와 미래세대의 개발 및 환경적 요구를 공평하게 충족하여야 한다.
4. 환경보호는 개발과정에 있어서 중요한 일부를 구성한다.
5. 지속가능한 개발의 필수요건인 빈곤의 퇴치를 위하여 협력하여야 한다.
6. 환경과 개발 분야에 있어서 국제적 활동은 모든 나라의 이익과 요구를 반영하여야 한다.

7. 모든 나라는 지구생태계의 보존, 보호, 회복을 위해 협력하여야 하며 환경악화에 대한 제각기 다른 책임을 고려, 각 국가는 공통된 그러나 차등한 책임을 진다.

8. 지속불가능한 생산과 소비패턴을 줄이고 제거하여야 하며 적절한 인구정책을 추구하여야 한다.

9. 기술의 개발, 응용, 전파, 이전을 증진시켜 지속가능한 개발능력의 형성을 강화하도록 협력하여야 한다.

10. 모든 개인은 공공기관이 가지고 있는 환경에 관한 정보에 대해 적절한 접근과 의사결정과정에 참여할 수 있는 기회를 부여받아야 한다.

11. 모든 나라는 실효성 있는 환경법규를 제정하여야 한다.

12. 모든 나라는 환경악화에 적절히 대처하기 위하여 개방적인 국제 경제체제를 증진시켜야 한다.

13. 환경오염, 환경위해의 책임과 배상에 관한 국내법과 국제법을 발전시켜야 한다.

14. 환경악화를 초래하거나 건강에 위해한 활동이나 물질을 다른 나라로 이전하는 것을 억제하여야 한다.

15. 환경보호를 위해 모든 나라는 그 능력에 따른 예방적 조치를 적용하여야 한다.

16. 각국의 환경당국은 오염자가 오염비용을 부담해야 한다는 원칙을 확립해야 한다.

17. 환경영향평가가 국가적 제도로서 실시되어야 한다.

18. 모든 나라는 자연재해나 기타 긴급사태를 관련국가에 즉시 통고하여야 한다.

19. 모든 나라는 환경에 악영향을 초래할 수 있는 활동에 대해 관련국가에 관련정보를 사전에 제공하여야 한다.

20. 환경관리 및 개발에 있어서는 여성의 적극적인 참여가 필수적이다.

21. 전세계 모든 청년들의 창조적 이상과 용기가 결집되어 범세계적 동반자 관계가 구축되어야 한다.

22. 토착민의 존재, 문화, 이익을 인정·지지하고, 지속가능한 개발의 성취를 위해 그들의 효과적인 참여가 가능하도록 하여야 한다.

23. 압제, 지배, 점령 하에 있는 국민의 환경과 자연자원은 보호되어야 한다.

24. 모든 나라는 무력 분쟁 시 환경의 보호를 규제하는 국제법을 존중하여야 한다.

25. 평화, 개발, 환경보호는 상호보완적이며 불가분의 관계이다.

26. 환경 분쟁은 평화적인 적절한 방법으로 해결해야 한다.

27. 모든 나라 모든 국민들은 이 선언에 구현된 원칙을 준수하고, 관련 국제법을 발전시키기 위하여 협력하여야 한다.

제21장 지속가능발전과 녹색경제

> 지금까지 유엔의 주도 하에 세계 각국이 함께 추진해온 지속가능발전을 평가하고 지구환경현황을 살펴본다. 새로운 대안으로 제시된 녹색경제를 공부하고 유엔의 한계와 이를 극복할 수 있는 강력한 환경기구라는 발전 전망을 알아본다.

21.1. 지속가능발전, 평가와 전망

지속가능발전
유엔환경개발정상회의
유엔지속가능발전
정상회의

    지속가능발전은 모든 국내 환경정책의 궁극적 목표이자 지금까지 유엔이 추구해온 지구와 인류의 미래다. 특히 1992년 6월 브라질 리우에서 개최된 유엔환경개발정상회의에서 지속가능발전을 세계 전략으로 채택하고 세부 실천 계획(의제21)도 선언했다. 이후 세계 각국은 유엔의 전략에 따라 중앙정부에서부터 지방정부, 그리고 민간단체에 이르기까지 지속가능발전을 추구해왔다.

    2012년 6월, 같은 곳 브라질 리우에서 지난 20년 동안 추구해온 지속가능발전을 평가하고 인류가 가야할 새로운 길을 모색하기 위하여 유엔지속가능발전정상회의(리우+20)가 개최되었다. 121개국 정상을 포함한 187개국 정부대표, 환경전문가, 민간환경단체 등 5만여 명이 참가하였으며, 회의 결과를 '우리가 원하는 미래(The Future We Want)'라는 성명으로 발표했다.

    리우+20 정상회의는 지난 20년 동안 인류의 삶에 많은 긍정적 변화가 있었다고 평가했다. 글로벌 GDP는 75%나 성장했고, 늘어난 인구를 감안하면 일인당 소득은 40% 증가했다. 세계 인구의 평균 수명도 3.5년 늘어났으며, 절대 빈곤층은 46%에서 27%로 감소했다. 또한 많은 인류의 생활환경이 크게 개선되고 삶의 질도 향상됐다.

하지만 20년 전 리우 환경정상회의에서 세계 전략으로 채택했던 지속가능발전은 요원한 것으로 결론지었다. 지구 자원과 생태계는 과도한 경제활동과 늘어나는 인구로 더욱 심각하게 손상되고 있으며, 온실가스 감축 노력에도 불구하고 연간 이산화탄소 배출량은 1990년부터 2009년까지 38%나 증가했다. 그 결과 기후변화, 에너지·자원 고갈, 물 부족, 사막화, 생물다양성 감소 등과 같은 지구환경문제가 가속화되고 있다. 과거 생활환경과 도시환경에 머물렀던 환경이슈는 전 지구적, 국가 정상급 수준의 논의 대상으로 변했다.

지속가능발전을 방해하는 더 큰 문제는 사회경제적 측면이었다. 소득 불평등과 빈부의 격차는 사회 안정망을 파괴하고 경제위기로 치닫는 수준에 도달했다. 개발도상국의 급속한 경제성장으로 중산층이 두터워졌음에도 불구하고 부유한 나라와 가난한 나라의 소득격차가 더욱 심화됐다. 특히 선진산업국 내에서 나타나는 소득 불평등과 양극화도 심각한 사회문제로 대두되었다.

지속가능발전은 '미래 세대의 욕구를 충족시키는 능력을 손상시킴 없이 현재 세대의 필요를 충족시키는 발전', 즉 세대 간 평등(Inter-Generational Equity)을 의미한다. 하지만 지난 20년 동안 지속가능발전 전략을 통해 추구해온 세대 간 평등은 고사하고 '세대 내 평등(Intra-Generational Equity)'에 더 큰 괴리가 나타나게 되었다. 리우+20는 새로운 대책이 없는 한 지구환경문제와 세대 간 및 세대 내 불평등 심화는 더욱 가속화될 것으로 전망했다.

글로벌 GDP 성장
일인당 소득 증가
평균수명 증가
절대빈곤층 감소

지구자원과 생태계 손상
이산화탄소 배출량 증가
지구환경문제 가속화
소득불평등 및 양극화

지속가능발전
세대 간 평등
세대 내 평등

21.2. 지구환경과 녹색경제

지구와 인류가 지속가능발전으로부터 멀어진 것에 대한 책임은 우선 선진국이 크다. 현재 선진국에 살아가는 인구는 20%(약 12억5천만 명)에 불과하지만 지구 자원의 86%를 소모하고 있다. 여기서 배출되는 엄청난 폐기물과 온실가스가 지구 환경을 병들게 했다. 특히 산업혁명이후 지금까지 대기에 축적된 이산화탄소 76%가 선진국에서 배출됐고, 이것이 기후변화의 주요인이 되고 있다.

반면에 개도국에서 살아가는 80%(약 57억5천만 명)는 지구 자원 14%만으로 궁핍한 생활을 하고 있다. 특히 세계 인구의 6분의 1은 지독한 가난 속에서 살아가고 있다. 11억 명이 깨끗한 물을 마시지 못하고, 16억 명이 전기를 사용하지 못하고, 13억 명이 하루에 1달러가 안 되는 돈으로 살아가고 있다. 하지만 기후변화로 인한 피해는 이들에게 집중되고 있다. 개도국은 기후에 민감한 농업 비중이 높고 재해 인프라가 부족하기 때문이다.

그렇다고 개도국 또한 책임에서 자유로울 수 없다. 생존을 위한 심각한 지구 생태계 파괴가 이곳에서 일어나기 때문이다. 현재 대규모 삼림파괴, 사막화, 생물멸종 등이 대부분 개도국에서 일어나고 있다. 매년 파괴되는 삼림면적이 1370만ha나 되며, 자연재생과 인공식재를 고려해도 우리나라 전체 산림면적(641만ha)보다 넓은 730만ha가 완전히 사라지고 있다. 산림파괴로 줄어드는 이산화탄소 흡수량은 전 세계 배출량의 20~23%를 차지하며, 이는 전 세계 자동차에서 배출되는 이산화탄소량보다 많다.

더욱 심각한 것은 개도국을 중심으로 인구가 급속히 늘어나고 있다는 사실이다. 현재 개도국에는 지구 신생아 100명 중 97명이 태어나고, 20억 명이 넘는 18세 이전의 지구 청소년들 중 90%이상이 살고 있다. 이들이 자라면서 선진국 생활방식을 따라가고 있기 때문에 지구 생태계에 더 심한 손상을 야기하고 있다.

지구환경은 이처럼 선진국과 개도국의 복잡한 상황으로 얽혀있다. 더구나 개도국의 열악한 생활환경, 빈곤으로 인한 생태계 파괴, 기후재난 취약성 등은 지속가능발전을 더욱 요원하게 하고 있다.

Rio+20 정상회의는 지구와 인류의 지속가능한 미래를 위해 '녹색경제(Green Economy)'로 가야한다는 결론을 내리고 있다. 인류가 직면한 기후변화, 에너지·자원 고갈, 사회적 불평등 그리고 이에 파생된 식량위기, 물 부족, 금융

절대빈곤층
생태계 파괴
개도국 인구증가

녹색경제
기후변화
사회 불평등
빈부격차
일자리 창출

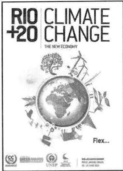

【그림 21-1】
리우+20 환경정상회의가
제시한 녹색경제와 이를
설명하는 회의 자료

불안, 실업증가, 양극화, 빈곤층 등을 해결하고 새로운 일자리를 창출하며 삶의 질을 향상시키기 위해 지금의 경제시스템을 과감히 바꿔야 한다는 것이다.

Rio+20 정상회의에서 제시된 녹색경제는 지금까지 회자되어온 화석연료 사용을 줄이고 녹색기술과 녹색산업을 육성하여 국가경쟁력을 강화하려는 것과는 차원이 다르다. 녹색경제는 사회적·환경적 비용이 재화와 용역에 적절히 고려되지 못한 지금의 경제시스템을 완전히 바꾸려는 시도다. 경제활동과 시장가격에 사회적·환경적 비용을 보다 명확히 하여 지속가능한 사회와 환경을 담보하는 경제시스템을 만들자는 것이다. 아울러 새로운 경제시스템으로 사회 불평등과 빈부 격차를 해소하고 일자리 창출하며 사회적·경제적 약자를 돌보려는 의도다.

지난 2012년 우리나라가 사무국을 유치한 녹색기후기금(GCF: Green Climate Fund)은 녹색경제의 국제적 사례다. 선진국이 개도국의 온실가스 감축과 기후변화 적응을 지원하기 위한 국제금융기구다. 2020년까지 연간 1000억 달러 총 8000억 달러(약 900조 원)의 자본금을 조성하는 것으로 규모면에서는 8450억 달러의 국제통화기금(IMF)에 버금가는 수준이다. 선진국이 단 8년 만에 이 엄청난 재원을 모아 개도국을 지원한다는 것이다.

선진국이 이처럼 대규모로 개도국을 지원하는 사례는 지금까지 없었다.

녹색기후기금
국제금융기구
기후변화 보상금
녹색경제 실현

지원 목적 또한 과거와는 사뭇 다르다. 과거 선진국이 개도국에 지원한 것은 대부분 인류애를 바탕으로 한 원조였다. 하지만 녹색기후기금은 원조가 아니라 지금까지 잘못된 경제시스템을 바탕으로 야기된 기후변화에 대한 보상금이다. 나아가 절박한 지구환경문제를 해결하고 지속가능한 인류의 미래를 열어가기 위한 녹색경제의 실현이다.

21.3. 유엔의 한계와 발전 전망

스톡홀름 인간환경회의
리우 유엔환경정상회의
지속가능발전

유엔은 지난 1972년 스톡홀름 인간환경회의 이후 지금까지 지구 곳곳에서 일어나고 있는 환경문제를 해결하기 위하여 수많은 국제환경회의를 개최하고 관련 환경협약을 체결하여 국제 사회의 동참을 이끌어 왔다. 특히 1992년 리우 유엔환경정상회의에서 환경을 경제사회와 함께 지구와 인류의 지속가능발전을 결정하는 핵심 요소로 선언했다. 하지만 지구환경은 과도한 경제활동과 늘어나는 인구로 계속 악화되어 왔으며, 인류 사회는 지속가능발전으로부터 점점 멀어져가고 있음을 인정할 수밖에 없었다. 또한 세대 간 평등을 추구해온 지속가능발전에 세대 내 평등을 추가해야하는 궤도 수정도 필요하게 된 것이다.

유엔환경계획
몬트리올 의정서

또 다른 문제점은 국제기구로써 갖는 한계다. 특히 유엔환경계획(UNEP)은 환경문제를 제기할 수 있으나, 이를 국제적 규범체제로 연결할 수 있는 능력을 갖지 못했다. 그뿐만 아니라 다른 유엔전문기관에 비해 규모가 작고 지위가 낮아 이들 기관으로부터 동등한 대접을 받지 못하고 개입이 무시되는 경우도 많았다. 대표적인 예로 지난 1975년 UNEP가 오존층 파괴에 관해 문제를 제기하고 이에 대처할 행동지침을 마련하기 위해 위원회까지 설치했지만 10년 동안이나 무시당하다가 결국 1986년에 와서 몬트리올 의정서로 합의를 이끌어냈다.

경제번영
사회정의
환경보전
지속가능발전위원회

지난 1992년 리우 환경정상회의에서 인류의 지속가능발전은 경제번영(Economic Prosperity), 사회정의(Social Justice), 그리고 환경보전(Environmental Protection)이라는 세 개의 축이 모두 만족될 때 이루어질 수 있음을 선언했다. 환경을 경제·사회와 동등한 축으로 두었지만 UNEP의 규모나 지위는 달라진 것이 없었다. 리우 환경정상회의 이후 유엔이 새롭게 추가한 조직은 자문기구 수준인 지속가능발전위원회(Commission on Sustainable Development)뿐이었다.

　오존층 파괴가 문제를 제기하고서도 10년 동안 방치되었듯이 지속가능발전 또한 허약한 UNEP와 자문기구 수준의 위원회로는 20년 동안 점점 더 멀어질 수밖에 없었다. 그래서 리우+20 정상회의는 녹색경제와 함께 지속가능발전을 위한 강력한 조직(Institutional Framework for Sustainable Development)의 필요성을 주요 의제로 제기한 것이다. 지금의 UNEP를 안전보장이사회(Security Council)나 경제사회이사회(Economic and Social Council) 수준으로 끌어 올려야 한다는 주장이다.

녹색경제
제도적 장치
유엔안전보장이사회
유엔경제사회이사회

　지금의 경제시스템과 유엔의 역할로는 지구와 인류의 지속가능한 발전은 요원하다는 사실에 대해 국제적 합의가 이루어졌다. 이제 세계 모든 인류가 동참하는 새로운 문명의 패러다임과 보다 적극적이고 실천 가능한 지구환경정책이 절실하게 되었다. 지난 2012년 리우+20 정상회의가 제시한 녹색경제와 이를 추진하기 위한 강력한 유엔 조직에 지구와 인류의 지속가능한 미래를 기대해 본다.

녹색문명 패러다임
유엔 지구환경정책
녹색경제
유엔조직
지속가능한 미래

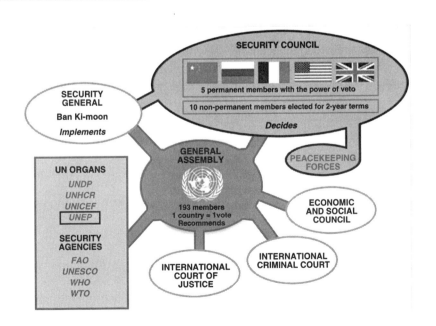

【그림 21-2】
유엔의 조직과 유엔환경계획(UNEP)의 위치

내용정리

1. 2012년 리우+20 환경정상회의에서 논의된 지속가능발전의 평가를 설명해보자.
2. 2012년 리우+20 환경정상회의에서 새롭게 제기된 지속가능발전의 문제점을 알아보자.
3. 지속가능발전을 저해하는 환경적 요인에 관해 선진국과 개도국의 책임을 설명해보자.
4. 2012년 리우+20 환경정상회의가 제시한 녹색경제를 배경과 함께 설명해보자.
5. 녹색기후기금(GCF) 설립 취지를 녹색경제와 비교하여 설명해보자.
6. 유엔환경계획이 갖는 한계를 설명하고 발전 전망을 제시해보자.

읽어보기

〈우리가 원하는 미래, The Future We Want, 리우+20 성명〉

● 우리 공동의 비전

1. 우리 국가 정상과 대표자들은 시민 사회의 적극적인 참여와 더불어 2012년 6월 20~22일 브라질 리우데자네이루에 모여 지속가능발전을 논의하고 지구와 인류의 현재 및 미래 세대를 위한 경제·사회·환경으로 지속가능한 증진을 확신하는 약속을 새롭게 한다.

2. 빈곤 퇴치는 오늘날 세계가 직면하고 있는 가장 큰 국제적 도전 과제이며 지속가능발전을 위한 필수조건이다. 따라서 빈곤과 기아로부터 인류를 구하는 사명을 우리는 시급히 해야 한다.

3. 그러므로 우리는 지속가능발전이 모든 분야에서 최우선해야 함을 인정하고, 경제·사회·환경 부문을 통합하고 서로의 연결성을 인식함으로써 전차원적인 지속가능발전을 이루어 내도록 한다.

4. 우리는 빈곤퇴치와 지속 불가능한 소비/생산 패턴을 변경하여 지속가능한 소비/생산 패턴을 촉진하고 경제와 사회 발전의 기초가 되는 천연자원을 보호·관리하는 것이 지속가능발전의 가장 중요한 목표이자 필수조건임을 인식한다. 우리는 또한 새롭게 출현하는 도전들에 직면하여 생태계의 보존, 재생산, 그리고 복구 및 회복을 가능하게 하는 한편, 지속적·포괄적·공평한 경제발전을 증진하고 모두를 위한 더욱 폭 넓은 기회를 창조하며, 불평등을 해소하고 기초 생활수준을 높이며, 공평한 사회의 발전과 통합을 조성하고 천연자원과 그 중에서도 특히 경제·사회·인류의 발전을 지탱하는 생태계를 통합적이고 지속가능한 관리를 통해서 지속가능발전의 필요성을 재확인한다.

5. 우리는 2015년까지 밀레니엄 개발목표를 포함한 국제적으로 합의한 발전 목표에 대한 성취 강화를 위해 최선을 다하겠다는 약속을 재확인한다.

6. 우리는 사람이 지속가능한 발전의 중심이란 것을 인정하여 공명정대하고 포괄적인 세계를 만들기 위해 노력한다. 또한 우리는 지속적이고 포괄적인 경제발전과 사회발전, 그리고 환경보호를 증진하여 모두에게 혜택이 돌아가도록 협력에 힘쓴다.

7. 우리는 국제법과 그 원칙들을 존중하고, 국제연합헌장의 목적과 원칙들에 지속적으로 따를 것을 재확인한다.

8. 우리는 또한 자유와 평화안보, 그리고 모든 인류의 권리 존중에 대한 중요성을 재확인한다. 이는 발전의 권리와 음식, 법의 지배, 성 평등, 여성권한, 그리고 공정하고 민주적인 사회 발전의 총체적인 약속을 아우르는 적절한 생활수준의 권리를 포함한다.

9. 우리는 기타 인권 및 국제법과 관련된 국제기구들과 함께 세계인권선언의 중요성을 재확인한다. 우리는 국제연합헌장에 따라 인종, 색깔, 성, 언어, 종교, 정치적 혹은 기타 의견, 국가적 사회적 연고, 재산, 태생, 장애 혹은 기타 상태에 따른 어떠한 형태의 차별 없이, 인권과 모두의 근본적인 자유를 존중, 보호, 증진하는 데 있어 모든 국가들의 책임을 강조한다.

10. 우리는 관리 가능한 환경뿐만 아니라, 국가적 국제적 수준에서의 민주주의와 양호한 협치, 그리고 법의 지배가 경제성장, 사회발전, 환경보호, 빈곤 및 기아의 퇴치를 포함하는 지속가능발전에 필수적이란 것을 인정한다. 우리는 지속가능발전 목표를 달성하기 위해 모든 면에서 효과적이고 투명하며 책임 있는 민주 제도가 필요함을 재확인한다.

11. 우리는 세계 모든 국가, 특히 개발도상국들을 위한 지속가능발전에 관한 끊임없는 문제를 해결하기 위하여 국제협력을 강화할 것을 재확인한다. 이러한 점에서, 우리는 경제적 안정, 지속적인 경제성장, 사회적 형평성, 여성들의 권한, 그리고 모두를 위한 균등한 기회와 교육을 통한 어린이의 보호, 생존 및 완전한 잠재력 발달의 필요성을 재확인한다.

12. 우리는 지속가능발전을 달성하기 위해 긴급한 조치를 취할 각오가 되어있다. 그러므로 우리는 현재까지의 과정과 지속가능발전에 관한 주요 정상회담의 결과들을 시행하는 데 있어 남아있는 문제들을 평가하고 새롭게 출현한 문제들을 해결함으로써 지속가능발전을 위한 우리의 약속을 새로이 한다. 우리는 지속가능발전과 빈곤퇴치와 관련해서 녹색경제나 지속가능발전을 위한 제도적 틀과 같은 국제연합 지속가능발전 회의의 주제들을 다루겠다고 결의한다.

13. 우리는 세계 인류가 스스로의 삶과 미래에 영향을 미치고 의사결정에 참여할 수 있으며, 우려의 목소리를 표출할 수 있는 기회가 지속가능발전에 핵심적인 역할을 한다는 것을 인식한다. 우리는 지속가능발전이 정확하고 신속한 조치를 요구한다는 점을 강조한다. 이는 세계 인류와 정부, 그리고 시민사회와 민간부문 모두 우리가 현재·미래 세대들에 대해 원하는 미래를 보장하기 위해 함께 힘써 폭넓은 협력을 이룰 때 달성될 수 있다.

부록

1. 행정고시 환경정책법규 문제
2. 유엔지속가능발전목표

행정고시 환경정책법규 문제

1. 2015년 시행

【과목명: 환경계획】

환경정책의 실현을 위한 정책방식은 '명령과 강제에 의한 정책'과 '경제적 유인책에 의한 정책'으로 구분할 수 있다. 이 중 '경제적 유인책에 의한 정책'과 관련하여 다음 물음에 답하시오. (총 30점)

1) 경제적 유인책에 의한 환경정책의 의의, 특징과 향후 전망에 대하여 설명하시오. (15점)

2) 우리나라에서 시행되고 있는 경제적 유인책에 의한 환경정책의 사례에 대하여 기술하시오. (15점)

【과목명: 환경계획】

우리나라가 1992년 6월에 서명하고, 1994년 10월에 가입한 생물다양성협약(CBD, Convention on Biological Diversity)은 생태계 및 생물자원과 관련하여 그 규모 및 범위에 있어 가장 중요한 협약 중의 하나로 다루어지고 있다. 동 협약은 생물다양성의 보전, 생물다양성의 지속가능한 이용, 생물다양성 및 유전자원에 의해 발생하는 이익의 공평한 배분을 목적으로 하고 있다. 이와 관련하여 다음 물음에 답하시오. (총 25점)

1) '유전자원 접근 및 이익공유(ABS)'의 개념을 설명하시오. (5점)

2) ABS 협상 결과가 우리나라 산업 및 생물자원 주권에 미칠 수 있는 영향에 대하여 예측하고 기술하시오. (20점)

【과목명: 상하수도공학】

하수슬러지의 해양투기 규제에 대한 국제협약 중 1972년 '런던협약'과 '1996의정서'를 규제방식, 적용범위, 목적, 의무사항을 중심으로 비교하여 설명하시오. (10점)

【과목명: 환경영향평가론】

소규모 환경영향평가에 대하여 다음 물음에 답하시오. (총 10점)

1) 소규모 환경영향평가의 정의와 대상사업을 기술하시오. (5점)

2) 소규모 환경영향평가의 협의절차를 기술하시오. (5점)

【과목명: 대기오염관리】

대기오염물질은 그 특성상 발생지역이나 국가의 경계를 넘어 장거리를 이동하는 현상이 빈번히 나타난다. 대기오염물질의 장거리이동현상(월경오염현상)에 관하여 다음 물음에 답하시오. (총 20점)

1) 1950년대에 유럽에서 나타난 대기오염물질의 월경오염현상과 원인에 대하여 설명하시오. (5점)

2) 유럽국가들의 월경오염현상을 최소화하기 위한 노력과 성과에 대하여 설명하시오. (5점)

3) 우리나라도 월경오염의 피해에 대비해야하는 근거를 제시하고, 월경오염피해를 최소화하기 위한 방안을 제안하시오. (10점)

2. 2014년 시행

【과목명: 환경계획】

2014년 10월에 제12차 생물다양성협약(Convention on Biological Diversity) 당사국총회가 우리나라에서 개최될 예정이다. 동 협약과 관련하여 다음 물음에 답하시오. (총 25점)

1) 생물다양성협약의 세 가지 목적에 대하여 기술하시오. (5점)

2) 생물다양성협약에서 다루고 있는 생물다양성을 세 가지로 구분하고, 그 내용을 기술하시오. (10점)

3) 생태계 기능을 경제적 관점에서 평가하는 생태계 서비스(ecosystem services)에는 지원서비스(supporting services), 공급서비스(provisioning services), 조절서비스(regulating services), 문화서비스(cultural services)가 있다. 각 서비스에 대하여 설명하시오. (10점)

【과목명: 환경계획】

수변구역은 땅과 물이 접하는 지역으로 토지이용계획에 있어 중요한 공간요소이다. 바람직한 수변구역의 조성 및 관리와 관련하여 다음 물음에 답하시오. (총 30점)

1) 수변구역의 기능에 대하여 기술하시오. (10점)

2) 수변구역의 규모를 결정하기 위한 공간계획에 있어 기본적으로 고려해야 할 요소는 경사도, 하천의 규모, 식생의 종류와 성숙도, 토양의 특성 등이다. 이러한 요소들을 고려해야 하는 이유를 설명하시오. (10점)

3) 오염원 관리와 수변생태계 보전을 위한 현행 수변구역 제도의 개선방안을 제시하시오. (10점)

【과목명: 수질오염관리】

하천수질은 유역에서의 오염원 관리에 의해 좌우된다. 따라서 많은 국가들은 유역관리기법 및 제도를 도입함으로써 하천수질을 개선하고자 한다. 다음 물음에 답하시오. (총 15점)

1) 오염총량관리제도의 목적 및 주요 내용에 대하여 기술하시오. (5점)

2) 오염총량관리제도의 시행절차에 대하여 기술하시오. (3점)

3) 오염총량의 산정방법과 문제점 및 개선 방안에 대하여 기술하시오. (7점)

【과목명: 대기오염관리】

정부에서는 수도권 대기질을 효율적으로 관리하기 위하여 「수도권 대기환경 개선에 관한 특별법」을 제정하여 시행 중에 있다. 다음 물음에 답하시오. (총 20점)

1) 수도권 대기환경관리 기본계획과 시행계획의 수립에 있어서 대상물질(들)의 종류와 계획 수립의 주체(들)을 기술하시오. (5점)

2) 동법에서는 사업장 오염물질 총량관리 제도를 시행하고 있다. 연도별 배출 허용총량 산정 방법과 최종 할당계수 산정 기준을 기술하시오. (15점)

3. 2013년 시행

【과목명: 환경영향평가론】

우리나라 환경영향평가는 관련 법의 개정을 거치면서 발전해왔다. 이와 관련하여 다음 물음에 답하시오. (총 15점)

1) 환경영향평가 관련 법과 제도의 변천 과정을 기술하시오. (5점)

2) 2012년 전면 개정된 현행 환경영향평가의 종류 및 특징을 기술하시오. (10점)

4. 2012년 시행

【과목명: 환경계획】

전국적으로 크고 작은 개발사업으로 인해 도시의 생활환경 및 자연환경이 지속적으로 악화되고 있다. 이에 따라 도시 또는 단지 계획 단계에서부터 생태적인 측면을 고려한 지표를 도입할 필요성이 증대됨에 따라, 생태면적률을 환경계획 지표의 하나로 활용하고 있다. 이와 관련하여 다음 물음에 답하시오. (총 20점)

1) 생태면적률의 정의를 서술하시오. (5점)

2) 도심재개발 시 생태면적률을 높일 수 있는 토지이용계획 기법을 설명하시오. (15점)

【과목명: 수질오염관리】

고랭지 밭에서 토양이 침식되어 유출될 경우 비점오염원이 된다. 다음 물음에 답하시오. (총 12점)

1) 토양침식 방지방안에 대하여 기술하시오. (6점)

2) 침식된 토양이 수계에 유입될 때, 수질에 미치는 영향을 설명하시오. (6점)

【과목명: 환경계획】

도시화·산업화에 따른 불투수층 면적의 증가로 도심의 홍수피해가 증가하고, 하천·호수의 수질오염에 미치는 영향이 커짐에 따라 비점오염원 관리에 대한 중요성이 커지고 있다. 이와 관련하여 다음 물음에 답하시오. (총 30점)

1) 비점오염원을 정의하고, 그 특성을 3가지만 열거하시오. (10점)

2) 비점오염원을 제어하기 위한 저영향개발(low impact development) 기법을 설명하시오. (10점)

3) 비점오염원을 관리하기 위해 토지이용을 규제하는 방안을 설명하시오. (10점)

5. 2011년 시행

【과목명: 환경계획】

자연환경의 보전을 위해 우리나라는 자연환경 보호지역을 설정하여 관리하고 있다. 이와 관련하여 다음 질문에 답하시오. (총 35점)

1) 자연환경을 보전하기 위한 자연환경 보호지역을 세 가지 이상 기술하고, 각각에 대하여 보전관리 취지를 간략히 설명하시오. (15점)

2) 1)에서 기술한 세 가지 자연환경 보호지역의 관리방안을 행위제한과 관리계획의 측면에서 설명하시오. (20점)

【과목명: 환경영향평가론】

우리나라 환경영향평가제도는 지속적으로 개선되어 왔으며, 이에 따른 법령 개정도 함께 이루어졌다. 환경영향평가 근거법령의 주요 변천과정을 서술하고, 그 내용들을 설명하시오. (15점)

【과목명: 상하수도공학】

「물의 재이용 촉진 및 지원에 관한 법률」(2011.6.9. 시행)에 규정된 물의 재이용시설을 3가지로 구분하여 기술하시오. (20점)

【과목명: 대기오염관리】

「다중이용시설 등의 실내공기질관리법」 및 실내공기오염물질에 대한 다음 질문에 답하시오. (총 20점)

1) 유지기준과 권고기준에 대하여 기준 항목 및 차이점을 설명하시오. (8점)

2) 석면의 인체 영향 및 측정방법을 기술하시오. (6점)

3) 실내공기오염물질 중 '라돈'의 특성 및 인체 영향에 대하여 설명하시오. (6점)

【과목명: 수질오염관리】

수질오염관리를 위하여 지정된 수변구역에 대하여 다음 물음에 답하시오. (총 15점)

1) 수변구역을 정의하시오. (3점)

2) 수변구역의 수질보전기능에 대해 설명하시오. (6점)

3) 수변구역의 수생태보전기능에 대해 설명하시오. (6점)

【과목명: 환경영향평가론】

환경보건에 관한 법령에서 명시한 건강영향평가 대상사업으로 '산업입지 및 산업단지의 조성'이 있다. 해안가에 신규 개발면적이 15만 제곱미터 이상인 석유화학공업 산업단지를 조성하고자 한다. 이 사례와 관련하여 다음 물음에 답하시오. (총 20점)

1) 현행 환경영향평가에 관한 법령에서 정하고 있는 6개 분야별 환경영향평가 항목과 가각의 내용에 대하여 기술하시오. (10점)

2) 건강영향평가를 위한 주요 항목을 도출하고 그 내용에 대하여 제안하시오. (10점)

6. 2010년 시행

【과목명: 환경계획】

일반적으로 환경규제는 직접규제와 간접규제로 구분되며, 세계적인 환경규제의 추세는 직접규제에서 직접규제와 간접규제의 혼용으로 이행되고 있다. (총 35점)

1) 환경규제에서 직접규제와 간접규제의 성격과 각각의 장·단점을 설명하시오. (10점)

2) 저탄소 녹색성장에서 강조되는 탄소배출권 거래제도의 개념을 설명하시오. (10점)

3) 탄소배출권 거래제도의 성격을 직접규제와 간접규제의 측면에서 설명하시오. (15점)

【과목명: 대기오염관리】

환경부는 대기보전특별대책지역 및 대기환경규제지역을 포함한 1~3종 대형 사업장의 굴뚝에 자동원격감시시스템(Tele-Monitoring System, TMS)을 부착하여 대기오염물질의 실시간 농도 변화를 관리하고 있다. 다음 물음에 답하시오. (총 20점)

1) 대기보전특별대책지역 및 대기환경규제지역의 사례를 각각 들고 지정 목적을 설명하시오. (6점)

2) 1~3종 대형사업자의 분류 기준을 설명하시오. (4점)

3) TMS를 통해 측정하는 대기오염물질을 열거하고 가스상 및 입자상 오염물질의 배출량 산정법을 설명하시오. (6점)

4) TMS 활용방안에 대해 설명하시오. (4점)

【과목명: 대기오염관리】

현행 악취방지법상의 3가지 악취판정법을 열거하고, 각각의 장·단점을 설명하시오. (10점)

【과목명: 환경계획】

현재 동북 아시아지역 국가들의 급격한 산업화와 도시화는 인접국가에 환경문제를 발생시키고 있다. 이 중 황사 문제와 관련한 동북아 협력사례를 설명하고, 이를 강화할 수 있는 방안을 제시하시오. (30점)

【과목명: 환경영향평가론】

「자연환경보전법」에서 생태계보전협력금을 부과·징수하도록 되어 있다. 다음 항목에 대하여 서술하시오. (총 15점)

  1) 환경영향평가에서 생태계보전협력금이 갖는 의의 (5점)

  2) 생태계보전협력금의 반환대상 사업의 특성과 종류 (5점)

  3) 생태계보전협력금의 산정 시 지역계수의 의미와 특성 (5점)

7. 2009년 시행

【과목명: 환경계획】

삶의 질 향상과 더불어 국민들의 쾌적한 환경에 대한 욕구 증대로 인하여 환경 피해와 관련한 분쟁이 증가추세에 있다. 「환경분쟁조정법」에 의거한 환경피해에 대하여 기술하고, 분쟁조정의 종류 및 그 내용을 설명하시오. (총 15점)

  1) 환경피해의 내용 (5점)

  2) 분쟁조정의 종류 및 내용 (10점)

【과목명: 환경영향평가론】

현행 「환경영향평가법」에서는 환경영향이 적은 사업에 대하여 간이평가절차를 규정하고 있다. 다음 항목에 대하여 서술하시오. (총 10점)

  1) 간이평가절차의 필요성과 효과 (3점)

  2) 간이평가절차 대상사업의 범위 (3점)

  3) 간이평가절차 도입으로 예상되는 문제점과 개선방안 (4점)

8. 2008년 시행

[과목명: 대기오염관리]

　정부는 수도권 대기환경 개선을 위해 「수도권 대기환경개선에 관한 특별법」을 제정(2003. 12)하여 시행 중에 있다. 최근 수도권의 대기오염실태를 주요 오염물질별로 설명하고, 현재 시행 중인 수도권 특별대책의 대기질 개선 관리방안에 대하여 설명하시오. (15점)

[과목명: 수질오염관리]

　우리나라 수돗물 불신의 주요 이유 중 하나는 오염된 하천이나 호수의 물을 직접 취수하기 때문이다. 이를 개선하기 위하여 최근 강변여과나 하상여과와 같은 간접취수 방법이 대안으로 제시되고 있다. 이와 관련하여 다음 물음에 답하시오. (총 15점)

　1) 강변여과법과 하상여과법을 그림과 함께 비교 설명하시오. (4점)

　2) 간접취수 과정에서 일어나는 수질정화 기작(mechenism)을 설명하시오. (5점)

　3) 직접취수와 비교하여 간접취수의 장·단점을 설명하시오. (6점)

[과목명: 폐기물처리]

우리나라는 폐기물의 일부분을 해양배출 처리하고 있다. 이와 관련하여 다음 물음에 답하시오. (총 10점)

　1) 해양배출 관련 국제협약과 최근의 동향을 설명하시오. (2점)

　2) 우리나라에서 해양배출 처리되고 있는 폐기물의 종류와 배출해역에 대하여 서술하시오. (2점)

　3) 2008년 2월부터 시행되고 되고 있는 국내 해양배출 처리 기준에 대하여 시행 전·후의 차이점을 비교 설명하시오. (4점)

　4) 현재 국내 해양배출 처리의 문제점과 대책을 설명하시오. (2점)

9. 2007년 시행

【과목명: 환경계획】

다음 중 4개를 선택하여 기술하시오. (60점)

1) 전략환경평가 개념이 도입된 사전환경성검토제도에서 개선된 사항과 그 의의

2) 총량관리제도 도입의 필요성과 현재 운영되고 있는 수질총량관리제도의 개선과제

3) 환경기준과 환경지표의 개념과 양자의 차이점

4) 람사협약의 의의와 협약에 의해 등록된 우리나라의 습지 지역 및 그 지역별 주요 생태적 특성

5) 경관생태학의 개념과 그에 따른 공간유형 및 유형별 특성

6) 교토의정서의 주요 내용과 이를 이행하기 위한 환경정책의 주요방향

7) 신재생에너지의 개념과 종류 및 이와 관련한 국가 환경정책의 방향

【과목명: 환경계획】

국토의 생태자원 보전과 이용을 위한 생태네트워크의 구축과 관련하여 다음 항목에 대하여 기술하시오. (총 25점)

1) 생태네트워크의 개념 및 필요성 (5점)

2) 우리나라 국토의 광역 생태축 종류와 그 특성 및 네트워크화 방안 (10점)

3) 도시 및 지역규모 수준에서의 생태네트워크화 방안 (10점)

【과목명: 환경영향평가론】

전략환경평가 제도의 도입으로 개발관련 상위 행정계획 수립단계부터 개발사업 시행단계에 이르기까지 단계별 환경성평가 체계가 구축되었다. 행정계획의 사전환경성 검토시 입지 타당성 검토에 필요한 세부 항목을 열거하고, 주요 내용을 기술하시오. (20점)

【과목명: 수질오염관리】

수질오염총량관리제도와 과학적 수질예측 도구로 활용되는 수질모델링에 대하여 다음 물음에 답하시오. (총 20점)

1) 기존 수질정책과 수질오염총량제의 차별성을 설명하시오. (5점)

2) 목표수질, 기준유량, 안전율, 할당부하량의 의미 및 산정방법을 설명하시오. (10점)

3) 수질예측 및 평가도구로서의 하천 및 호소에 대한 대표적 모델을 각각 1개씩 열거하고 그 원리 , 특징 및 장단점을 논하시오. (5점)

10. 2006년 시행

【과목명: 환경영향평가론】

우리나라 환경영향평가제도의 변화과정을 도입단계와 시행단계로 구분하여 주요 특징을 서술하고, 향후 발전 방향을 논하시오 (20점)

【과목명: 환경영향평가론】

수질오염 총량관리제와 환경영향평가제도 사이의 상호관계를 설명하시오. (10점)

유엔지속가능발전목표

2012년 6월 브라질 리우에서 개최된 유엔지속가능발전정상회의(리우+20) 후속조치로 유엔은 2014년 12월 유엔지속가능발전목표(SDGs: Sustainable Development Goals)를 제시했다. 17개의 발전 목표와 169개 세부 목표로 구성된 SDGs는 현재 세계가 직면한 기후변화, 에너지, 식량 등과 같은 주요 문제를 다루고 있다. 이는 유엔이 2015년부터 2030년까지 추진을 목표로 하고 있는 세계 환경정책 방향으로 국내 환경정책에도 중요한 영향을 미칠 것이다. SDGs의 17개 목표와 세부 내용은 다음과 같다.

(1) Goal 1 : 모든 지역에서 빈곤 퇴치(No Poverty)

목표 1 모든 국가에서 모든 형태의 빈곤 종식
(End poverty in all its forms everywhere)

유엔지속가능발전 목표(원문 로고)

1.1 2030년까지 전 인류의 절대빈곤 퇴치(현재 하루 생활비 $1.25 이하 인구 기준)

1.2 2030년까지 남녀노소를 불문하고 국가별 빈곤정의에 따라 모든 면에서의 빈곤인구 50% 감축

1.3 최저생계유지 등을 포함한 각국별로 적절한 사회보장시스템과 정책을 이행하고, 2030년까지 빈곤층 및 취약계층에 실질적인 혜택 제공

1.4 2030년까지 모든 남녀, 특히 빈곤층과 취약계층이 경제적으로 활용 가능한 자원 및 기초 서비스에 대한 평등한 권리, 토지 및 유산, 자연자원, 적정 신기술, 소액금융을 포함한 금융서비스 등 기타 형태나 자산에 대한 소유권 및 통제권 보장

1.5 2030년까지 빈곤층 및 취약계층의 회복력 구축 및 기후관련 재해와 기타 경제·사회·환경적 충격과 재난에 대한 노출과 취약성 경감

(2) Goal 2 : 기아종식과 식량안보(Zero Hunger)

목표 2 기아의 종식, 식량안보 확보, 영양상태 개선 및 지속가능농업 증진
(End hunger, achieve food security and improved nutrition and promote sustainable agriculture)

2.1 2030년까지 기아종식, 빈곤층과 취약계층, 영유아를 포함한 모든 사람들에 대한 연중 안전하고, 고영양의 충분한 식량 공급 보장

2.2 아동의 발달저해와 신체쇠약을 방지하도록 2025년까지 국제적으로 합의된 세부목표달성을 포함해, 2030년까지 모든 형태의 영양실조 종식과 청소년기 소녀, 임산부, 수유부, 노인의 영양상태 개선 필요

2.3 2030년까지 토지 및 기타 생산자원과, 지식, 금융서비스, 시장과 부가가치 및 비농업 고용기회에 대한

빈곤퇴치	기아종식	건강과 웰빙	양질의 교육	성평등	깨끗한 물과 위생
모두를 위한 깨끗한 에너지	양질의 일자리와 경제성장	산업, 혁신, 사회기반 시설	불평등 감소	지속가능한 도시와 공동체	지속가능한 생산과 소비
기후변화와 대응	해양생태계 보존	육상생태계 보호	정의, 평화, 효과적인 제도	지구촌 협력	Sustainable Development Goals

유엔지속가능발전 목표

안정적이고 평등한 접근성 확보를 통해 여성, 원주민, 농·목축민, 어민 등의 농업 생산량과 소규모 식량 생산자의 소득을 2배로 증대

2.4 2030년까지 생산성과 실질적인 생산을 증대하고 생태계를 유지하며 극심한 기후변화, 홍수, 가뭄 등 기타 자연재해에 대한 적응력을 강화하여 점진적으로 토지와 토양의 질을 향상시키는 지속가능식량생산 시스템을 보강하고 회복력이 확보된 농업활동을 이행

2.5 2020년까지 국가, 지역, 지구적 차원에서 건전하게 관리되고 다양성이 보장되는 식물 및 종자은행을 통한 씨앗, 농작물, 가축 및 이와 관련 있는 야생종의 유전자적 다양성을 유지하고, 유전자적 자원 및 이와 관련된 전통 지식의 활용으로 보장되는 혜택을 공정하게 배분하고, 이에 대한 접근성 보장

(3) Goal 3 : 보건과 웰빙(Good Health and Well-Being)

목표 3 **모든 연령층의 건강한 삶을 보장하고 웰빙을 증진**
(Ensure healthy lives and promote well-being for all at all ages)

3.1 2030년까지 전 세계적으로 산모사망률을 0.07% 이하로 경감

3.2 2030년까지 5세 이하 영유아의 예방이 가능한 사망률을 종식

3.3 2030년까지 후천성 면역 결핍증, 결핵, 말라리아, 열대성 질환의 종식 및 간염, 수계감염 질병, 기타 전염병 근절

3.4 2030년까지 전염병 이외의 원인으로 발생하는 조산사망률을 예방과 치료를 통해 1/3로 경감하고 정신건강과 복지를 증진

3.5 마약류 약물 남용과 알콜 섭취를 포함한 약물남용의 예방과 치료강화

3.6 2020년까지 전 세계적으로 도로 교통사고 사상자 50%로 경감

3.7 2030년까지 가족계획, 정보와 교육, 국가전략과 프로그램에 출산보건 연계 등을 포함한 성건강 및 출산보건 서비스에 대한 접근의 평등성 보장

3.8 재정적 위험을 보호하고, 양질의 기초보건 서비스를 제공하며, 안전하고, 효과적이며, 저렴한 기초 의약품 및 백신을 공급하는 것과 같은 평등한 보건 혜택 제공

3.9 유독화학물질과 공기, 토양, 수질오염 및 환경오염에서 야기되는 질병과 사망을 실질적으로 경감

(4) Goal 4 : 교육보장과 평생학습(Quality Education)

목표 4 **모든 사람을 위한 포용적이고 형평성 있는 양질의 교육 보장 및 평생교육 기회 증진**
(Ensure inclusive and equitable quality education and promote lifelong learning opportunities for all)

4.1 2030년까지 모든 남·여아에게 적절하고 효과적인 교육성과를 이끌어 낼 수 있는 자유롭고 공평한 양질의 초등 및 중등교육 제공

4.2 2030년까지 모든 남·여아가 초등교육 준비를 위한 양질의 영유아 발달교육, 돌봄, 취학 전 교육에 대한 접근성 보장

4.3 2030년까지 모든 남녀에게 저렴하고 양질의 기술교육, 직업교육, 대학과정을 포함한 3차 교육에 대한 접근의 평등성 보장

4.4 2030년까지 취업, 양질의 일자리, 기업 활동에 필요한 전문기술 및 직업기술 등 적절한 기술을 가진 청소년 및 성인의 수를 확대

4.5 2030년까지 교육 분야에서 성차별 해소 및 장애인, 원주민 및 취약상황에 처한 아동을 포함한 취약계층을 위한 교육 및 직업훈련에 대한 접근성 전면적 보장

4.6 2030년까지 남녀 공통으로 모든 청소년과 성인의 문자해독능력과 기초산술능력 보장

4.7 2030년까지 모든 학습자들이 지속가능발전 및 지속가능한 생활양식, 인권, 성평등, 평화와 비폭력 문화의 확대, 세계시민의식, 문화적 다양성 및 지속가능발전에 문화기여에 대한 교육을 통해 지속가능발전을 확대하는 데 필요한 지식과 기술을 학습할 수 있도록 지원

(5) Goal 5 : 성평등과 여성역량강화(Gender Equality)

목표 5 **성평등 달성 및 여성·소녀의 역량 강화**
  (Achieve gender equality and empower all women and girls)

5.1 모든 국가의 모든 여성 및 소녀에 대한 모든 형태의 차별을 종식

5.2 인신매매, 성적 착취를 비롯한 공공장소 및 개인장소에서의 모든 여성 및 소녀에게 가해지는 모든 형태의 폭력 근절

5.3 아동결혼, 조혼, 강제결혼, 여성성기절제 등과 같은 여성에게 가해지는 모든 위해행위 근절

5.4 국가별로 적절한 공공서비스, 인프라 및 사회보장정책의 제공과 함께 가족과 가정 내 남녀 간 책임공유를 확대하여 대가를 지불하지 않는 돌봄과 가사노동에 대한 가치인정

5.5 정치, 경제 및 공적인 생활에서 모든 차원의 의사결정 시 여성의 전면적 효과적인 참여와 리더십의 공평한 기회 보장

5.6 "세계인구개발회의 프로그램", "베이징행동강령"과 이후의 결과보고서를 통해 합의한 바와 같이 성건강과 출산권에 대한 보편적 적용

(6) Goal 6 : 물과 위생(Clean Water and Sanitation)

목표 6 **모두를 위한 식수와 위생시설 접근성 및 지속가능한 관리 확립**
  (Ensure availability and sustainable management of water and sanitation for all)

6.1 2030년까지 안전하고 이용 가능한 식수에 대한 모두의 보편적이고 평등한 접근성을 확보

6.2 2030년까지 위생 환경·설비에 대한 모두의 적절하고 공평한 접근성을 확보하고, 취약한 환경에 있는 여성과 아이들의 필요에 특별한 주의를 기울여 노상 배변을 종식

6.3 2030년까지 공해 저감, 위험 화학약품 및 유해물질의 투기 근절 및 발생 최소화, 미처리 폐수의 비율 절반 이하로 감소, 그리고 재활용 및 재사용률을 증가시켜 수질을 개선

6.4 2030년까지 모든 분야에서 용수 효율을 지속가능하게 증가시키고, 물 부족을 해소할 수 있는 담수의 지속가능한 배수와 공급을 확보하고, 물 부족 문제를 겪고 있는 사람들의 수를 지속적으로 감소

6.5 2030년까지 모든 단계(초국가적 적절한 협력 등을 포함)에서 통합된 물자원 관리를 시행

6.6 2020년까지 물 관련 생태계(산맥, 산림, 습지, 강, 대수층, 호수 등)을 보호하고 보전

(7) Goal 7 : 지속가능한 에너지(Affordable and Clean Energy)

목표 7 모두에게 지속가능한 에너지 보장
(Ensure access to affordable, reliable, sustainable and modern energy for all)

7.1 2030년까지 저렴하고 믿을 수 있는 현대식 에너지 서비스 전면 제공 보장

7.2 2030년까지 전 세계 에너지 구성에서 신재생에너지 비중의 실질적 증대

7.3 2030년까지 전 세계 에너지 효율 개선 비율의 2배 확대

(8) Goal 8 : 경제성장과 고용(Decent Work and Economic Growth)

목표 8 지속적·포괄적·지속가능한 경제성장 및 생산적 완전고용과 양질의 일자리 증진
(Promote sustained, inclusive and sustainable economic growth, full and productive employment and decent work for all)

8.1 나라별 상황에 맞추어 1인당 경제성장을 지속화하고, 특히 최빈국에서 국내총생산 증가율을 연간 7% 이상으로 지속

8.2 다양화, 기술 향상 및 혁신을 통해 경제적 생산성을 높임. 특히 고부가가치 및 노동집약적인 분야에 초점

8.3 생산적 활동, 질 높은 고용 창출, 기업과 정신, 창조와 혁신을 지원하는 발전지향적 정책을 진흥. 또한 금융 서비스 개선을 포함하는 영세기업과 중소기업의 공식화 및 성장을 장려

8.4 "지속가능 소비와 생산을 달성하기 위한 10년 계획(10YFP)"에 따라 선진국이 앞장서서 경제성장이 환경악화를 수반하지 않도록 2030년까지 소비와 생산에서 범세계적인 자원효율을 획기적으로 개선

8.5 2030년까지 청년과 장애인들을 포함하는 모든 남녀에 완전하고 생산적인 고용과 양질의 일자리를 제공하고, 동일 노동에 대한 동일 보수가 이루어지도록 노력

8.6 고용, 교육, 연수중이 아닌 청년의 비율을 2020년까지 현격히 감소

8.7 최악의 아동 노동을 금지·제거하는 효과적인 정책을 즉각 추진하고, 강제노동을 근절하며, 2025년까지 소년병 징집과 사용을 포함한 모든 형태의 아동 노동을 종식

8.8 노동권을 보호하고, 이주 노동자(그 중에서도 특히 여성 이주자)와 불안정한 고용 상태에 있는 사람들을 포함한 모든 근로자들의 안전한 근로환경을 조성

8.9 일자리를 창출하고 지역문화와 지역 상품을 진흥하는 지속가능 관광을 활성화하는 정책을 2030년까지 수립·집행

8.10 모든 사람들을 위한 은행, 보험 및 금융 서비스를 제공할 수 있도록 국내 금융기관의 역량을 강화

(9) Goal 9 : 인프라 구조와 산업 환경(Industry, innovation, and infrastructure)

목표 9 건실한 인프라 구축, 포용적이고 지속가능한 산업화 진흥 및 혁신
(Build resilient infrastructure, promote inclusive and sustainable industrialization and foster innovation)

9.1 경제발전과 인류 복지 증진을 위해 모든 사람들이 값싸고 공평하게 활용할 수 있는 양질의 견고하고 지속가능한 지역적·국가 간 인프라를 구축

9.2 포용적이고 지속가능한 산업화를 추진. 2030년까지 국가별 상황을 고려하여 고용 및 국내총생산에서 공업의 비중을 획기적으로 높이고, 최빈국에서 공업의 비중을 현재보다 2배로 증가

9.3 소규모 기업, 특히 개발도상국의 소기업들이 합리적인 신용대출을 이용할 수 있게 하는 등 금융 서비스에 대한 접근도를 증진시키고, 글로벌 가치사슬과 시장에 합류할 수 있는 가능성 높임

9.4 2030년까지 인프라와 오래된 공업설비를 개선하여 자원효율성을 증진

9.5 과학 연구를 강화하고, 모든 나라, 특히 개발도상국에서 공업 부문의 기술역량을 향상, 2030년까지 혁신을 장려하고, 인구 백만 명 당 연구개발 인력의 숫자를 증가시키고, 민관연구개발 지출을 증가

(10) Goal 10 : 불평등 감소(Reduced Inequalities)

목표 10 국가내·국가 간 불평등 완화(Reduce inequality within and among countries)

10.1 2030년까지 점진적으로 최하위 40%의 소득 증가율이 국가 평균을 능가하게 하고, 이를 유지

10.2 2030년까지 연령, 성별, 장애, 인종, 민족, 종교, 경제적 혹은 여타 지위에 상관없이 모든 사람들을 사회·경제·정치적으로 포용할 수 있도록 힘껏 노력

10.3 차별적 법, 정책, 관행을 철폐하고, 적절한 입법, 정책, 행동강령을 조성함으로써 공평한 기회를 보장하고, 불평등한 결과를 경감

10.4 재정, 임금, 사회보장 정책 등 점진적으로 보다 공평한 사회를 달성하기 위한 여러 정책을 채택

10.5 전 세계 금융시장 및 금융 기관을 규제하고 감찰하는 방안을 개선하고, 규제 이행을 강화

10.6 국제 경제·금융기관이 보다 효과적이고, 신뢰성 있고, 책임성 있고, 정당성 있는 기관이 될 수 있도록 의사결정에서 개발도상국의 대표성을 강화

10.7 계획되고 잘 관리된 이주정책의 시행을 통해 질서 있고, 안전하고, 정기적이고, 책임성 있는 이주와 이동이 쉽게 이루어 질 수 있도록 노력

(11) Goal 11 : 지속가능한 도시와 사회(Sustainable cities and communities)

목표 11 포용적인·안전한·회복력 있는·지속가능한 도시와 인간 거주지 조성
(Make cities and human settlements inclusive, safe, resilient, and sustainable)

11.1 2030년까지 충분한 수의, 안전하며, 비용이 적게 드는 주거공간과, 기초 서비스에 대한 전면적인 제공 및 빈민촌의 재개발 추진

11.2 2030년까지 취약계층, 여성, 어린이, 장애인, 노인인구의 요구에 초점을 둔 대중교통의 확대와 도로 안전 개선을 통해 안전하고 적은 비용의 누구나 사용이 가능한 지속가능 교통체계 제공

11.3 2030년까지 모든 국가에서 포용적이고 지속가능한 도시화와 참여적·통합적·지속가능한 정주계획과 관리 확대

11.4 세계의 문화 및 자연유산을 보호하려는 노력 강화

11.5 빈곤층과 취약계층에 중점을 둔 2030년까지 물 관련 재해를 포함한 각종 재해에 의해 발생하는 사상자와 직간접적으로 영향을 받은 인구를 대폭 축소하고 GDP에 부정적인 영향을 주는 경제적 손실을 경감

11.6 2030년까지 대기의 질과 지자체 및 기타 폐기물 관리에 초점을 맞추고 인구 1인당 도시로부터 발행하는 환경적 악영향을 축소

11.7 2030년까지 안전하고 포용적이며 누구나 접근가능한 공동의 녹색 공간을 확대하고, 여성, 아동 및 노인과 장애인을 중심으로 녹색 공간 제공

(12) Goal 12 : 지속가능한 소비와 생산(Responsible consumption and production)

목표 12 지속가능한 소비 및 생산 패턴 보장
(Ensure sustainable consumption and production pattern)

12.1 모든 국가들이 "지속가능 소비와 생산을 위한 10개년 계획"을 이행. 이 과정에서 선진국들이 솔선수범하여, 개발도상국의 개발단계와 역량을 고려

12.2 2030년까지 자연자원의 지속가능 관리와 효율적 사용을 달성

12.3 2030년까지 전 세계적으로 모든 음식물 쓰레기를 반으로 줄이고, 수확 단계를 포함한 생산 및 공급사슬과정에서 발생하는 식량 손실을 감축

12.4 2030년까지 화학물질과 모든 폐기물을 국제규범에 따라 잔존 연한까지 환경 친화적으로 관리. 인류의 건강과 환경에 끼치는 악영향을 최소화할 수 있도록 화학물질과 폐기물의 대기, 물, 토지에 대한 방출을 확실히 감축

12.5 2030년까지 예방, 감축, 재활용, 재사용을 통해 폐기물 발생 획기적으로 감소

12.6 대기업과 다국적기업을 포함한 모든 기업들이 지속가능 관행을 채택하고, 지속성에 대한 정보를 보고

12.7 국가정책과 우선순위에 부합되는 방향으로 공공조달 방식이 지속가능하도록 추진

12.8 세계 도처의 모든 인류가 2030년까지 자연과 조화로운 지속가능발전과 생활방식에 관한 적절한 정보를 접하고, 인식 할 수 있도록 함

(13) Goal 13 : 기후변화(Climate Change)

목표 13 기후변화와 그 영향을 대처하는 긴급 조치 시행(Take urgent action to combat climate change and i ts impacts), UNFCCC가 전 세계적인 기후변화 대응방안을 논의하는 가장 최상위의 국제적, 정부간 포럼임을 인정

13.1 모든 국가에서 기후관련 위험과 자연 재해에 대한 회복력과 적응 역량을 강화

13.2 국가 정책, 전략, 계획과 기후변화 대응방안들을 통합

13.3 기후변화 완화, 적응, 영향 감소 및 조기 경보에 관한 교육, 인식 증진, 인적 및 제도적 역량을 증진

(14) Goal 14 : 수생태계(Life Below Water)

목표 14 지속가능발전을 위한 해양·바다·해양자원 보존과 지속가능한 사용
(Conserve and sustainably use the oceans, seas and marine resources for sustainable development)

14.1 2025년까지 모든 종류의 해양 오염(특히, 해양쓰레기 및 부영양화 등의 육상 활동 등으로 야기되는 오염)을 예방하고 현저하게 줄임

14.2 2020년까지 해양 및 해안 생태계의 회복력을 증진시키고, 그 복원을 위한 조치를 실행함으로써 심각한 악영향을 막고, 건강하고 생산적인 해양 환경 조성

14.3 모든 단계에서의 과학적 협력을 강화하여 해양 산성화 영향을 최소화 및 해결

14.4 2020년까지 효과적으로 어획량을 규제하고, 과잉 어획, 불법, 비보고, 비규제 어업, 그리고 파괴적인 어획을 종식시키고, 실행 가능한 최단 기간 내에 적어도 생물학적 특성으로 결정되는 최대의 지속가능한 양을 생산해 낼 수 있는 수준으로 수산 자원량을 회복할 수 있도록 과학 기반 관리계획을 시행

14.5 2020년까지 적어도 해안 및 해양 영역의 10%를 국내법 및 국제법에 부합하도록, 그리고 가장 유용한 과학적 정보에 기초할 수 있도록 보전

14.6 2020년까지 과잉생산 및 어획에 일조하는 일단의 어업 보조금을 금지하고, 불법, 비보고, 비규제 어업에 기여하는 보조금들을 없애고, 새로운 보조금들을 도입하는 것을 자제.

14.7 2030년까지 어업, 양식업, 관광업의 지속가능한 관리를 통해 해양 자원의 지속가능한 활용으로부터 군소도서국 및 최빈국에게 돌아가는 경제 이익을 증진

(15) Goal 15 : 육상생태계(Life on Land)

목표 15 육상생태계를 보호, 복원 및 지속가능하게 이용하고, 산림을 지속가능하게 관리하며, 사막화를 방지하고, 토지 황폐화를 막고 생물다양성 감소를 억제
(Protect, restore and promote sustainable use of terrestrial ecosystems, sustainably manage forests, combat desertification, and halt and reverse land degradation and halt biodiversity loss)

15.1 2020년까지 육상과 내륙의 담수 생태계와 그 체계, 특히 국제협약 의무사항 연장선상의 산림, 습지, 산맥, 육지 등의 보전, 복원, 지속가능한 이용 확보

15.2 2020년까지 모든 종류의 산림의 지속가능한 관리 이행을 증진하며, 사막화를 방지하고, 황폐화된 산림을 복원하고, 산림화와 재산림화를 전지구적으로 증진

15.3 2020년까지 사막화를 방지하고, 척박해진 토지와 토양(사막화, 가뭄 및 홍수에 영향을 받는 토지 등)을 복원하며, 토지 황폐화 없는 세상을 이루도록 노력

15.4 2030년까지 지속가능발전의 필수적인 혜택을 제공하는 역량을 증진시키기 위해 산림 생태계보전(생물다양성 등)을 확보

15.5 자연서식지의 악화를 완화시키기 위한 긴급하고 중대한 조치를 취하고, 생물다양성의 손실을 막고, 2020년까지 절멸 위기 종의 멸종을 보호하고 예방

15.6 유전자원의 활용으로 인한 혜택의 공평하고 평등한 분배를 이류고, 유전자원으로의 적절한 접근성을 향상

15.7 동식물 보호종의 포획 및 거래를 종식시키기 위한 긴급한 조치를 취하고, 불법야생상품의 수요와 공급 문제를 모두 다룸

15.8 2020년까지 육상과 물 생태계의 외래종의 침습을 막고 그 영향을 크게 감소시키며, 우선순위 종을 관리하거나 근절

15.9 2020년까지 생태계와 생물다양성 가치를 국가 및 지방 계획, 발전 과정, 빈곤 감소 전략, 계정에 포함

(16) Goal 16 : 평화로운 사회와 책무성 있는 제도(Peace, Justice, and Strong Institutions)

목표 16 지속가능발전을 위한 평화롭고 포용적인 사회 확대, 정의에 대한 접근성 확대, 모든 차원에서 효과적이고 신뢰할 수 있는 포용적인 제도 구축
(Promote peaceful and inclusive societies for sustainable development, provide access to justice for all and build effective, accountable and inclusive institutions at all levels)

16.1 전 지역에서 모든 형태의 폭력과 이와 관련된 사망률의 대폭 축소

16.2 아동 학대, 착취, 인신매매 및 모든 형태의 폭력과 고문 근절

16.3 국가 및 국제차원에서의 법치 촉진 및 모두에게 평등한 사법 접근성 보장

16.4 2030년까지 불법적인 자금 및 무기유입 감축, 은닉한 재산의 환수, 모든 형태의 조직범죄 근절

16.5 모든 형태의 부패와 뇌물수수의 실질적 감소

16.6 모든 차원에서 효과적이고 신뢰할 수 있는 투명한 제도/기관 개발

16.7 모든 차원에서 여론에 응답성이 제고되고 포용적이며 참여적이고 대의적인 의사결정 보장

16.8 국제기구에서 개도국 참여확대 강화

16.9 2030년까지 출생 등록을 포함한 모든 사람에게 법적 지위 보장

(17) Goal 17 : 이행수단(Partnerships for the Goals)

목표 17 이행수단 강화 및 지속가능발전을 위한 글로벌 협력관계 재활성화
(Strengthen the means of implementation and revitalize the global partnership for sustainable development)

17.1 국제사회가 개발도상국에 대한 지원을 통해 조세 및 여타 수입확보를 위한 정부의 역량을 개선시켜 줌으로써 국내재원동원을 강화

17.2 선진국들은 공적개발원조에 대한 약속을 이행. 즉, 국민총생산의 0.7%를 개발도상국을 위해 지원하고, 이중 0.15−0.2%는 최빈국에게 지원

17.3 개발도상국을 위해 여러 가지 다양한 재원을 추가적으로 동원

17.4 개발도상국들이 적절하게 국채 조달, 채무 탕감, 채무 조정을 활성화할 수 있도록 국가 간 정책을 공조하고, 이에 따라 개발도상국들이 장기적으로 국가채무에 대한 지속적 관리를 달성할 수 있도록 지원

17.5 최빈국을 위한 투자진흥방안을 채택하고 시행

17.6 과학, 기술, 혁신 분야의 북남, 남남, 삼각협력을 강화. 또한 UN 차원에서 기존의 방식을 개선하거나 혹은 동의될 새로운 범세계적인 이행제도를 통해 상호 동의한 조건에 따라 지식공유를 강화

17.7 상호 합의에 따라 우호적인 조건 하에 개발도상국으로 환경 친화적인 기술의 개발, 이전, 배분, 확산을 추진

17.8 2017년까지 최빈국을 위한 기술은행과 과학기술혁신 역량강화 제도를 확대 운영. 또한 활성화기술(enabling technology), 특히 정보통신기술의 사용강화

17.9 개발도상국의 SDGs를 추진하기 위한 국가계획을 지원하여, 효과적이고 목적지향적인 역량개발을 추진할 수 있도록 북남, 남남, 삼각협력을 포함하는 국제적 지원 강화

17.10 도하개발의제의 협상 종결을 포함하여, 세계무역기구 체제하에서 보편적, 규칙에 기반을 둔, 공개적, 비차별적이고 공정한 다자간 무역체제를 확립

17.11 개발도상국의 수출을 획기적으로 증진. 특히 2020년까지 최빈국의 세계 수출에서 차지하는 비중을 2배로 늘림

17.12 모든 최빈국들을 대상으로 세계무역기구 결정과 부합되는 지속적인 무관세, 무할당 시장접근 혜택을 적시 추진. 최빈국으로부터의 수입에 적용되는 특혜 원산지규정이 투명하고, 간명하고, 시장접근이 용이하게 마련될 것을 보장

참고 문헌

▶ 국내 저서

권득룡, 박경렬, 이용규, 정헌준, '환경행정관리·실무', 동화기술, 1997년, 450쪽

김동욱, 류재근, 박제철, 임재명, 정혁진, '환경정책론', 도서출판 그루, 2005년, 501 쪽

김두수, 'EU 환경법', 한국학술정보, 2012년, 465쪽

김성일, '솔루션 그린: 기후, 에너지, 식량 문제 해결을 위한 거대한 행동의 전환', 메디치, 2011년, 239쪽.

김정규, '역사로 보는 환경', 고려대학교 출판부, 2009년 305쪽

김지태, 김상훈, 안세창, 오길종, 정병철, 황석태, '환경정책의 이론과 실제', 동화기술, 2014년, 833쪽

김영호, 나영주, 고상두, 박석순, 김승채, 홍규덕, '유엔과 평화: 유엔창설 60주년 회고와 전망', 서울평화상문화재단, 2007년 220쪽

김영화, '녹색환경정책론', 신광출판사, 2014년, 637쪽

김종민, '환경문제와 환경법', 행법사, 1994년, 797 쪽

김진욱, 한만봉, '현대환경행정론' 한국학술정보, 2006년, 422쪽

문태훈, '환경정책론', 형설출판사, 2014년, 598쪽

박석순, '부국환경론: 부국환경이 우리의 미래다', 어문학사, 2015년, 356쪽

박석순, '환경재난과 인류의 생존전략', 어문학사, 2014년, 335쪽

박석순, '부국환경담론: 부강한 나라가 환경을 지킨다', 사닥다리, 2007, 324쪽.

박석순, '수질관리학: 원리와 모델', 해치, 2009, 350쪽.

박석순, 'MT(Map of Teens)환경공학: 나의 미래 공부시리즈', 장서가, 2008, 326쪽.

박석순, '만화로 보는 박교수의 환경재난 이야기', 이화여대 출판부, 2003년, 295쪽

박승환, '환경 CEO의 녹색노트: 우리나라 녹색산업과 정책', 도서출판 가현, 2013년, 326쪽

박창근, '환경보호 대통령 박정희', 도서출판 가교, 2015년, 350쪽

석인선, '환경권론', 이화여자대학교 출판부, 2007년, 519쪽

송인성, '환경정책과 환경법', 집문당, 2005년, 400쪽

일사회, '그 세월의 뒷모습: 한국 환경야사', 홍문관, 2011, 358쪽.

정회성, '전환기의 환경과 문명: 기후·환경과 인류의 발자취', 도서출판 지모, 2009년, 278쪽

정회성, 변병설, '환경정책의 이해' 박영사, 2003년, 596 쪽

정형지, 김도윤, 유동수, 홍동우, '물과 불의 새로운 승자', 옥당, 2012년, 213쪽

조홍식, '기후변화 시대의 에너지법정책', 박영사, 2013년, 601쪽

한정석, '환경주의와 에코파시즘: 주요 국책사업과 4대강에서 드러난 환경단체의 사기극', 자유기업원 CFE Report No.172, 2011, 32쪽.

환경부, '환경 30년사', 2010, 1227쪽.

환경부, '환경백서(2009, 2010, 2011, 2012, 2013, 2014, 2015)',

환경정보평가원, '국책사업의 환경문제 검증 및 갈등 해결방안', 2011, 121쪽.

환경법연구회, '최신환경법론', 자유아카데미, 2002년, 413 쪽

▶ 국내 역서

김은령 역(레이첼 칼슨), '침묵의 봄', 에코리브로, 2002년, 384쪽.

김지석, 김춘이 역(앨 고어), '우리의 선택', 알피니스트, 2010, 405쪽.

박계수, 황선애 역(디르크 막사이너·미하엘 미에르쉬), '오해와 오류의 환경 신화', 램덤하우스중앙, 2005년, 567쪽.

박석순 역(잭 홀랜드), '환경위기의 진실: 가난이 환경의 최대 적이다', 에코리브로, 2004, 382쪽.

박석순 역(마이클 리치·노리에 허들), '꿈의 섬: 일본의 환경 비극', 이화여대 출판부, 2001, 346쪽.

박종대, 이수영 역(클라우스 퇴퍼·프리데리케 바우어), '청소년을 위한 환경교과서', 사계절, 2009, 233쪽

윤홍식 역(피터 번스타인), '물의 결혼: 이리운하와 위대한 국가 건설', 사닥다리, 2011년 603쪽

이경남 역(대니엘 예긴), '2030 에너지 전쟁: 과거에서 미래까지, 에너지는 세계를 어떻게 바꾸는가', 사피엔스21, 2013년 935쪽

이순희 역(로이 스펜스), '기후 커넥션: 지구온난화에 관한 어느 기후 과학자의 불편한 고백', 비아북, 2008, 275쪽.

이승환 역(월드워치연구소), '지구환경과 세계경제', 따님, 1998, 259쪽.

이영민, 최정임 역(토머스 프리드먼), '코드 그린: 뜨겁고 평평하고 붐비는 세계', 21세기북스, 2008, 590쪽.

이유진 역(티모시 도일·더그 맥케이컨), '환경정치학', 한울아카데미, 2002, 241쪽.

이종욱, 황의방 역(레스터 브라운), '플랜 B 3.0', 도요새, 2008, 495쪽.

이하준 역(이시 히로유키·야스다 요시노리·유아사 다케오), '환경은 세계사를 어떻게 바꾸었는가', 경당, 2003, 286쪽.

이한음 역(제임스 러브록), '가이아의 복수', 세종서적, 2008, 263쪽.

장세현 역(레베카 코스타), '지금 경계선에서: 오래된 믿음에 대한 낯선 통찰', 샘앤파커스, 2011, 495쪽.

정승진 역(존 드라이제크), '지구환경정치학 담론' 에코리브르, 2005, 384쪽.

조응주 역(데이비드 스즈키·홀리 드레슬), '굿 뉴스: 나쁜 뉴스에 절망한 사람들을 위한', 산티, 2006, 607쪽.

차재권 역(제임스 스페치·피터 하스), '지구와 환경: 녹색혁명의 도전과 거버넌스', 명인문화사, 2009, 237쪽

추경철, 안민석 역(스티븐 솔로몬), '물의 세계사: 부와 권력을 향한 인류 문명의 투쟁', 민음사, 2013년 702쪽

추선영 역 (헤더 로저스), '에코의 함정: 녹색 탈을 쓴 소비 자본주의', 도서출판 이후, 2011, 372쪽

황보영조 역(앤터니 페나), '인류의 발자국: 지구 환경과 문명의 역사', 삼천리, 2013년, 503쪽

홍욱희 역(비외른 롬보르), '회의적 환경주의자', 에코리브르, 2003, 1,068쪽.

홍욱희 역(앤서니 기든스), '기후변화의 정치학', 에코리브르, 2009, 383쪽.

홍욱희 역(존 맥닐), '20세기 환경의 역사', 에코리브르, 2008, 688쪽.

▶ 해외 서적 및 논문

Bailey, R., 'Global Warming and Other Eco-Myths', Prima Publishing, Roseville, CA, 2002, 423pp.

Bailey, R., 'True State of the Planet', Free Press, 1995, 472pp.

Barazilay, J., Weinberg, W., Eley, J., 'The Water We Drink', Rutgers University Press, New Brunswick, NJ, 1999, 180pp.

Blatt, H., 'America's Environmental Report Card', The MIT Press, 2005, 277pp.

Botkin, D., Keller, E., 'Environmental Science', 4th Ed., John Woley & Sons, Inc., Hoboken, NJ, 2003, 668pp.

Bowler, P., 'The Norton History of the Environmental Science', Norton, New York, NY, 1993, 634pp.

Cohen, S., 'Understanding Environmental Policy, Colombia University Press, New York, NY, 2006, 172pp.

Dashefasky, H., 'Environmental Literacy', Random House, New York, NY, 1993, 298pp.

Ekins, P., 'Economic Growth and Environmental Sustainability : The Prospects for Green Growth', Routledge, 1999, 392pp.

Hardin, G. 'The Tragedy of Commons: the population problem has no technical solution; it requires a fundamental extension in morality', Science, 1968, pp1243-1248.

Hodgson, P., 'Energy, the Environment and Climate Change', Imperial College Press, 2010, 202pp.

Masters, G., 'Introduction to Environmental Engineering and Science', 2nd Ed., Prentice-Hall, Upper Saddle River, NJ, 1998, 651pp.

McKinney, M., Schoch, R., 'Environmental Science', West Publishing Company, New York, NY, 1996, 639pp.

Meadows, Dennis, Meadows, Donella, Randers, J., Behrens, W., 'The Limits to Growth: A Report for the Club of Rome's Project on the Predicament of Mankind', A Potomac Associate Books, 1974, 205pp.

Myers, N., 'GAIA: An Atlas of Planet Management', Anchor Books, New York, NY, 1993, 272pp.

Nazaroff, W., Alvarez-Cohen, L., 'Environmental Engineering Science', Wiley & Sons, Inc., New York, 2001, 690pp.

Parker, S., Corbitt, R., 'McGraw-Hill Encyclopedia of Environmental Science and Engineering', 3rd Ed., McGraw-Hill, Inc., New York, NY, 1992, 749pp.

Pearce, F. 'Earth Then and Now: Amazing Images of Our Changing World', A Firefly Book, 2010, 288pp.

Raven, P., Berg, L., Johnson, G., 'Environment', 2nd Ed., Saunders College Publishing, Philadelphia, PA, 1997, 579pp.

Rosenbaum, W, 'Environmental Policy and Law', 9th Ed, Sage Publication, Los Angeles, CA, 2014, 426pp

Salzman, J., Thomson, B., 'Environmental Law and Policy', Foundation Press, 2007, 338pp.

United Nations Environmental Programme, 'Keeping Track of Our Changing Environment from Rio to Rio+20', United Nations, 2011, 112pp.

United Nations Environmental Programme, 'Global Environmental Outlook 3', Earthscan Publishing Ltd, London, 2002, 446pp.

찾아보기

ㅇ

ㅈ

저자 **박석순**

이화여대 환경공학과 교수, (전)국립환경과학원 원장

지금까지 국내외 주요 학술지에 150여 편의 논문을 게재하고 20여 편의 저서와 역서를 출판하였으며, 중앙일간지와 전문지에 170여 편의 환경칼럼을 기고했다. 서울대학교 재학 중 전국대학생 학술대회에서 기초과학분야 최우수상(1979년), 한국과학재단 이달의 과학기술자 상(2007년), 대통령 녹색성장 표창(2013년) 등 다수의 수상 경력을 갖고 있다. 미국 럿거스대학교 환경과학과에서 석사(1983년)와 박사(1985년) 학위를 받은 후 같은 과에서 박사후 연구원, 프린스턴대학교 토목환경공학과 객원교수 등으로 일했으며, 국제학술대회 기조강연, 국제SCI논문 심사위원 등으로 활동하면서 해외에서도 널리 알려져 Marquis Who's Who in the World를 비롯한 세계 주요 인명사전에 등재되어 있다. 이화여대 환경문제연구소 소장(1998~2010)과 국립환경과학원 원장(2011~2013)을 역임했으며, (사)한국환경교육학회 회장, (사)부국환경포럼 창립 및 공동 대표, 대통령과학기술자문위원, 대통령녹색성장위원 등으로 활동했다. 주요 저서로 '부국환경론(2015년)', '환경 재난과 인류의 생존 전략(2014년)', '수질관리학(2009년)', 'MT환경공학(2008년)' 등이 있다.

Principle of Environmental Policy and Law

환경정책법규 원론

초판 1쇄 발행일 2016년 8월 10일

지은이 박석순
펴낸이 박영희
책임편집 김영림
디자인 박희경
마케팅 임자연
인쇄·제본 태광 인쇄
펴낸곳 도서출판 어문학사
    서울특별시 도봉구 쌍문동 523-21 나너울 카운티 1층
    대표전화: 02-998-0094 / 편집부1: 02-998-2267, 편집부2: 02-998-2269
    홈페이지: www.amhbook.com
    트위터: @with_amhbook
    페이스북: https://www.facebook.com/amhbook
    블로그: 네이버 http://blog.naver.com/amhbook
    다음 http://blog.daum.net/amhbook
    e-mail: am@amhbook.com
    등록: 2004년 4월 6일 제7-276호

ISBN 978-89-6184-415-4 93530
정가 42,000원

이 도서의 국립중앙도서관 출판예정도서목록(CIP)은 e-CIP홈페이지(http://www.nl.go.kr/ecip)와 국가자료공동목록시스템(http://www.nl.go.kr/kolisnet)에서 이용하실 수 있습니다.
(CIP제어번호: CIP 2016017883)